智能变电站实用技术丛书

智能高压开关设备分册

ZHINENG GAOYA KAIGUAN SHEBEI FENCE

主　编　宋璇坤
副主编　韩　柳　李敬如　肖智宏　李　军

中国电力出版社
CHINA ELECTRIC POWER PRESS

内 容 提 要

智能变电站是实现坚强智能电网建设发展的重要组成部分，它涉及多学科理论和多领域技术。为加快智能变电站实用技术的推广，有必要编写一套综合性强且便于不同专业理解的《智能变电站实用技术丛书》。该丛书对智能变电站一、二次设备的基本原理、关键技术、工程应用、试验调试、运维检修等内容进行了系统性阐述与经验总结，凝聚了编写单位及人员在智能变电站实用技术研究与实践方面的成果与心得，以期对智能变电站推广建设起到一定的促进作用。

本书为《智能变电站实用技术丛书 智能高压开关设备分册》，共分为4章，包括概述、集成式隔离断路器、智能GIS、展望，并以设备整体结构、特点、分类、应用效果、关键技术、工程方案、检测调试、运维检修为重点系统介绍了智能变电站高压开关类设备的整体情况，对推动我国智能变电站一次智能设备的理论研究、技术应用和工程建设具有重要的参考价值。

本书可供从事高压开关类设备等领域的研究、设计人员阅读，也可供高等院校相关专业的师生参考。

图书在版编目（CIP）数据

智能变电站实用技术丛书. 智能高压开关设备分册 / 宋璇坤主编. —北京：中国电力出版社，2018.12
ISBN 978-7-5198-2498-3

Ⅰ. ①智… Ⅱ. ①宋… Ⅲ. ①智能系统–变电所–高压开关柜 Ⅳ. ①TM63

中国版本图书馆CIP数据核字（2018）第230097号

出版发行：中国电力出版社
地　　址：北京市东城区北京站西街19号（邮政编码100005）
网　　址：http://www.cepp.sgcc.com.cn
责任编辑：马　青（010-63412784，610757540@qq.com）
责任校对：朱丽芳
装帧设计：张俊霞　赵姗姗
责任印制：石　雷

印　　刷：三河市万龙印装有限公司
版　　次：2018年12月第一版
印　　次：2018年12月北京第一次印刷
开　　本：787毫米×1092毫米　16开本
印　　张：15.5
字　　数：342千字
印　　数：0001—2500册
定　　价：62.00元

《智能变电站实用技术丛书 智能高压开关设备分册》

编写组名单

主　　编　宋璇坤

副 主 编　韩　柳　李敬如　肖智宏　李　军

参编人员　张祥龙　张　籍　徐　江　李劲彬

陈冰峰　白世军　钟建英　刘亚辉

谢文刚　姚永其　谷松林　赖清平

冯　涛　周容华　董力通　郭艳霞

谷　毅　陆宇航　王　伟　肖培伟

冯　腾　李　毅　闫培丽　胡君慧

蔡　勇　刘庆时　王　涛　韩凝晖

王　照　吴聪颖　张　锐　刘文轩

申洪明　杜　娜　李铁臣　李　珊

冯　英　张景超　朴哲勇　姜百超

王芷诺　常伯涛　张志鹏　周航帆

序

智能变电站是实现坚强智能电网建设发展的重要组成部分。在前期新技术研究与标准制定基础上，2009 年 8 月，国家电网有限公司开始了智能变电站试点工程的建设工作，试点工程采用电子式互感器、智能终端、一次设备状态监测、DL/T 860 规约等新设备与新技术，基本实现了全站信息数字化、通信平台网络化、信息共享标准化等功能要求。为了进一步提升智能变电站的设计、建设及运行水平，2012 年 1 月，国家电网有限公司又提出建设以“系统高度集成、结构布局合理、装备先进适用、经济节能环保、支撑调控一体”为特征的新一代智能变电站，国网经济技术研究院有限公司（简称国网经研院）作为电网规划和工程设计咨询技术归口单位，牵头承担了新一代智能变电站的研究与设计工作。

历经 10 个月的研究与论证，2012 年 11 月，国网经研院完成了新一代智能变电站近、远期概念设计方案，并得到了行业内多位院士与专家学者的认可。同年 12 月，北京未来科技城、重庆大石等 6 座新一代智能变电站示范工程开工建设，并于 2013 年底成功投运。在充分肯定新一代智能变电站的设计思路和工作方法的基础上，国家电网有限公司于 2014 年初启动了 50 座扩大示范工程建设，实现了 110（66）～500kV 电压等级的全覆盖。今昔之感，从 2012 年到 2018 年，国网经研院与相关协作单位攻坚克难，完成了关键技术研究、工程设计论证、技术标准制定、典型方案编制等工作，提出了基于整体集成技术的顶层设计方法，研发了集成式隔离断路器、一体化业务平台、层次化保护控制系统等新型智能装备，构建了融合设计、制造、调试、安装全环节的模块化建设技术，编写了《新一代智能变电站研究与设计》《新一代智能变电站典型设计》（110kV、220kV、330kV、500kV 分册）等书籍，推动了智能变电站技术的创新与发展。

智能变电站涉及多学科理论和多领域技术。在智能变电站的建设与运行中发现，不同专业人员对智能变电站的认识往往局限于“点”，难以拓展到“面”。为加快智能变电站实用技术的推广，有必要编写一套综合性强且便于不同专业人员理解的《智能变电站实用技术丛书》，以提高智能变电站的实用化水平。

该丛书对智能变电站一、二次设备的基本原理、关键技术、工程应用、试验调试、运维检修等内容进行了系统性阐述与经验总结，凝聚了国网经研院与各协作单位在智能变电站实用技术研究与实践方面的成果与心得，以期对智能变电站推广建设起到一定的促进作用。最后，对关心、支持本丛书编写与出版的相关单位、有关领导和编写组成员表示衷心的感谢！

2018 年 12 月

于未来科学城

前　言

智能电网是传统电网与现代传感测量技术、通信技术、计算机技术、控制技术、新材料技术高度融合而形成的新一代电力系统。变电站是电网的基础节点，是重要的参量采集点和管控执行点，因此变电站智能化是建设智能电网的重要环节。近年来，我国智能变电站的建设稳步推进，相应技术不断发展，智能变电站采用可靠、经济、集成、环保的设计理念，以全站信息数字化、通信平台网络化、信息共享标准化、系统功能集成化、结构设计紧凑化、高压设备智能化和运行状态可视化等技术特征为基础，支持电网实时在线分析和控制决策，进而提高电网整体的运行可靠性与经济性。2009 年开始，国家电网有限公司先后启动了两批智能变电站的试点工程建设，覆盖 66～750kV 电压等级，2011 年国家电网有限公司新建智能变电站由试点建设转入全面建设阶段，2013 年开始又先后启动了三批新一代智能变电站示范工程建设，标志着我国智能变电站发展进入高速阶段。截至 2017 年年底，共建成投运新建智能变电站 4900 座，预计到 2020 年，国家电网有限公司新建智能变电站将达到 8000 余座。智能变电站的设计与建设提高了大电网运行稳定性及控制灵活性，增强了变电站与电网协同互动能力，进一步提升了我国变电站建设与装备研制水平。

变电站的基本构成包括一次系统、二次系统、辅助系统。一次系统包括电气主接线、配电装置、主设备，其中主设备包括电力变压器、断路器、隔离开关、互感器、无功补偿设备、避雷器、气体绝缘金属封闭开关设备（Gas Insulated Switchgear，GIS）组合电器、开关柜等，主接线是主设备的功能组合，配电装置是主设备在场地的空间布置。二次系统包括继电保护系统、变电站计算机监控系统、故障记录分析系统、时钟同步系统、计量系统等。辅助系统包括站用交直流电源系统、视频监控系统、火灾报警及消防系统、防盗保卫系统、环境监测系统等。为总结、梳理、深化、推介智能变电站中各类智能设备、系统的选型、设计、运维、调试等实用化技术知识，本套丛书选择了智能变电站内具有代表性的集成式隔离断路器、智能气体绝缘金属封闭开关设备（智能 GIS）、电子式互感器、层次化保护控制系统、过程层合并单元智能终端、变电站时钟同步对时系统、智能变压器、智能中压开关柜、预制舱式组合设备等典型智能设备/系统，分别阐述了各个设备/系统的原理结构、关键技术、工程应用、试验调试、运维检修，供读者有针对性地使用。

本书为《智能变电站实用技术丛书　智能高压开关设备分册》。随着信息技术、新型材料的不断进步，以高压断路器以及气体绝缘金属封闭开关（GIS）为代表的高压开关设备智能化程度不断提升，使电网供电可靠性提高、监测能力增强、故障后恢复供电速度加快、运行维护更加经济便捷，并能及时、有效、自动地完成各种功能控制。集成式隔离断路器、智能 GIS 是智能高压开关设备的典型代表。其中集成式隔离断路器实现了断路器、隔离开关、接地开关、电流互感器等传统设备的高度集成，具有智能化操作、一体化运行、便捷化维护等特点，代表着户外空气绝缘开关（Air Insulated Switchgear，AIS）高压开关设备技术发展趋势；智能 GIS 结合了传统 GIS 设备与先进的传感器及智能组件，能够实现开关设备的智能化控制、运行及状态评估等功能，在安全、可靠、高效运行的基础上，为电网提供了更加丰富的数字化信息。本书以智能变电站研究、设计、建设、运维阶段的工作成果为基础，对两种开关设备的功能结构、关键技术、工程方案、试验检测、运行维护等内容进行了较为详细的阐述和分析，力求通过给出丰富全面的设备信息及典型应用实例，为读者提供有益参考。

全书共分 4 章，第 1 章介绍了高压开关设备的发展趋势、基本组成、技术特点、应用现状等，阐述了智能电网新形势下对高压开关设备的发展要求；第 2 章详细介绍了集成式隔离断路器的发展历程、基本结构、关键技术、工程应用、试验调试、运维检修等，通过与传统断路器对比分析，说明了集成式隔离断路器的结构设计特点，阐述了其在可靠性、经济性方面的优势，以及在试验调试、运维检修等方面的特殊要求；第 3 章介绍了智能 GIS 的发展历史、基本结构、关键技术、工程应用、试验调试、运维检修等，突出其在集成化、数字化、智能化方面的技术革新，并对智能 GIS 调试、运维和检修方面的技术要求进行详细说明；第 4 章展望了未来智能高压开关设备技术发展路线，指出智能机构、专家诊断系统、固态电力电子开关、超高压真空断路器、环保气体绝缘高压开关等未来技术发展。

本书突出实用技术，编著过程中力求由浅入深、简明扼要地介绍智能高压开关设备的原理及现场应用的相关知识。本书主要为从事智能变电站研究、设计、调试、运行的人员提供实用技术知识，也可为广大高校和科研人员提供参考。

本书由国网经济技术研究院有限公司组织编写，国网湖北省电力有限公司、中国能源建设集团辽宁电力勘测设计院有限公司、平高集团有限公司、北京 ABB 高压开关设备有限公司、西安西电高压开关有限责任公司、山东泰开高压开关有限公司、国网河南省电力公司等单位参与编写，并得到了国家电网有限公司的大力支持，在此表示由衷的感谢。

由于编者水平有限，书中难免存在不妥之处，敬请读者谅解并提出宝贵意见。

编　者

2018 年 12 月

目　录

第1章 概述

1.1 智能变电站简述

我国变电站的发展大体上可分为三个阶段，尽管每个阶段变电站的基本功能都是电压变换、电能汇集和传递，但以变电站技术发展为着眼点，各阶段具有不同的技术特征，存在明显的差异和代际传承。我国变电站发展历程如图1－1所示。

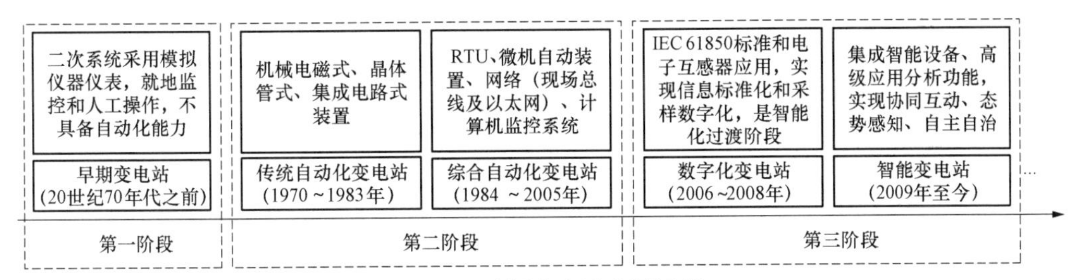

图1－1 我国变电站发展历程

20世纪70年代之前为早期传统人工操作变电站，以低电压、小容量、弱联系、人工运维为技术特征，变电站二次系统采用模拟仪器仪表，实行就地监控和人工操作，基本不具备自动化能力。20世纪70年代后进入自动化阶段，以超高压、大容量、强联系、自动化运维为特征。以330kV、500kV、750kV超高压变电站为代表，主变压器容量大幅提升，远动技术开始大规模应用，调度实现了实时监控电网运行，大量应用微机保护及自动装置，利用网络实现了计算机监控和自动化操作，运维模式为定期停电检修，降低了故障停电概率，减少了停电时间。自2006年，以应用IEC 61850标准和电子式互感器的“数字化变电站”为起点，进入变电站发展的智能化阶段。该阶段以智能化、集成化、协同互动、自主自治为特征，是变电站发展的高级阶段。该阶段变电站实现一、二次设备融合，应用集成化智能设备，基于网络实现高度自动化和智能化运行监控，运维方式向设备状态检修转变，站内设备除了满足自身功能的优化集成外，还将实现与智能电网的协同互动。自2009年起，以两批智能变电站试点工程为标志，正式进入智能变电站阶段。2009～2012年投运的智能变电站以一次设备智能化、设备状态监测、高级应用分析功能为特征，处于智能变电站的初级阶段。自2013年开始，以能源消费方式变革为契机的电网发展方式的转变，要求变电站实现协同互动、态势感知、自主自治，适应接纳新能源、分布式电源、电动汽车等多元化用户，进入智能变电站的更高级阶段。

1.1.1 智能变电站技术特征

在 Q/GDW 383—2009《智能变电站技术导则》中，明确提出智能变电站是由先进、可靠、节能、环保、集成的设备组合而成，以高速网络通信平台为信息传输基础，自动完成信息采集、测量、控制、保护、计量和监测等基本功能，并可根据需要支持电网实时自动控制、智能调节、在线分析决策、协同互动等高级应用功能。

从以上智能变电站的定义中提出采用先进、可靠、节能、环保、集成的设备，指明一体化、集成化、节能环保是设备发展的趋势；强调以高速网络通信平台为信息传输基础，不仅局限于变电站内，还包括变电站之间、变电站与调度端之间；指出信息采集、测量、控制、保护、计量和监测等变电站基本功能的自动化程度需要进一步提升；提出变电站需要具备实时自动控制、智能调节、在线分析决策、协同互动等高级应用功能。

智能变电站能够完成比常规变电站范围更宽、层次更深、结构更复杂的信息采集和信息处理，变电站内、站与调度、站与站、站与大用户和分布式能源的互动能力更强，信息的交换和融合更方便快捷，控制手段更灵活可靠。智能变电站具有全站信息数字化、通信平台网络化、信息共享标准化和高级应用互动化等主要技术特征。

（1）全站信息数字化。全站信息数字化指实现一、二次设备的灵活控制，且具备双向通信功能，能够通过信息网进行管理，满足全站信息采集、传输、处理、输出过程完全数字化。主要体现在信息的就地数字化，通过采用电子式互感器，或采用常规互感器就地配置合并单元，实现了采样值信息的就地数字化；通过一次设备配置智能终端，实现设备本体信息就地采集与控制命令就地执行。其直接效果体现为缩短电缆，延长光缆。

（2）通信平台网络化。通信平台网络化指采用基于 IEC 61850 的标准化网络通信体系。具体体现为全站信息的网络化传输。变电站可根据实际需要灵活选择网络拓扑结构，利用冗余技术提高系统可靠性；互感器的采样数据可通过过程层网络同时发送至测控、保护、故障录波及相角测量等装置，进而实现了数据共享；利用光缆代替电缆可大大减少变电站内二次回路的连接线数量，从而也提高了系统的可靠性。

（3）信息共享标准化。信息共享标准化指形成基于同一断面的唯一性、一致性基础信息，统一标准化信息模型，通过统一标准、统一建模来实现变电站内外的信息交互和信息共享。具体体现为在信息一体化系统下，将全站的数据按照统一格式、统一编号存放在一起，应用时按照统一检索方式、统一存取机制进行，避免了不同功能应用时对相同信息的重复建设。

（4）高级应用互动化。高级应用互动化指实现各种变电站内外高级应用系统相关对象间的互动，全面满足智能电网运行、控制要求。具体而言，指建立变电站内全景数据的信息一体化系统，供各子系统统一数据标准化规范化存取访问以及和调度等其他系统进行标准化交互；满足变电站集约化管理、顺序控制等要求，并可与相邻变电站、电源（包括可再生能源）、用户之间的协同互动，支撑各级电网的安全稳定经济运行。

智能变电站的技术需求，决定了其设备信息数字化、功能集成化、结构紧凑化的重要特征；智能变电站二次系统设备整合符合 IEC 61850 功能自由分配理念；同时二次系统优化整合、合理地压缩二次功能房间面积，符合变电站可靠、高效、节能、环保的要求。

1.1.2 智能变电站发展需求

变电站作为发电、输电、变电、配电、用电、调度六大环节的衔接点，是智能电网建设的关键环节，是智能电网信息化、自动化、互动化的集中体现，是“电力流、信息流、业务流”一体化融合的重要节点，是接纳风能、太阳能、电动汽车等多元化用户的核心平台，将被赋予更加广泛和强大的功能，从而对变电站未来发展趋势提出了新的要求。

（1）清洁能源和可再生能源的高速扩张要求变电站更加灵活可控。核电可调节性差，风能、太阳能发电具有随机性和间歇性，其大规模接入电网必将对电网产生重大冲击，安全、稳定、谐波等问题亟待解决，这就要求变电站作为各种电源的汇集点与接入点，具有及时有效的功率监测和能量调节措施，能够实时控制、平衡电能的接入，确保电网系统稳定。

（2）多元化用户和优质服务的目标要求变电站更加友好互动。市场化改革的开展和用户身份的重新定位，使电力流和信息流由传统的单向流动模式向双向互动模式转变。分布式电源、电动汽车等多元化用户的出现，要求电网具有良好的兼容性；微网以及储能装置等这类既作为电力消费者又作为电力生产者的新用户，要求电网具有良好的互动性。因此作为能量调节的核心环节，变电站的互动化水平亟待提高。

（3）经济社会发展要求变电站提供更安全、更可靠、更优质的电力服务。随着能源结构的优化调整和清洁能源的快速发展，电能在终端能源消费中的比例日益提高，经济社会发展对电力供应的依赖程度日益增强，停电事故对社会生产和人民生活的危害也越来越大。而随着电网运行与控制的复杂程度越来越高，发生连锁性事故和大面积停电的风险也日益加大，实现电能的安全传输和可靠供应面临重大挑战。

（4）资源与环境约束要求变电站更高效、更节约、更环保。建设资源节约型、环境友好型社会要求不断提高资源利用效率，尽可能减少资源消耗和环境代价。变电站发展既要实现低损耗、高效率转化和传输能量，还要节材、节地、节能、免维护，提高建设效率、节约工程造价和运维成本，最大限度地节约土地资源、物质资源和人力资源。

（5）企业发展方式转变和集约创新要求变电站支撑电力流、信息流、业务流的高度融合。为改变传统供电企业生产分工方式松散、管理链条长、生产机构设置复杂的局面，电网企业需要转变发展方式，实施人、财、物核心资源的集约化管理。智能电网对企业管理模式优化的支撑作用越来越重要。运行、检修业务纵向贯穿管理模式要求变电站信息一体化，功能集成化，支撑电力流、信息流、业务流的高度融合。变电站将更好地支撑调度运行业务一体化需要，实现变电站设备监控的统一管理，通过信息流优化整合，与调度系统全景数据共享，提升决策控制能力，提高运行效率。变电站将更好地支撑专业化检修、维护需要，实现设备运维、检修一体化，通过在线监测、设备状态可视化技术，为检修管理提供优化和决策依据，提高设备利用效率和设备管理水平。

1.2 高压开关设备的组成及发展趋势

高压开关设备主要用于电力系统的控制和保护，是控制电网运行、保障电网安全的核心设备。高压开关设备既可根据电网运行的需要，将部分电力设备或线路投入或退出运行，也可在电力设备或线路发生故障时，将故障部分从电网快速切除，从而起到保证电网中无故障部分的正常运行及设备、运行维修人员的安全。

1.2.1 高压开关设备的基本组成

高压开关设备是指电力系统中电压等级在 3kV 及以上且频率不高于 50Hz 的户内和户外交流开关设备，是高压开关与控制、测量、保护调节装置以及辅件、外壳和支持件等部件及其电气和机械的连接组成的总称，主要有以下几种。

高压断路器：最基本、最重要的高压开关设备，能够关合、承载和开断正常回路条件下的电流，并能关合、在规定时间内承载和开断短路等异常回路条件下的电流。它承担着在电力系统发生短路故障时将短路部分与系统其他部分隔离开的任务。

隔离开关：具有关、合两种位置。在分位置时，触头间有符合规定要求的绝缘距离和明显的开断标志；在合位置时，能承载正常回路条件下的电流，及在规定时间内能承载短路等异常条件下的电流。

接地开关：用于将回路接地的一种机械式开关装置。在正常回路条件下不要求承载电流，但在短路等异常条件下，要求在规定时间内承载规定的异常电流。

隔离断路器（Disconnecting Circuit Breaker，DCB）：一种触头处于分闸位置时满足隔离开关要求的断路器，它兼具了隔离开关和断路器的特点。

气体绝缘金属封闭开关设备（Gas Insulated Switchgear，GIS）：将母线、断路器、隔离开关、接地开关、电流互感器、电压互感器、避雷器等电器设备，按一定的接线方式连接，密封于充有高于标准大气压的六氟化硫（SF_6）绝缘气体并接地的金属外壳的不同气室内，构成紧凑的电能接受和分配的配电装置。

开关柜：以断路器为主，把有关的高低压电器（包括控制电器、保护电器、测量电器）以及母线、载流导体、绝缘子等装配在封闭的或敞开的金属柜体内，作为电力系统中接受和分配电能的装置。

1.2.2 传统电网对高压开关设备的要求

高压断路器等带触头的高压开关设备，能够通过触头的分、合动作实现开断和关合电流的功能，但是这一功能的实现必须依靠一定的机械操动结构。为断路器动触头提供能量使其运动的系统称为操动机构，而操动机构一般就是指独立于断路器以外的部分。操动机构包括动力装置、传动机构、动触头和缓冲机构等几个部分，其结构框图如图 1－2 所示，具体要求如下所述。

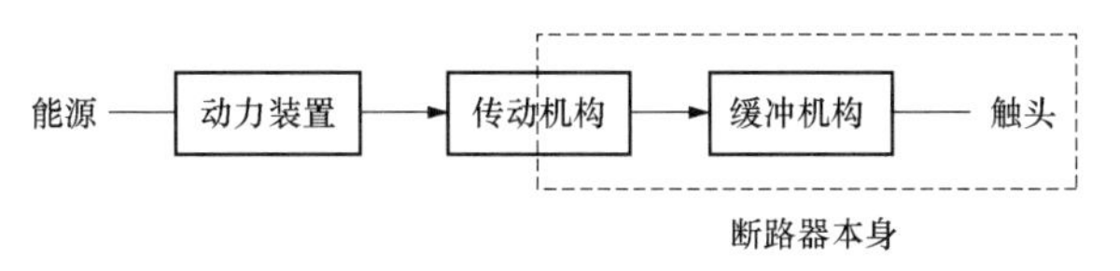

图 1－2　操动机构框图

（1）较强的短路关合能力。

在电网正常工作的情况下，操动机构驱动断路器关合比较容易，因为此时断路器关合的电路上流过的电流为工作电流。但是当发生短路故障时，电路上的电流可能高达几万安培以上。此时由于断路器的关合电流非常大，断路器导电回路受到的电动力非常大，且电动力的方向往往是阻碍断路器关合的，这就给断路器的关合造成困难。因此，操动机构必须具有关合短路电流的能力，能够使断路器克服较大的短路电动力顺利合闸。一般用操动机构输出的机械功作为评价操动机构合闸能力大小的一项主要指标，12kV 断路器需要的操作功约为几百焦耳，126kV 断路器则需要几千焦耳甚至更高。

（2）较快的分闸速度。

操动机构的输出特性应能够与断路器的反力特性相匹配，保证断路器动触头达到较快的分闸速度，以满足断路器灭弧性能的要求。同时，在保证动作可靠性的前提下，应该避免分、合闸时速度过快、动能过大而造成断路器触头和自身结构的损伤。

（3）保持合闸、分闸。

在断路器分、合闸过程中，分、合闸命令只持续很短的时间，操动机构也只在短时间内提供操作动力。因此，断路器操动机构必须保证在分、合闸命令消失以及操动机构不再提供操作力以后，仍然能使断路器稳定地保持在分闸、合闸位置。

（4）自由脱扣和防跳跃。

自由脱扣是指断路器在合闸过程中如果操动机构又接到分闸命令，则操动机构不继续执行合闸命令而应立即分闸。自由脱扣可以保证断路器合于短路故障时能够迅速断开，避免扩大事故范围。

当断路器关合有预伏短路故障的电路时，断路器应自动分闸。此时若合闸命令尚未解除，则断路器分闸后将再次短路合闸，之后又短路分闸，出现连续多次分、合短路电流的情况，这一现象称为跳跃。出现跳跃现象时，断路器将无谓地连续多次分、合短路电流，造成触头严重烧损甚至引起爆炸事故。因此，操动机构必须有防跳跃装置。不少操动结构中装设自由脱扣装置就是常用的防止跳跃的方法。

（5）复位和连锁。

复位是指断路器分闸后，操动机构中的各个部件应能自动地回复到准备合闸的位置。

另外，为了保证操动机构的动作可靠，要求操动机构具有一定的连锁装置。常见的连锁装置有：分合闸位置连锁、低气（液）压与高气（液）压连锁、弹簧操动机构中的位置连锁等。

1.2.3　高压开关设备的发展趋势

随着高压设备智能化技术的不断发展，未来智能化高压设备将逐步走向功能集成化和结构一体化，传统意义上一、二次设备的融合将更加紧密，界限也将更加模糊。通过在高压设备里嵌入智能传感单元和安装智能组件，高压设备本身具有了测量、控制、保护、监测、自诊断等功能，其将成为智能电力功能元件，通过数字化、网络化实现在智能变电站中的信息共享，每个设备采集的信息及其本身的状态信息都可以被网络上的其他设备获取。目前，高压开关设备正向着超高压大容量、小型化、组合化和智能化方向发展。

1. 超高压大容量

随着电力系统工作电压的提高和输电容量的增加，很多理论问题和技术问题也不断涌现。从技术经济性和可靠性角度出发，都要求发展单元断口容量大、电压高的断路器。针对断路器的要求，相关厂家多年来围绕高压断路器的许多问题，如灭弧方式、灭弧室结构、灭弧介质、开断性能及绝缘性能和操动机构等做了大量工作，已经成功开发研制出了 550kV、63kA 单断口断路器，目前 1100kV 双断口断路器在电力系统中也有应用。

2. 小型化

高压开关设备小型化的目的是减少占地空间、进一步与环境相协调和易于组合化。目前，作为良好的绝缘和熄弧介质，SF_6 气体在高压、超高压和特高压开关设备领域占有不可替代的地位。但 SF_6 气体是一种温室气体，开关设备的小型化，可以减少对 SF_6 气体的使用量，从而减小对环境的影响，因此具有重要的社会意义。小型化的关键技术是绝缘结构的合理设计，选用高性能的绝缘材料和良好的加工工艺是高压开关设备小型化的重要保证。此外，开发 126kV 及以上高压真空断路器以取代 SF_6 断路器也是未来开关电器发展的重要方向。因此高压开关设备的小型化需要依赖于高电压绝缘技术、触头材料、绝缘材料、制造工艺等相关领域的支持。

3. 组合化

高压开关设备的组合化主要基于小型化技术，最重要的是可以实现体积小、具成套性、可靠性高、少维护、易于安装、抗严酷环境等目的。由于对各元件和各部位都采取小型化措施以及整体的小型化布置，因此组合电器的尺寸不断减小。组合电器品种很多，组合方式很灵活，结构非常小巧紧凑。GIS 几乎囊括大部分高压开关电器和保护检修电器，使得原来分立电器的功能成为一个整体概念，GIS 的设计生产水平成为了高压开关设备水平的代表。组合化后的进一步发展是更多地加入技术创新观念，一是在一次设备方面采用自能式断路器、设计新型隔离开关和接地开关等；二是在二次检测、控制设备和元件方面提高技术含量，开发新型控制检测单元，适应现代电力系统控制和保护的要求。

4. 智能化

智能电网是电网自动化技术的进一步发展和提升，是以统一的信息平台为纽带，集成现代控制理论、传感技术和信息技术，兼容多种能源，具有自我调节和适应能力的新型电网。电力设备是智能电网中非常重要的组成部分，也是构建智能电网的物质基础。为了适应智能电网的需要，提升电力设备自身性能，发展“智能化电力设备”已经成为趋势。智能化电力设备应具备以下 3 个方面的特征：电力系统运行、控制所需参数，以及电力设备自身各种状态物理量的获取和数字化处理；自我监测与诊断能力；能够根据实际工作环境与工况对操作过程进行自适应调节，使得所实现的控制过程与状态是最优的。智能电力设备所涉及的关键理论与技术有信息感知、设备诊断、智能操作、网络化信息交互、电磁兼容等。

1.3 智能高压开关设备的组成及特点

常规高压开关设备为传统的机电设备，存在精准控制能力弱、状态感知水平低，拒动与误动风险大、倒闸依赖人工现场监控、操作过电压及涌流幅值高等问题。近 10 年来，约 30%的大面积停电和 75%的非计划停运都由高压开关故障引起，成为影响电网安全的主要因素之一。实现高压开关的智能化是解决上述问题的关键，也是变电站及整个输变电系统智能化的核心。

对智能高压开关设备的技术研究已有 10 年之久，先后获得了国家 863 计划、省重大科技专项、国家电网有限公司重大专项等十余项科研支持，截至目前，我国已成功研制出具有完全自主知识产权的智能高压开关设备系列产品，大幅提升了变电站及电网运行控制的实时性、安全性和智能化水平，在我国智能电网建设中发挥了重大作用。

1.3.1 智能高压开关设备的基本组成

智能高压开关设备（Intelligent Switchgear Equipment，ISE）是以一次开关设备为核心基础，通过对产品进行开关设备的整体设计和智能组件的合理配置，实现对一次开关设备的智能控制、在线状态监测和评估，具有测量数字化、控制网络化、状态可视化、功能一体化和信息互动化等技术特征的高压开关设备，通常由高压设备本体、集成于高压设备本体的传感器和智能组件组成。

在构建高压设备智能化方案时，应遵循以下基本理念：

（1）在现有技术基础上重点开发包括高压设备运行状态、控制状态、负载能力状态的自评估和自描述的智能化技术。

（2）将与高压设备相关的测量、状态监测、控制、计量和保护等功能就地化，实现高压设备的“测量数字化、控制网络化、状态可视化和功能一体化”。

（3）注重与电网调控系统的信息交互，使高压设备智能化成为支持电网优化运行和提升供电可靠性不可或缺的一部分。

（4）高压设备智能化应符合智能电网的建设理念，符合可靠、经济、节能、节地和实用的基本原则。

智能高压开关设备的基本结构按物理结构可划分为如下三层。

第一层：设备层，即高压设备本体。主要包括断路器、隔离开关、接地开关、母线和套管等一次设备。

第二层：传感器层。该层设备通常内置或外置于高压设备本体，有些传感器也可能安装于高压设备的某个部件。主要包括电子式电流、电压互感器，机械特性电流传感器，位移传感器，局放超高频传感器，SF_6 水分、密度、压力传感器等设备。

第三层：智能电子装置层。该层设备是服务于高压设备的测量、状态监测、控制、计量和保护等各种附属装置的集合，通过传感器（或执行器）与高压设备形成有机整体，实现与宿主设备相关的测量、状态监测、控制、计量和保护等全部或部分功能。主要包括智能设备（开关设备控制器）、合并单元、在线监测装置和网络通信设备等智能组件。

对于智能高压设备的组成可以做如下类比：高压设备本体就好比身体，决策、控制部分（智能组件）是大脑，状态感知部分（传感器）是神经，命令执行部分（执行器）是四肢，它们之间的有机结合就是智能高压设备。高压设备智能化不会改变高压设备的基本结构，但需要植入必要的传感器或执行器，这会带来高压设备本体设计的某些变化，如变压器绕组光纤测温传感器、局部放电传感器的植入等。智能组件是智能电子装置（Intelligent Electronic Device，IED）的有机集合，是智能化的核心部件，通常就近安装于高压设备旁，完成相关测量、状态监测、控制、计量和保护等基本功能，也可将计量、保护、录波、电能质量监测等作为扩展功能。智能组件按照一体化理念优化，除直接与保护相关的功能以外，按测量、状态监测、控制、计量和保护等功能模块进行 IED 的设计与配置，智能组件内的所有 IED 都接入过程层网络，彼此之间的信息需求通过过程层网络实现。智能组件中需要与站控层进行信息交互的 IED 同时接入站控层网络，承担下载设备指纹信息、反馈设备状态、接受控制指令等功能，智能高压开关设备的组成架构示意图如图 1－3 所示。

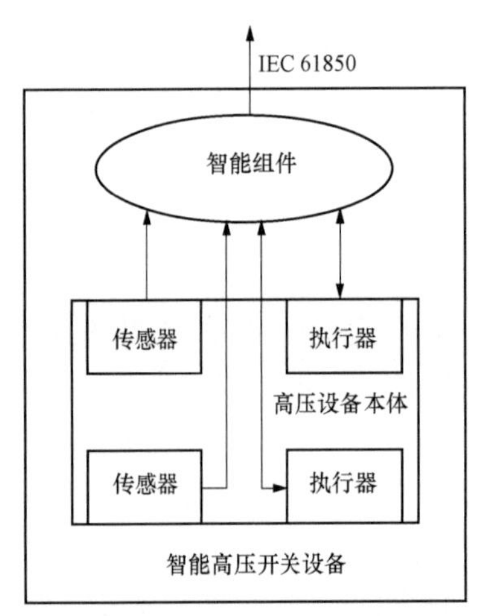

图 1－3　智能高压开关设备的组成架构示意图

智能高压开关设备的基本结构按系统划分，主要包括三个方面：智能高压开关设备测量系统、智能高压开关设备控制系统、智能高压开关设备状态监测系统。

测量系统通过对主设备的电流、电压信号的转化及传输并通过合并单元对信号进行合并处理，最后上送测控、保护装置，其系统结构图如图 1－4 所示。

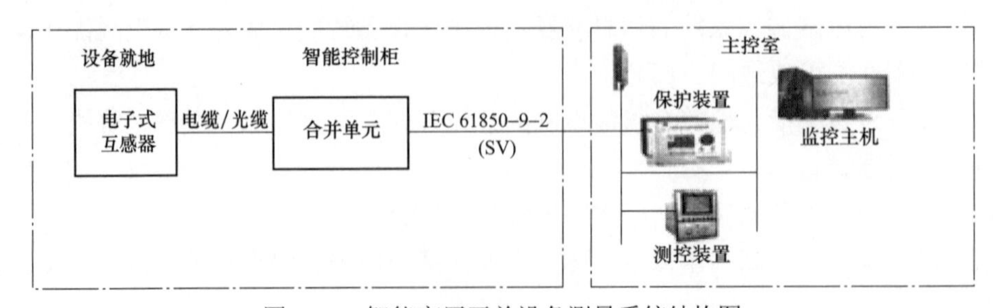

图 1－4　智能高压开关设备测量系统结构图

控制系统通过对主设备的控制、监测信号的数字化转化及传输，借助智能终端（开关设备控制器）对开关设备进行控制和监测，其系统结构图如图 1－5 所示。

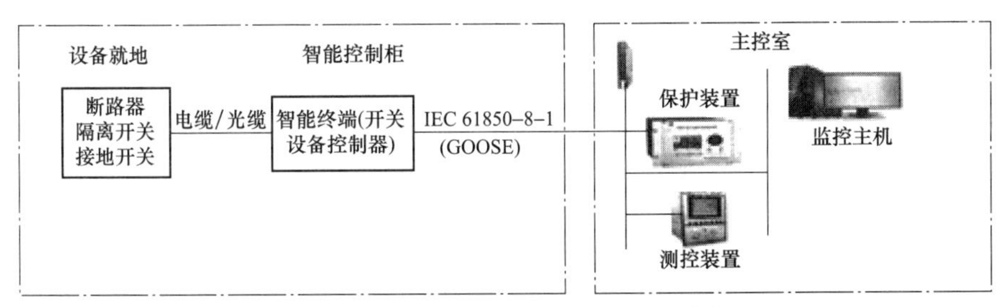

图 1-5　智能高压开关设备控制系统结构图

状态监测系统通过对开关设备本体所安装的各种传感器信号进行分析及处理，实现开关设备由定期维修到状态检修的转变，其网络结构图如图 1-6 所示。

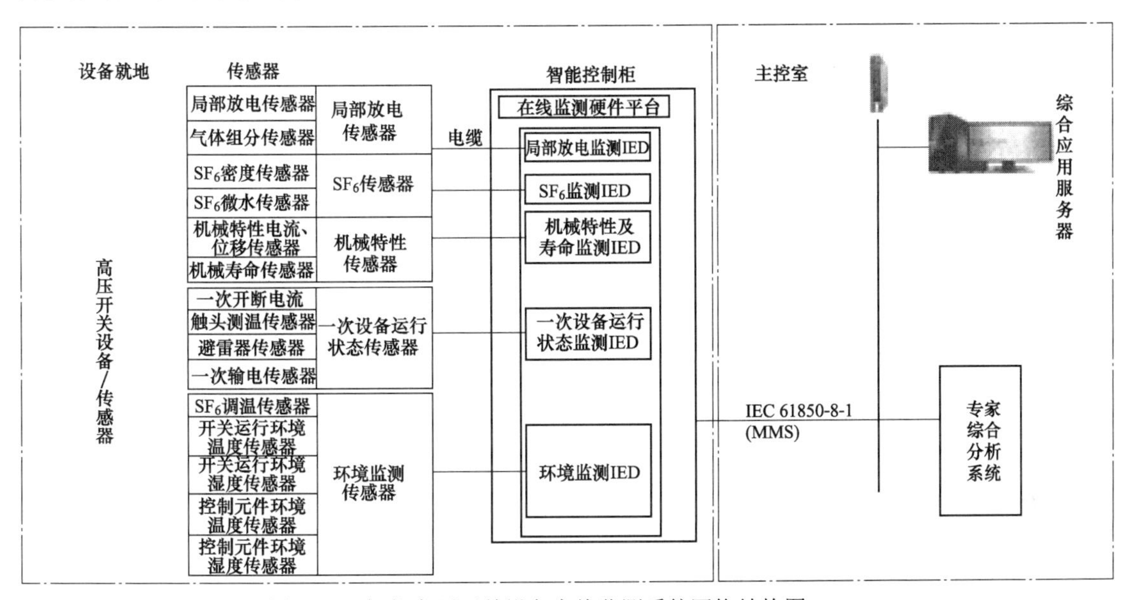

图 1-6　智能高压开关设备在线监测系统网络结构图

智能高压开关设备除高压开关设备本体外，主要由以下设备组成，它们的定义如下。

电子式互感器（Electronic Instrument Transformer）：一种装置，由连接到传输系统和二次转换器的一个或多个电流或电压传感器组成，用以传输正比于被量测的量，供给测量仪器、仪表和继电保护或控制装置。在具备数字接口的情况下，一组电子式互感器共用一台合并单元完成此功能。

电子式电流互感器（Electronic Current Transformer，ECT）：一种电子式互感器，在正常使用条件下，其二次输出实质上正比于一次电流，且相位差在连接方向正确时接近于已知相位角。

电子式电压互感器（Electronic Voltage Transformer，EVT）：一种电子式互感器，在正常使用条件下，其二次电压实质上正比于一次电压，且相位差在连接方向正确时接近于已知相位角。

智能电子装置（Intelligent Electronic Device，IED）：包含一个或多个处理器，具备以下全部或部分功能：① 采集或处理数据；② 接收或发送数据；③ 接收或发送控制指令；④ 执行控制指令。如电子多功能仪表、数字化保护、控制器等。

智能组件（Intelligent Component，IC）：智能高压设备的组成部分，由多个智能电子装置集合而成，用于高压设备的状态信号采集、运用控制、故障监测、非电量保护等全部或部分功能。智能组件通常运行于高压设备本体近旁，一般包括电子式电流互感器、电子式电压互感器、合并单元、传感器及其智能电子装置、智能终端（开关设备控制器）、选相控制器等。

传感器（Sensor）：开关设备的状态感知元件，用于将设备的某一状态参量转变为可采集的信号。传感器可分为内置传感器和外置传感器两种。内置传感器是置于高压开关设备中且其传感元件与非空气介质直接接触的传感器。外置传感器是置于高压开关设备中且其传感元件与空气介质直接接触的传感器。二者均包括传感器所用测量引线和接口。

合并单元（Merging Unit，MU）：是电子式互感器的一个组件，用以对来自互感器的电流/电压数据进行时间相关组合。

智能终端（Smart Terminal，ST）：又称为开关设备控制器（简称开关控制器），一种智能组件。与一次设备采用电缆连接，与保护、测控等二次设备采用光纤连接，实现对一次设备（如断路器、隔离开关、主变压器等）的测量、控制等功能。

在线监测装置（Online Monitoring Device，OMD）：是用以对一次开关设备的运行健康状态进行监测的一种智能电子装置。

智能控制柜（Intelligent Component Cabinet，ICC）：又称为智能组件柜，智能组件及本体汇控用柜体。为智能组件各 IED、网络通信设备、电源、电气及通信接口等提供正常运行环境，并具有防雨、防锈、防尘、温湿度控制能力和防电磁干扰能力。

1.3.2 智能高压开关设备的技术特点

随着智能电网的建设和发展，电力系统对稳定性、安全性和可靠性的要求越来越高，同时也对发电、输电、变电和配电各个环节的电力设备，都提出了在监测、控制、保护等方面实现全面自动化和智能化的要求。电力设备监测的自动化和智能化，有利于设备故障征兆的及时发现，避免事故的发生，减少不必要的检修，无论是从经济上还是安全可靠性上都有重要意义；控制和保护的自动化和智能化，使设备能够依据电力系统和设备自身状态决定具体动作，提高动作准确性，减少设备动作对电力系统和设备本身的负面影响，对系统安全稳定具有积极意义。因此，“自动化”和“智能化”是智能开关设备的核心，具体表现在测量数字化、控制网络化、状态可视化、功能一体化和信息互动化这五方面。基于 IEC 61850 标准，采用面向对象技术对智能高压开关设备的物理结构和功能（服务）进行抽象，建立智能高压开关设备的信息模型，实现现场参量的测量信息流、状态数据的监测信息流和操作控制信息流的集成，是高压开关设备实现“自动化”和“智能化”的基础。

1. 测量数字化

测量数字化是高压开关设备智能化的基本特征之一。高压开关设备，有许多状态信号（如开关设备的分合位置、气室压力信号等）都需要通过模拟信号电缆传送至主控室测量。所谓测量数字化就是对与运行、控制直接相关的参数进行就地数字化测量。测量结果可根据需要发送至站控层网络或/和过程层网络，用于高压设备或其部件的运行与控制。数字化测量参量包括开关设备分、合闸位置、机械特性等。由此可见，数字化是智能高压开关设备具有人工智能的基础。智能高压开关设备大量运用数字器件或者模/数混合器件，可以对多种参量进行就地数字化测量，例如高压设备的基本状态信息（开关位置等）和各种预警/告警信号。测量数字化，大大提高了测量的精度，降低了产品特性的分散性。

2. 控制网络化

所谓控制网络化就是对有控制需求的高压设备或其部件实现基于网络的控制。控制模块是智能组件基本功能的一部分，由一个或多个 IED 组成。控制网络遵循 IEC 61850 通信协议，控制指令源于电网调控系统或基于设备自身的测量和监测信息形成的控制策略。由于智能组件中的测量或监测参量更加广泛，使控制策略可依赖信息更加丰富，因而可实现更加理想的控制要求。

正常运行情况下，网络化控制的优先顺序是：站控层设备、智能组件、就地控制器。网络化、智能化控制不仅更加灵活，而且可以实现传统控制无法实现的一些目标。如顺序控制，通过站控层发出指令，使得断路器、隔离开关、接地开关自动按照一定的时序和逻辑进行分合闸等操作，减少倒闸操作时间，降低误操作率；又如开关设备的选相合闸控制器，通过智能控制断路器的合闸相位，可有效控制涌流和过电压等。

高压开关设备或其组（部）件实现基于站内通信网络的控制，包括接收控制指令、响应控制指令和反馈控制状态等，一般具有通信接口功能，可作为厂站的计算机通信网络中的节点，实现智能高压开关设备的分布式控制。控制方式包括：① 高压设备或其部件自有控制器就地控制；② 智能组件通过就地控制器或执行器控制；③ 站控层设备通过智能组件控制。

3. 状态可视化

状态可视化由智能组件中的监测功能模块完成，但其依据的信息不限于监测模块，还可以包括测量及系统测控装置等模块的信息。这里“状态”指设备的可用状态，包括设备的可靠性状态、控制状态、运行状态和负载能力状态等。“可视化”是指设备对电网调控系统而言，是智能高压设备与电网调控系统的一种信息互动方式，即电网调控系统通过信息互动，准确实时地掌握高压设备的可用状态，进而优化电网的运行控制或提前做好自愈预案，以提升电网的供电可靠性。状态可视化通过智能组件的自诊断（可靠性）、自评估（负载能力）和自描述（运行状态）等功能实现，且所有自诊断、自评估和自描述信息必须以可自动辨识的方式进行表述，并广播至站控层网络。

智能组件只广播可靠性状态、控制状态、运行状态和负载能力状态等，这些都属于结果性信息，不是海量的原始数据，这不仅大大减少了站控层网络的信息流量，还有效避免了不同监测技术之间的数据一致性问题，有利于保证智能组件的互换性和互操作性要求，也有利于功能扩展和技术升级。

4. 功能一体化

过去高压设备制造商很少关注二次设备，智能化高压设备将打破这一传统。在智能化高压设备的设计理念中，传感器是状态感知元件，执行器是指令响应元件，在实际工程中，应根据具体的智能化目标在高压设备中集成必要的传感器和执行器。而传感器和执行器的植入应在高压设备的设计阶段就予以考虑，特别是如局部放电、微水传感器等，一旦设计制造完成就无法加装。一体化设计可以保证高压设备的可靠性和传感器的敏感性。

功能一体化的一个方面是一次电气参量测量装置与断路器等高压设备的集成制造技术。例如，由于电子式电流互感器体积的显著减少，断路器套管等可以集成满足计量要求的电子式电流互感器，此时互感器不承担主绝缘，可降低设备绝缘的故障几率，减少了变电站占地面积。

功能一体化的另一个方面表现在测量、状态监测、控制、计量和保护等二次设备与高压设备的融合。如前所述，断路器、GIS 设备等都有测量和控制要求，随着电子式互感器与断路器等高压设备的集成，计量也可成为高压设备附属功能的一部分。作为智能化高压设备，自然还包括一个自监测部分。在做好物理隔离和满足相关标准要求的前提下，继电保护也可以集成到智能组件中。这样，围绕高压一次设备，智能组件涵盖了测量、状态监测、控制、计量和保护等多项功能。在这些功能中，有些信息是可以共享的，如电压、电流信息，通过融合设计，从整体上简化硬件配置，提升智能组件功能的一体化程度，减少占地，提高可靠性，总的成本也会有明显下降。

5. 信息互动化

作为智能高压设备的一部分，智能组件是一次设备与电网调控系统之间信息互动的桥梁，作为电网的元件，智能高压设备主要是提供智能化信息。真正的智能化应用，如优化电网运行控制等，需要在电网中由调控系统来实现，而信息互动化是实现这一理念的基础。信息互动化包括以下几个方面。

（1）智能组件将高压设备的可靠性状态、控制状态、运行状态和负载能力状态等智能化信息通过站控层网络发送至调控系统，支持调控系统对电网的优化控制或支持设备故障预案的制定。

（2）智能组件接收调控系统的指令，实现对高压设备运行状态的网络化控制。

（3）智能组件从生产管理系统获取高压设备的“指纹”信息和其他非自监测信息，作为智能组件自我综合诊断或评估依据的一部分。

（4）智能组件将高压开关设备的可靠性状态发送至生产管理系统，支持高压设备的优化检修。智能组件中既有过程层设备也有间隔层设备，对过程层网络和站控层网络都有信息交互，这是信息互动化的一部分。信息互动化还指设备状态可视化信息上报给调度系统，作为调度决策或制定预案的参考。值得指出的是，不论实际监测结果反映设备故障多严重、多紧急，都不会成为直接跳闸的依据。理论上，调度系统也可以主动查询特定设备的健康状态。信息互动化也指设备状态可视化信息上报给检修管理系统和从检修管理系统下载设备“指纹”信息和非自监测信息等。

1.3.3 智能高压开关设备分合闸选相技术

随着我国智能电网的快速发展，特高压交直流混联电网格局逐步形成，新能源并网容量持续增大，电网发展新态势使系统的故障特性发生显著变化，电力电子设备单一故障的全局化特征日趋明显，因此对故障后开关的控制时序、角度等提出了更高的要求。下文分析了重合闸时序、变压器空充、关合容（感）性负载等几种场景对高压开关的需求。

1. 重合闸时序

在低电压等级电网中，重合闸过电压不是主要考虑的问题，但在超/特高压电网中，重合闸过电压是选择电网绝缘水平的重要因素。在高电压等级的电网中需要考虑抑制重合闸过电压的措施。重合闸过电压产生的根本原因在于重合闸运动过程不可控导致的重合时间不合适。如果断路器运动过程可控，则可以通过与选相器相配合确保在电压过零点合闸，消除重合闸过电压现象，因此同样需要一种运动过程可控的操动机构，通过与选相器配合消除重合闸过电压现象。

断路器采用常规操动机构，加装分合闸选相控制器，若采用电机驱动操动机构，则可通过机构本身的电力电子与电力传动技术实现相位控制，具体见本书 2.2.2 节。

2. 变压器空充

变压器空充引发励磁涌流可以达到额定电流的 4～8 倍，为了抑制励磁涌流对差动保护的影响，我国通常采用二次谐波、间断角闭锁等措施，但励磁涌流在交直流系统中仍然会对电网产生影响。2016 年 3 月 21 日，河南 500kV 官渡主变压器 B 相励磁涌流达到 1136A，持续 13s，导致天中直流功率波动 650MW，同时造成了西北电网花园电厂 3 台机组扭振保护启动。事实上，励磁涌流产生的根源在于变压器空充时合闸角不合适，如果能确保在电压峰值合闸，此时铁芯产生的非周期分量磁通将为 0，单纯的变压器剩磁和稳态磁通一般不会导致变压器饱和，即变压器不会产生励磁涌流。采用传统操动机构的断路器可以与选相器配合，但由于运动过程不可控，因此很难保证在合适角度完成合闸，所以同样需要采用新的操动机构断路器来保证在合适角度合闸，以消除励磁涌流对交直流电网的影响。

3. 关合容（感）性负载

高压交流断路器在应用于关合容性负载（电容器组、空载输电线等）或感性负载（变压器、电抗器组、大容量电动机等）时，由于系统参数突变，会产生数倍于电源电压的操作过电压或涌流等瞬态现象。这些瞬态现象发生在主电路时，可能会波及控制和辅助电路、通信系统、邻近的低压电路，危及高压设备的绝缘件、过度烧蚀触头，对电力系统的稳定性造成影响。对于引入大量智能设备的智能电网来说，这些瞬态现象带来的干扰应该引起进一步重视。

为了减少这些瞬态现象对电网的危害和干扰，可以采用选相分合闸技术。引入选相分合闸，是智能操动机构的重要特征，也是智能电网对高压开关设备提出的要求。选相分合闸技术从原理上能有效地削弱断路器分合闸时所产生的涌流和过电压，其实质就是根据不同负载（如并联电容器组、架空输电线、空载变压器等）的特性，控制断路器在电压或电流的特定相位角度完成合闸或分闸，实现无冲击的平滑过渡。对应不同负载，选相分合闸的使用目的、优点及最佳分合闸相位如表 1-1 所示。

表 1-1　选相分合闸的使用目的、优点和最佳分合闸相位

内容	使用目的	优　点	最佳分合闸相位
空载变压器合闸	抑制励磁涌流	省略合闸电阻、提高电压稳定性、防止继电保护误动	中性点有效接地系统：相电压峰值；中性点非有效接地系统：首相相电压峰值，后两相线电压峰值
并联电抗器合闸			
电容器组合闸	抑制涌流、抑制过电压	减少触头磨损、降低维修成本、降低绝缘水平	中性点有效接地系统：各相电压零点；中性点非有效接地系统：第 1、第 2 相为线电压零点，第 3 相为相电压零点
空载输电线合闸	抑制过电压	省略合闸电阻、降低绝缘水平	各相电压零点
并联电抗器开断	防止重燃	降低绝缘水平、减少触头磨损	无重燃的燃弧时间
空载输电线与电容器组开断	防止重击穿	提高容性小电流开断性能可靠性	无重击穿的燃弧时间

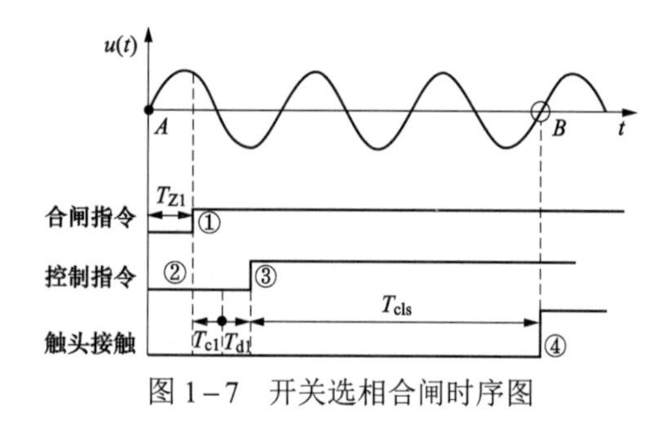

图 1-7　开关选相合闸时序图

选相分合闸技术的实质是控制开关在参考信号最佳相角处关合或开断。以在电压过零点合闸为例的选相关合原理如图 1-7 所示。

从图 1-7 中可以看出，整个控制过程可分为 4 步：① 收到合闸指令，预期在电压零点合闸；② 控制系统实时检测电压零点，以前一个过零点 A 为参考零点，算出在最佳目标相位 B 处闭合所需的延时 T_{d1}；③ 延时时间到，控制器发出合闸指令；④ 在预期相位触头闭合。与随机关合过程相比，选相关合多了步骤②，从而达到相位控制的目的。

式（1-1）给出了图 1-7 中在所示相位进行选相合闸时所需的最小延时计算公式：

$$T_{d1} = \frac{1}{f} - T_{Z1} + T_{cls} \bmod \frac{1}{2f} - T_{c1} \tag{1-1}$$

式中：f 为电网频率；T_{Z1} 为合闸指令距离同步参考零点的时间；T_{cls} 为开关合闸时间；T_{c1} 为 CPU 计算过程所需时间。

控制开关的分闸相位以获得最佳燃弧时间，可在电流自然过零时获得较大的触头开距与介质恢复强度，此时触头间隙足以承受系统恢复电压，从而避免了重燃与重击穿。图 1-8 为开关选相分闸时序图。

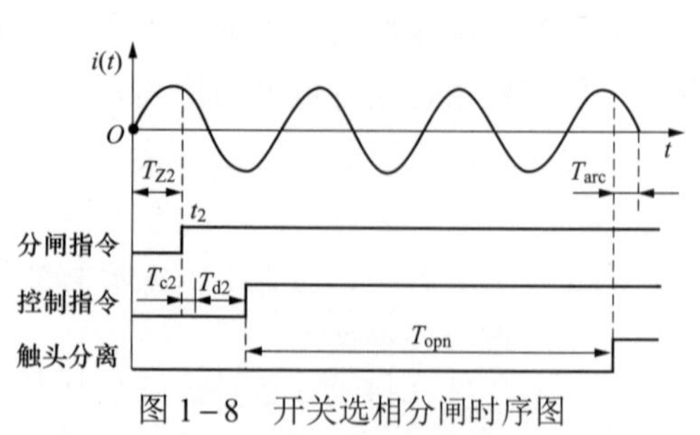

图 1-8　开关选相分闸时序图

从图 1-8 中可以看到，控制器在 t_2 时刻收到分闸指令后，以此前的电流零点为同步参考零点，由式（1－2）可计算出分闸最小同步延时为：

$$T_{d2}=\frac{1}{f}-(T_{opn}+T_{arc})\bmod\frac{1}{2f}-T_{Z2}-T_{c2} \tag{1－2}$$

式中：T_{Z2} 为分闸指令距离参考零点时间；T_{opn} 为分闸时间；T_{arc} 为开关燃弧时间；T_{c2} 为CPU 计算所需时间。

上述实现过程假设了很多理想条件，主要包括目标相位确定、开关动作时间稳定、参考电压与电网频率稳定、控制器运算快速精确可靠等。在实际工程中，对于特定负载，现代开关技术与控制系统设计不难实现上述假设。

根据对断路器选相分、合闸过程的分析可以看到，整个开关的选相分合闸过程由开关的动作时间、延时时间和处理器的计算时间组成。开关的动作时间是由开关及操动机构自身的电气参数决定的；处理器的计算时间由处理器本身性能以及所采用的算法决定，为了保证开关在电压电流的预定相位处关合或是断开，必须调整延时时间。由此可见智能开关选相分合闸技术的关键是电压电流零点的准确提取，开关分、合闸时间的确定以及延时时间的计算。

选相分合闸的关键技术难点在于开关操动机构动作时间具有分散性，其动作时间的分散性主要来自于两方面：操动机构自身固有的动作时间分散性和环境条件不同导致的动作时间分散性。影响开关动作时间的环境条件包括许多也很复杂，如操作电压、环境温度、开关主触头的机械磨损和老化等。这些分散性对于动作时间的影响必须由控制系统的软件或是硬件进行补偿。

1.4 智能高压开关设备的技术现状

智能高压开关设备是智能电网的重要组成部分，也是区别传统电网的主要标志之一。目前国外关于智能高压开关设备尚没有统一的定义和标准，我国自开始研究智能电网以来，十分重视智能高压开关设备的新技术开发和智能高压开关设备在未来电网中的应用，先后与国内主要高压设备制造商、设备状态监测技术供应商和高等院校进行了交流。借鉴国外有关智能电网经验，在多年从事高压设备监测和诊断技术的基础上，我国提出了自己的智能高压开关设备的概念，即智能高压开关设备是高压开关设备与相关传感器及智能电子装置的有机结合体，是具有测量数字化、控制网络化、状态可视化、功能一体化和信息互动化特征的高压设备，也是高压开关设备智能化技术的具体体现。

总的来说，高压设备智能化技术不仅仅是测量技术与控制技术的革新，对变电站设计、电网运行乃至高压设备本身的发展也有重大影响。智能高压设备的应用将使整个变电站向着更加简约、可靠和智能的方向发展。

1.4.1 关键技术

与传统高压设备相比，智能高压开关设备的核心问题是信息的采样传输与控制，在技术上有着诸多关键技术的突破，包括众多新技术、新材料、新工艺的广泛采用，其中，有的技术相对成熟，有的还处于开发研制与试运行考证阶段，需要一个不断总结提高和完善的过程。

（1）传感技术。局部放电、高压导体测温、高压侧电量的测量等，尤其是在光电流、电压传感等技术的应用上，还存在有待进一步完善的环节。

（2）微机技术。智能化软件是微机技术的关键，主程序需要不断检测并显示高压设备的工作状态，并与上位机传递有关的控制和状态信息。因此，智能化软件技术是否成熟也有待时间的检验。

（3）抗电磁干扰技术。电力系统中工频及其高次谐波，高电场引起的电晕及污闪都会产生电磁辐射；二次控制回路的开关电源及大功率电磁铁动作，都会通过不同的途径耦合到二次系统，在导电回路中感应出电流，对操动机构的控制带来考验。光电转换的引入不但可以进行电气隔离，还可以保证信号传输过程不受电磁场的干扰。但是，由于智能高压设备的信号传输与控制系统的工作电压和信号传递电平低，耐压水平低，外界电磁场干扰很容易使其失效或损坏。

（4）信号处理技术。获得监测信号只是第一步，此外还必须进行故障诊断才能做出准确的判断与决策。例如，局部放电监测获得的复杂信号，需要进行故障诊断才能实现故障分类、故障定位、预期寿命估计等；采用机械振动法监测高压设备机械状态，也需对获取信号做处理才能正确辨识。诸如此类的信号处理的可靠性，都有待于进一步考量。

（5）模块化设计技术。由于电子设备的使用寿命要低于高压电器设备本身的寿命，解决这一个矛盾必须从设计、制造及改善运行条件几方面着手，采用模块化设计，以降低成本增加备用量，在具备完善的自检功能基础上，进行综合判断，从而提高设备的可靠性与使用寿命。

1.4.2 电子式互感器

互感器（包括电流互感器和电压互感器）是电力系统中最基本、最重要的监测设备之一，它的作用主要包括：传输正比于被测量的电流、电压量，供给计量、测量、控制和保护设备，以监测电力系统的安全和稳定运行；对高电压一次设备和低电压的二次设备进行隔离。因此，互感器的性能与电力系统的安全、可靠和经济运行状态密切相关。

现阶段，传统互感器已经积累了丰富的运行经验，它的主要优点在于测量准确、性能稳定，适合长期运行。然而，随着电网电压等级的提高，传统互感器体积、重量均较大，给运输和安装带来不便；绝缘技术越来越复杂，成本也越来越高。同时存在故障状态下，铁芯饱和限制了其动态响应精度；由于使用铁芯，不可避免地有铁磁谐振和磁滞效应等缺点，难以适应电力设备小型化、智能化、高可靠的发展要求。

伴随着新敏感机理的发现以及光纤传输传感、计算机控制、微弱信号处理等技术的进步而出现的电子式互感器具有传统互感器的全部功能，并且具有以下突出的优点：

（1）优良的绝缘性能，性价比高；

（2）无铁芯，消除了饱和和铁磁谐振的问题；

（3）抗电磁干扰性能好，低压侧无开路高压危险；

（4）体积小，重量轻；

（5）动态范围大，测量精度高；

（6）频率响应范围宽。

在试点工程中，电子式互感器与一次开关设备组合安装以及电流电压组合型电子式互感器的应用，有效提高了设备集成度及可靠性，减少了建设用地面积。

以单相电子式互感器为例，其通用结构框图如图 1－9 所示。从信号传感到数据传输，依次为：一次传感器、一次转换器、传输系统、二次转换器和合并单元。如果系统配有一次或者二次转换器，则分别需要附加一次或者二次电源，一个完整体系共含七个功能模块。

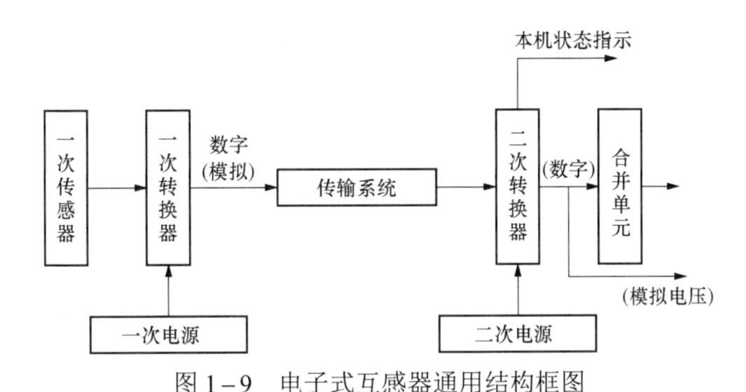

图 1－9　电子式互感器通用结构框图

注：目前大部分电子式互感器结构中，一、二次转换器只取其一。

（1）一次传感器。它是一种电气、电子、光学或其他类型的装置，用于将一次电流或电压转换成另一种便于测量或传输的物理量，例如模拟小电压、阻值、霍尔电势、光强、光偏角、光相位等。

（2）一次转换器。将传感器输出的物理量转换成适合传输和标定的数字信号或模拟信号，通常也被称作远端模块或采集器。一次转换器如果置于高压侧，则需要将模拟信号转换为数字信号（即 A/D 转换），经光纤发送，并且需要在高压侧有电源支持，习惯上称作“有源式”。光学类传感器直接输出模拟光信号，经传输系统直接传至低压侧，经二次转换器输出，不需要一次电源，故被称为“无源式”。

（3）传输系统。承担着将一次传感器或者转换器输出信号传至二次转换器的任务，采用光纤传输模拟或数字信号，也是高低压之间的绝缘隔离。

（4）二次转换器。按照标准约定的格式，完成到合并单元或二次仪表的标准信号输出。可能包括以下四种功能：① 对来自传输系统的数字输入，完成必要的通信规约转换（如果一次转换器未含此功能）；② 对光模拟信号进行解调并数字化，并做通信规约转换；

③ 调理并输出标准模拟电压信号（如果系统设计有此要求）；④ 显示、输出互感器的本机（或称本地）自诊断和维修请求信息。在实际大部分电子式互感器结构中，一、二次转换器通常只有二者之一，例如，无源电子式互感器一般只有二次转换器，而有源电子式互感器大部分只有一次转换器，一次/二次转换器，都又称为采集器。

（5）合并单元。也称合并通信单元。它是多台电子式互感器输出数据报文的合并器和以太网协议转换器，可以接入多达 12 台互感器的数字输入。合并单元应具备三种功能：① 具有接收全球定位系统（Global Positioning System，GPS）信号和北斗信号的对时和守时能力，为互感器的测量采样值打上时标和序列；② 接收、校验 12 路输入数据并按照固定的帧格式排序；③ 按照 FT3 或者 IEC 61850-9-1/2 协议以串口报文方式发送数据帧到二次仪表系统。

（6）一次电源。为一次转换器供电的电源。如果一次转换器装在高压侧，则需要一次电源，通常采用激光或线圈取能方式供电。

（7）二次电源。为二次转换器供电的电源。由于二次转换器处于低电位，通常直接采用直流电源供电。

根据互感器的测量对象，电子式互感器可分为电子式电流互感器和电子式电压互感器两大类，根据其一次转换器部分是否需要工作电源，电子式互感器可分为有源式和无源式两大类。电子式互感器的分类如图 1-10 所示。

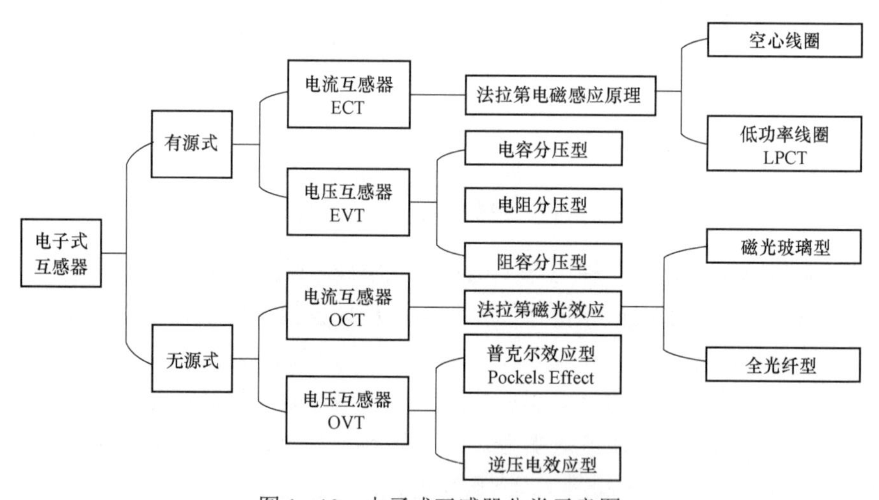

图 1-10　电子式互感器分类示意图

（1）有源电子式电流互感器有低功率线圈式（Low Power Current Transformer，LPCT）和空心线圈式两种。其中，LPCT 具有体积小、精度高、可带高阻抗等优点，特别适用于提供稳态测量信号的场合，但仍存在铁芯饱和问题。空心线圈解决了传统互感器铁芯饱和问题，频率响应好，线性度高，暂态特性灵敏，但测量小信号时准确度低。因此，通常采用 LPCT 与空心线圈组合使用的电子式电流互感器，稳态时 LPCT 提供测量用电流信号，暂态时空心线圈提供保护用电流。

（2）有源电子式电压互感器有电容分压、电阻分压及阻容分压等类型。被测电压由电容器、电阻器或阻容分压后取分压电压，经采集器后，变为光信号经光纤传输至采集器，进行解调得到被测电压。

（3）无源电子式电流互感器有磁光玻璃型和全光纤型两种。两种类型的电流互感器原理上均利用法拉第磁光效应，但两种传感器的传感头结构不同，全光纤光学电流互感器是将传感光纤缠绕在被测通电导体周围，传感和传光部分都采用光纤，又称为功能型光学电流互感器。磁光玻璃型光学电流互感器传感部分采用块状磁光玻璃，如重火石玻璃 ZF_7 等。根据玻璃加工的结构型式，磁光玻璃型光学电流互感器可分为闭合光路和直通光路两种。

（4）无源电子式电压互感器可分为基于普克尔效应型和基于逆压电效应型两种。其中，基于逆压电效应的光学电压互感器还处于实验室研究阶段。基于普克尔效应的调制型光学电压互感器的测量原理是：利用线偏振光在电场 E 的作用下通过电光材料时，其发生双折射后两光波之间的相位差 δ 来反映被测电压 U 的大小，传输系统采用光缆，输出电压正比于被测电压。

随着电子式互感器技术的日趋成熟，电子式互感器在不同电压等级的变电站中逐步得到应用。但由于出现时间较短，应用经验少，其可靠性、稳定性较传统互感器存在较大差距。从目前运行情况看，有源型电子式互感器出现的故障主要有采集器故障、传感器故障、光纤故障、激光供能单元故障、绝缘受潮、软件问题、噪声干扰等。无源型电子式互感器由于原理限制，受环境温度和振动影响较大，另外在应用中还出现过一些光纤故障的问题。在今后一段时期内，需要从电子式互感器的构成原理、整体结构、器件材料质量、制造能力、工艺水平、现场施工的管理控制以及运行维护检修等方面采取措施，提高电子式互感器的可靠性和质量。

1.4.3 集成式隔离断路器

断路器是发电厂、变电站主要的电力控制设备，断路器性能直接影响到电力系统的安全运行。目前 72.5kV 及以上敞开式断路器普遍采用六氟化硫断路器。在敞开式变电站中，断路器进线和出线两侧都设置有独立的隔离开关，其主要目的是当断路器需要维护检修时，将断路器隔离开并形成明显开断点。随着断路器设备技术的进步和制造工艺的提高，断路器的可靠性越来越高，故障率越来越低，性能可满足长时间不检修的要求，断路器对维护的需求已经大大低于隔离开关。相反地原来为方便检修断路器而采用的隔离开关反而成为电力系统故障的主要来源。因此智能变电站采用隔离断路器，在断路器中集成隔离开关功能，既可以优化断路器和隔离开关的检修策略，同时也可以简化变电站设计，大大减少变电站内电力设备使用量。

隔离断路器（Disconnecting Circuit Breakers，DCB）是触头处于分闸位置时满足隔离开关要求的断路器（GB/T 27747），其断路器断口的绝缘水平满足隔离开关绝缘水平的要求，而且集成了接地开关，增加了机械闭锁装置以加强安全可靠性。国际上已在 2005 年颁布了交流隔离断路器 IEC 62271-108：2005 标准。ABB、SIEMENS、ALSTOM 三家公司均拥有交流隔离断路器的制造技术，其中ABB公司是最早进行隔离断路器研究的厂家，已研制出适用于72.5～420kV的产品，并在挪威132kV和瑞典420kV电网中成功应用，但仅实现了断路器断口达到隔离断口绝缘水平的要求，电子式电流互感器的集成仅停留在设计阶段。2011年，我国在IEC 62271-108：2005标准基础上，发布了国家标准GB/T 27747—2011《额定电压72.5kV及以上交流隔离断路器》。在新一代智能变电站示范工程开展之前，我国还没有交流隔离断路器应用于实际工程，国内厂家也未掌握相关制造技术。

集成式隔离断路器是在隔离断路器的基础上，再集成接地开关、电子式电流互感器、电子式电压互感器、智能组件等部件，使得断路器间隔最终集成为一台一、二次集成化设备，其功能需求组合形式如图1－11所示。集成式隔离断路器必须具备高度的安全性、可靠性和可用性，确保产品少维护甚至免维护。而二次设备方面，应根据一次设备特点和二次设备技术成熟度，选用成熟可靠的智能组件，统一集成到间隔智能控制柜，实现就地控制、在线监测与智能操作。整个间隔的控制、监测统一集成到该间隔智能控制柜中；测量、控制、保护、监测统一到间隔智能控制柜中将进一步提升开关设备的一体化与智能化水平。

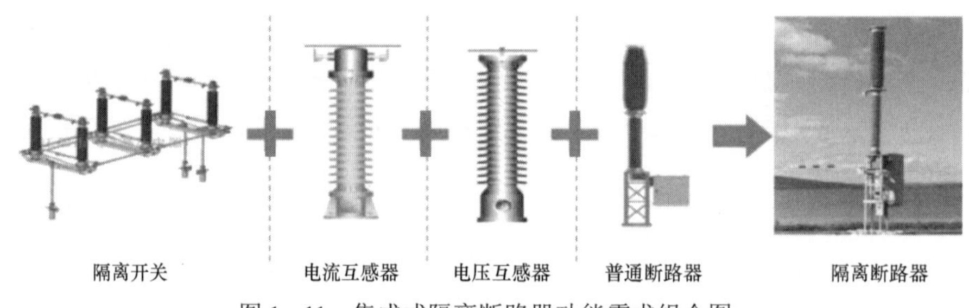

图1－11　集成式隔离断路器功能需求组合图

1.4.4　智能GIS

气体绝缘金属封闭开关设备是将变电站中的部分高压电器元件成套组合在一起，包括断路器、隔离开关、接地开关、电流互感器、电压互感器、氧化锌避雷器、主母线、出线套管、电缆连接装置、变压器直连装置和间隔汇控柜等基本元件，利用SF_6气体的优良绝缘性能和灭弧性能而使变电站得以小型化，在66kV及以上电网中应用广泛。

国外目前已有多种智能GIS产品投入市场，典型的有东芝公司C－GIS和ABB公司的EXK型智能GIS，都采用了先进的传感器技术和微型计算机处理技术，使整个组合电器的状态监测与二次系统运行在一个监控平台上。国内智能GIS设备研究起步较晚，现有智能变电站中GIS设备还未真正实现一、二次设备融合，自我感知能力不足，在线监测与一次设备集成度较低，大部分是在已安装好的变电站现场安装相关外置传感器，传感器精度难以保障且影响设备整体美观；与电网交互功能有限，不能很好地支撑智能电网的优化控制和运行。

所谓智能 GIS，即在 GIS 整体设计思想上，以 GIS 为核心考虑如何把智能传感器、控制设备有机地融入开关本体，使 GIS 结构更加紧凑、设计更加合理、绝缘更加可靠。适应智能化的 GIS 应该包含以下三个方面内容：以先进传感技术为支撑的感知功能，以电子与计算机控制技术为理论支撑的智能监测、分析、判断功能，以网络通信技术为支撑将 GIS 信息与变电站主控计算机联系在一起实现信息共享功能。也就是说智能化的 GIS 是具有相关测量、控制、计量和保护的数字化设备，同时兼有“自我参量检测、就地综合评估、实时状态预报”的智能设备。

智能 GIS 改变了传统 GIS 的组成结构，比如取消了在同一间隔内原有的电磁式互感器、辅助开关，新增了电子式电流/电压互感器、合并单元、状态监测 IED 等设备，同时电缆减少了，对减少维护工作量有着积极作用；通信改为光纤，增强了抗干扰性，并且与网络设备的联系更紧密。智能 GIS 与常规 GIS 的差异如图 1－12 所示。

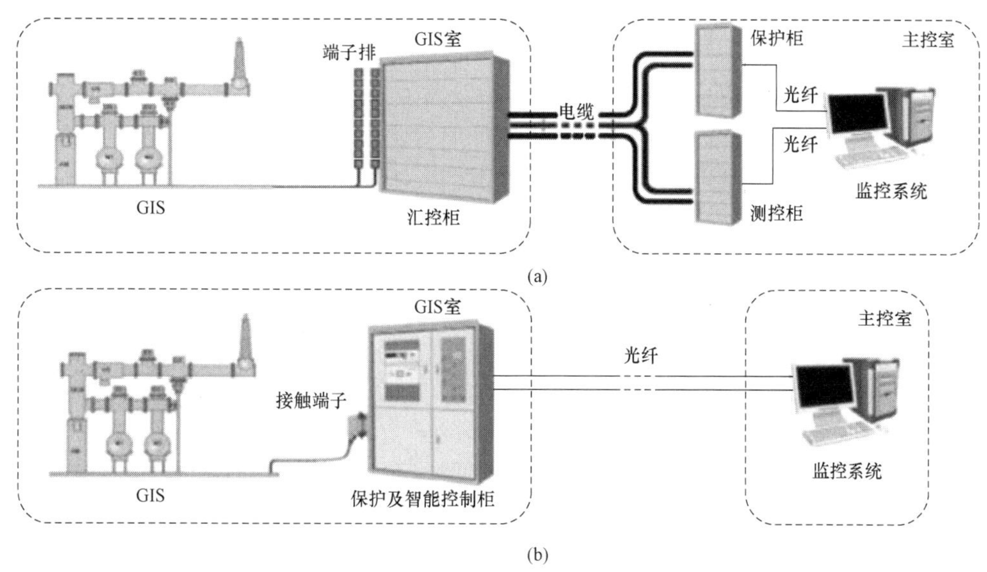

图 1－12　智能 GIS 与常规 GIS 对比示意图

（a）常规 GIS；（b）智能 GIS

1.4.5　应用情况

随着智能电网对输变电质量和可靠性要求的提高，电力系统对高压开关设备的性能要求也越来越高。另外，由于基础理论、材料技术、生产设备和加工工艺的不断进步，高压开关设备的技术水平有了长足的进步，并在许多方面突破了以往传统开关电器的概念，与几十年前相比，无论是在产品种类、结构形式、介质还是在综合技术水平上都有很大的差别。特别是特高压和智能变电站工程建设，带动了电器行业整体水平提高，开关电器一次设备和二次监测控制方面都有了很大的发展。

目前，智能高压开关设备的发展还处在初级阶段，智能高压开关设备从物理形态和逻辑功能上可理解为“高压开关设备本体＋智能组件”。现阶段智能组件基本是作为高压开关设备的智能化接口，与高压设备间采用传统电缆连接，与保护、测控等二次设备间采用光缆连接，通过 SV、GOOSE 报文上传高压设备的本体状态信息，同时接收来自保护、测控的分合闸 GOOSE 下行控制命令，实现对高压设备的实时控制和状态监测功能。

截至 2016 年 11 月，我国自主研制的智能高压开关已累计投产 5710 个间隔，推广至 28 个省市的 605 座变电站，非计划停运次数平均下降约 50%，有力地保障了电网供电可靠性与社会供电安全。

第2章 集成式隔离断路器

2.1 集成式隔离断路器简介

2.1.1 发展历史

隔离断路器是断路器技术成熟和可靠性提高的必然产物。纵观断路器和隔离开关的发展历史，随着断路器制造技术的进步，断路器故障及维修概率逐渐下降，目前断路器的维修周期最大可达到12～15年，而隔离开关是裸露的隔离元件，其制造技术多年变化不大，故障及维修概率基本恒定，目前隔离开关的维修周期一般为2～6年，主要受沙尘、盐雾等污秽影响。根据统计，1950～2010年60年期间，隔离开关因故障导致的维护概率一直变化不大。而断路器从最初的油断路器、气吹断路器、少油断路器，发展到现在的 SF_6 断路器，由于绝缘介质及内部结构的不断改进，因故障导致的维护需求概率从最初高于隔离开关已逐渐下降到远低于隔离开关，如图2－1所示。

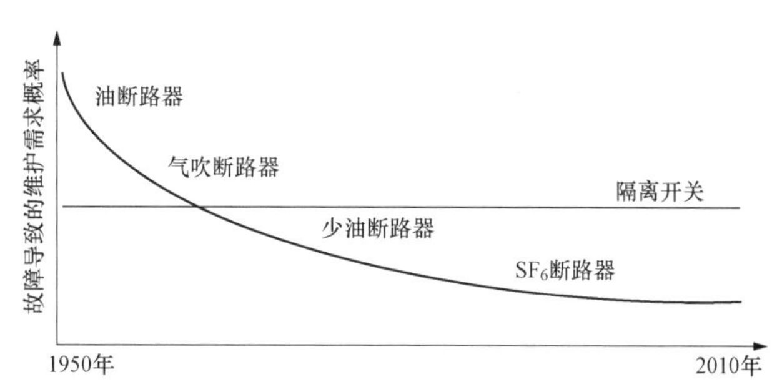

图2－1 断路器与隔离开关故障导致的维护需求概率比较

隔离开关最初的作用是在检修断路器时隔离电源，并在回路中通过空气实现双重隔离。随着断路器设备技术进步，制造工艺提高，敞开式断路器的可靠性越来越高，故障率越来越低，断路器的性能完全满足长时间不检修的要求，使得原来为方便检修断路器而设立的隔离开关反而成为间隔检修或故障停电的主要来源。因此，取消隔离开关、应用隔离断路器从而提高户外AIS变电站主接线可靠性，是技术发展的一个必然趋势与结果。

国际上对隔离断路器的定义为触头处于分闸位置时满足隔离开关要求的断路器（IEC 62271－108）。隔离断路器的概念由瑞典ABB公司在1996年首次提出，随后ABB开始了产品研发。2000年，ABB向客户交付了其第一台隔离断路器。随后，ABB不断拓展产品系列，使得ABB全系列柱式断路器产品都有与之对应的隔离断路器解决方案。2005年，国际电工委员会正式发布了隔离断路器国际标准IEC 62271－108。随后SIEMENS、ALSTOM等国际主要电力设备制造商都开始投入研发隔离断路器产品。截至2015年，国外ABB、SIEMENS、ALSTOM三家公司均拥有交流隔离断路器的制造技术，已研制出适用于66～500kV各电压等级的产品，并在挪威132kV和瑞典420kV电网中成功应用，但其仅实现了取消隔离开关简化母线的要求，电子式电流互感器的集成仍停留在试运行阶段。

我国在现有隔离断路器基础上又进一步改进集成了接地开关、电子式电流互感器、智能组件等设备，成功研制出集成式隔离断路器，是隔离断路器技术上的又一次飞跃。国内西安西电高压开关有限责任公司（简称“西开”）和平高集团有限公司（简称“平高”）两大开关设备生产厂家于2012年成功研制出额定电压为126kV、252kV、363kV的集成式隔离断路器，于2013年6月前完成集成式隔离断路器全部型式试验。2013年12月在国家电网有限公司新一代智能变电站示范工程中的重庆大石220kV变电站、武汉未来城110kV变电站中投入使用。2014年，研制出126kV、252kV集成全光纤电流互感器的集成式隔离断路器。2015年，126kV、252kV、363kV集成全光纤电流互感器的集成式隔离断路器在新一代智能变电站扩大示范工程中的陕西富平330kV变电站、河南皓月220kV变电站、湖南攸东220kV变电站、安徽团山220kV变电站4座变电站进行试点应用。

集成式隔离断路器是在隔离断路器的基础上，集成接地开关、电子式电流互感器、智能组件等部件形成的基于间隔的组合式电气设备。一个间隔功能由一台设备实现，且设备具备高度安全性、可靠性、少维护，甚至免维护等特点。一次设备供应商结合一次设备结构特点，选用成熟可靠的智能组件，统一集成到间隔智能控制柜，实现就地控制、状态监测、智能操作一套设备、一个柜体，进一步提升了开关设备的集成度及智能化水平。

国际电工委员会（IEC）在2005年颁布了交流隔离断路器国际标准IEC 62271－108：2005*High voltage switchgear and control equipment The 108th parts：High-voltage alternating current disconnecting circuit-breakers for rated voltages of 72.5kV and above*（《高压开关设备和控制设备　第108部分：额定电压72.5kV及以上的高压交流隔离断路器》）。我国采用重新起草法，修改采用了IEC 62271－108：2005标准，发布了国家标准GB/T 27747—2011《额定电压72.5kV及以上交流隔离断路器》。国家标准GB/T 27747—2011与IEC 62271－108:2005标准的主要差别为：根据我国电网实际情况，修改了额定频率和额定电压的相关内容，增加了产品对环境的相关要求，增加了断路器与隔离开关连动机构示意图。GB/T 27747—2011标准描述了隔离断路器功能间相互作用的要求，明确了这些要求与分立的断路器和隔离开关的独立要求之间的差异，在型式试验中提出了机械功能组合试验和短路功能组合试验的方法。此外，集成式隔离断路器的设计制造和试验还需依照接地开关和电子式电流互感器等设备标准进行。针对隔离断路器的试验、检测及运行维护，国家电网有限公司组织编制了Q/GDW 11505—2015《隔离断路器交接试验规程》、Q/GDW 11506—2015《隔离断路器状态检修试验规程》、Q/GDW 11507—2015《隔离断路器状态评价导则》、Q/GDW 11508—2015《隔离断路器状态检修导则》、Q/GDW 11504—2015《隔离断路器运维导则》等相关企业标准。

2.1.2 设备特点

集成式隔离断路器集成了传统断路器、隔离开关、电流互感器等设备功能，断口具备较高绝缘水平，具有不经过隔离开关隔离不同电网的能力。可实现控制、保护、隔离、测量、状态监测功能，具有集成化、智能化、一体化技术特点，可提高变电站运行可靠性、降低运行费用、简化接线、节约土地资源、提高建设效率、方便运行维护。

1. 实现功能

集成式隔离断路器除具有传统断路器的控制、保护、隔离功能外，还具备测量、状态监测等功能。

（1）控制功能。

当系统正常运行时，能切断和接通线路及各种电气设备的空载和负载电流，实现对电网和电力设备的控制。

（2）保护功能。

当电力系统发生故障时，和继电保护、安全自动装置相配合，将故障部分从系统中迅速切除，减少停电范围，防止事故扩大，保护系统中各类电气设备不受损坏，保证系统无故障部分安全运行。

（3）隔离功能。

将需要检修的设备或线路与电源隔开，保证检修人员和设备的安全。

（4）接地功能。

在集成式隔离断路器检修时实现两侧接地，以保证检修人员和设备的安全。

（5）测量功能。

将一次电流通过一定的变比转换为数值较小的二次电流，用来实现保护、测量等功能。

（6）状态监测功能。

通过机械、电流及 SF_6 传感器，可实时采集设备的分合闸时间、行程、速度，分合闸线圈电流，SF_6 气体压力、密度等参量，并上送至监测后台，可实现设备实时状态监测和状态检修。

2. 技术特点

（1）集成化。

在设备集成方面，突破国内变电站中普遍采用断路器、隔离开关、接地开关、互感器等各自独立、功能单一的设备元件，共同完成电气主接线功能要求的现状，对设备元件进行整合，高度集成一次设备（断路器、隔离开关、接地开关、互感器）、二次设备（二次控制回路、智能监测 IED、测量、计量等），实现单个设备完成整个间隔的功能要求。在功能集成方面，实现间隔内测量、计量、状态监测等自动化功能的有效集成，通过应用电子式电流互感器、合并单元、智能终端、智能监测 IED，将整个间隔的监测和控制统一集成到间隔智能控制柜中，实现对整个间隔的操作和控制。

（2）智能化。

集成式隔离断路器通过装设合并单元、智能终端、机械状态监测 IED 以及气体状态监测传感器、行程传感器、二次回路电流传感器，实现状态监测系统、智能控制系统与常规控制系统的有效结合。采用全站统一的通信标准，具有一次设备状态在线监测能力，并可通过光纤网络实现站内数据辨识、智能告警等高级功能，对外采用光纤连接，节省大量电缆。

（3）一体化。

在功能方面，合并单元与智能终端进行一体化配置，气体状态在线监测 IED 和机械状态监测 IED 合并，断路器机构箱与闭锁装置机构箱合并，节约了空间和成本。在产品适应性方面，进行了一体化的产品设计，对集成式隔离断路器整体的电磁场、温湿度环境进行了深入分析计算，确保产品电磁、温湿度等的兼容性。

2.1.3 设备分类

隔离断路器由瓷柱式 SF_6 断路器发展而来，其断路器部分灭弧原理和结构与瓷柱式断路器一致。集成式隔离断路器则是在隔离断路器基础上，根据应用需求集成接地开关、电子式电流互感器、状态监测装置等构成的敞开式智能化组合开关设备。按照电子式电流互感器集成方案可以分为集成有源电子式电流互感器、集成无源电子式电流互感器两类，分别如图 2－2（a）、（b）所示。

(a)

(b)

图 2－2　隔离断路器不同互感器集成方案

（a）集成有源电子式电流互感器；（b）集成无源电子式电流互感器

集成有源电子式电流互感器（罗氏线圈）为目前应用较为广泛的电子式电流互感器集成方案，电流互感器一次传感器直接利用隔离断路器支柱绝缘子作为支撑，占地面积进一步缩小，基本达到了将隔离断路器与电子式电流互感器集成为一个设备的目标。但是由于绝缘结构和支撑结构利用了隔离断路器的绝缘和支撑部件，必须进行绝缘、机械振动等相关型式试验以验证其性能。该方案产品性能稳定，满足保护、测量等使用要求，可配置低功率线圈以满足计量精度要求。但需要关注使用寿命匹配问题，激光电源使用寿命较短，不能与隔离断路器本体匹配，制约了隔离断路器长期免维护性能的进一步发挥，也制约了这种集成方案的进一步发展。同时光纤绝缘子也是绝缘系统薄弱点，对设计制造工艺要求较高。但目前该方案性价比较高，额定电压为126kV及以下的电子式互感器多采用集成有源电子互感器方案。

集成无源光纤电流互感器是近年来逐渐发展的方案。该方案基于先进的光纤电流传感器技术，实现了传感器小型化，实现了电流互感器与隔离断路器的完全集成，隔离断路器和光纤电流互感器完全融为一体，可实现传感器本体终生免维护。这种方案既可最大限度地节约占地面积，也避免了由于电流互感器检修及试验时隔离断路器陪停的问题，充分发挥隔离断路器免维护的优点。该方案目前工程应用较少，精度一般可做到0.2级，造价较高，随着技术进步，规模化应用造价降低，光纤电流互感器将成为隔离断路器集成电流互感器的理想解决方案。综合性能和造价，目前额定电压为252kV及以上的电子式互感器采用集成光纤电流互感器方案较为理想。

2.1.4 应用效果

（1）提高运行可靠性，降低运维成本。

采用集成式隔离断路器，可以减少站内一次设备的数量，解决了敞开式变电站中设备布置分散、占地面积大的不足，以及隔离开关长期裸露在空气中运行可靠性差的问题，从而提高了变电站整体可靠性和可用性。

根据国际大电网会议（CIGRE）和相关研究机构对各国电网在运隔离断路器运行情况的统计分析，将断路器和隔离开关集成为隔离断路器后，132kV隔离断路器的维护停电时间由传统间隔的5.3h/（年·台）下降为1.2h/（年·台），设备维护量降低77%，设备故障停电时间由传统间隔的0.21h/（年·台）下降为0.12h/（年·台），设备故障率降低43%，如图2－3所示；400kV隔离断路器的维护停电时间由4.8h/（年·台）下降为0.5h/（年·台），设备维护量降低90%，设备故障停电时间由0.19h/（年·台）下降为0.09h/（年·台），设备故障率降低53%，如图2－4所示。CIGRE有关统计表明，在使用隔离断路器的情况下，变电站每个间隔因检修与故障导致的总体停电时间可降低40%～60%。

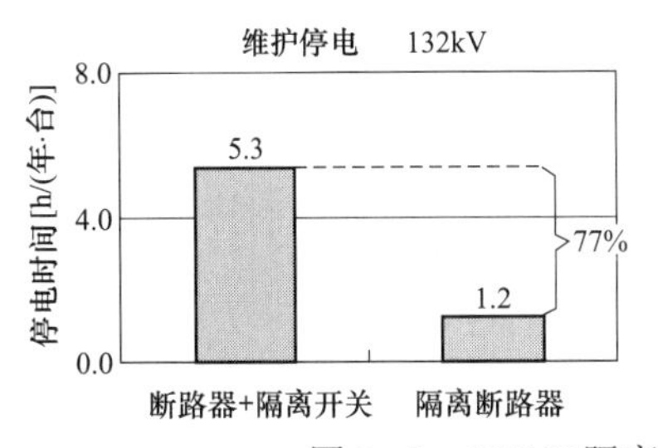

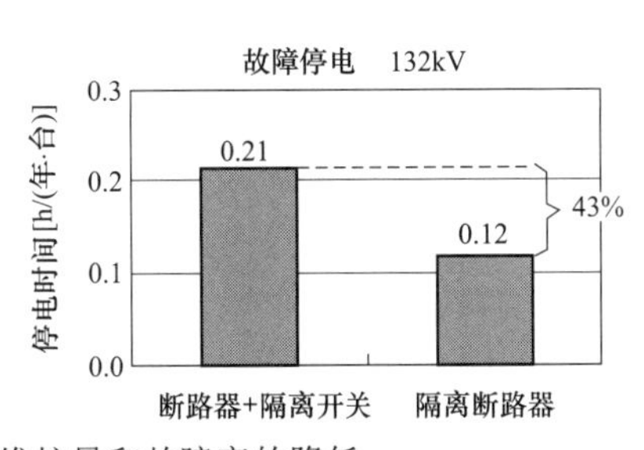

图2－3　132kV隔离断路器维护量和故障率的降低

（2）优化平面布局，节约土地资源。

设备集成体现在设备种类和数量减少上，集成式隔离断路器集成了断路器、隔离开关、接地开关以及电流互感器的功能，其效能首先体现在占地面积上。由于使用了集成式隔离断路器，220kV 整个变电站的占地面积与同样规模传统设计相比，减少了 31%，这还是保留母线侧全部隔离开关的情况下的比较，如随着技术进步和隔离断路器的推广，使得设备本体造价合理下降，进一步优化一次布置，占地面积有望进一步减小。110kV 整个变电站的占地面积与同样规模传统设计相比，减少了 50%。

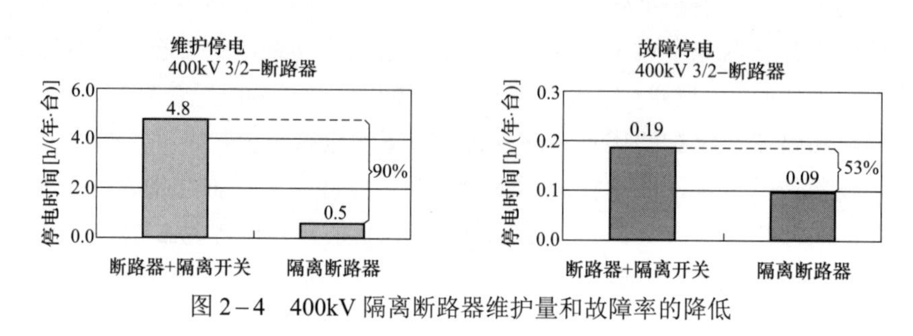

图 2－4　400kV 隔离断路器维护量和故障率的降低

（3）提高建设效率，方便运行维护。

设备集成减少了安装调试以及运行维护过程中的工作量，大大缩短了工程建设周期，也减少了运行维护需求。设备数量的减少，还直接降低了变电站的故障概率，在单一设备故障率不变的情况，能将变电站的故障概率降低 50%以上。考虑到隔离断路器与隔离开关相比，前者可靠性大大高于后者，则实际故障概率的降低要高于 50%。在工厂制造阶段可以对集成设备进行调试，大大减少了现场调试的时间和安装的时间，建设周期相较常规智能变电站大为缩短。

（4）降低全寿命成本，实现节能环保。

全寿命周期的经济性无疑是应用新设备要优先考虑的重要问题。通过对比新一代变电站建设方案，在全部采用首台首套设备的情况下，变电站整体投资增加约 8%，考虑推广后设备价格的合理回归，变电站的建设投资将减少约 10%。应用隔离断路器，设备检修与故障导致的停电时间减少 40%～60%，以 30 年计算，变电站设备运行维护费用与建设投资基本相当，则变电站的全寿命周期成本将降低 20%。此外，应用集成式隔离断路器还能产生大量的间接效益，减少设备后将大大节约设备制造过程中金属、非金属等材料，以及设计、加工、制造环节的资源及人力投入，同时减少了运行中的有功损耗，从而实现整个断路器产业链的经济环保、节约能源和可持续发展。

2.2　集成式隔离断路器的结构与关键技术

集成式隔离断路器是在断路器基础上发展的新型设备，除需实现断路器控制和保护功能外，还需实现电网隔离、测量和状态监测三方面新功能，因此有其独有的特点。集成式隔离断路器灭弧原理与传统断路器一致，但在绝缘性能和电气耐受寿命上有更高的要求，因而其绝缘材质、断口开断能力比普通断路器要求更高，此外基于安全和防止误操作的需要，要求设置机械和电气闭锁系统。机械闭锁系统一般通过在传动链中增加在特定状态下相互干涉的限位装置来实现。测量和状态监测功能则通过本体集成电子式电流互感器和状态监测传感器实现。采用电动机机构的隔离断路器还通过在电动机定子中嵌入传感器实现机械特性实时状态检测。本章将首先介绍集成式隔离断路器基本结构，然后分别从隔离断路器本体、集成电子式电流互感器、集成接地开关、智能组件四方面介绍各部件的结构。

2.2.1 整体结构

目前已经投入商业运行的集成式隔离断路器主要包含 126kV、252kV、363kV 三个额定电压。

1. 集成式隔离断路器外形

集成式隔离断路器通常由隔离断路器本体、操动机构、闭锁装置、电子式电流互感器、接地开关和智能控制柜组成。

（1）126kV 集成式隔离断路器。

126kV 集成式隔离断路器为三相机械联动式，多采用外部集成有源电子式电流互感器，结构如图 2－5 所示。电子式电流互感器一次传感器呈环形，安装在隔离断路器中间接线法兰上方，采集器位于一次传感器外侧，通过独立的光纤绝缘子将通信及供能光纤引到智能控制柜中的合并单元。

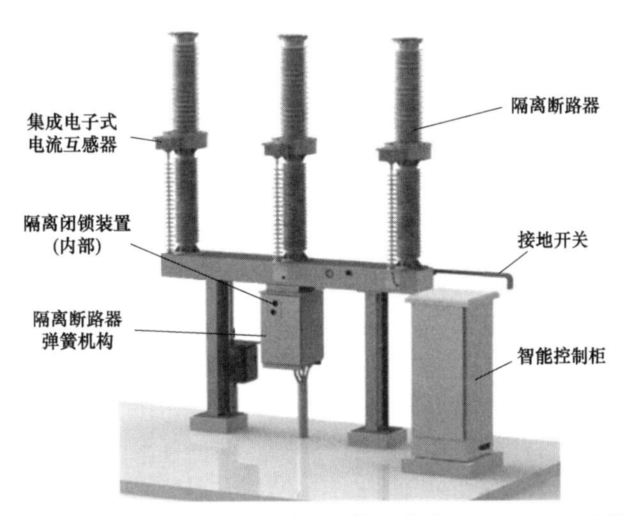

图 2－5　126kV 集成式隔离断路器结构（集成有源电子式互感器）

（2）252kV 集成式隔离断路器。

252kV 集成式隔离断路器有三相机械联动和分相操作两种设计，多采用内部集成无源电子式电流互感器，结构如图 2－6 所示。无源电子式电流互感器最新产品采用全光纤传感技术。一次传感器为带有反射镜的保偏光纤绕制成的敏感环。敏感环一般安装在隔离断路器绝缘支柱顶部的法兰内部，保偏光纤通过空心光纤绝缘子或者通过支柱绝缘子内部引到支柱绝缘子底部，采集器位于智能控制柜中。

（3）363kV 集成式隔离断路器。

363kV 集成式隔离断路器为分相操作设计，采用内部集成无源电子式电流互感器，结构如图 2－7 所示。无源电子式电流互感器集成方式与 252kV 基本一致，但安装位置有所不同，由于 363kV 灭弧室由两个断口串联，成 T 形结构，敏感环安装在支持绝缘子顶部，两个断口中间，通过引流法兰将电流从一侧断口引出经过敏感环后回到另一侧断口。

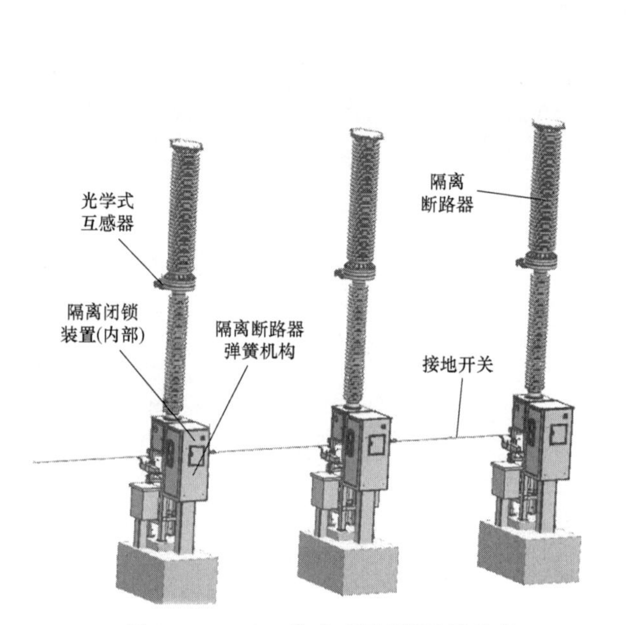

图 2－6　252kV 集成式隔离断路器结构
（集成无源电子式互感器）

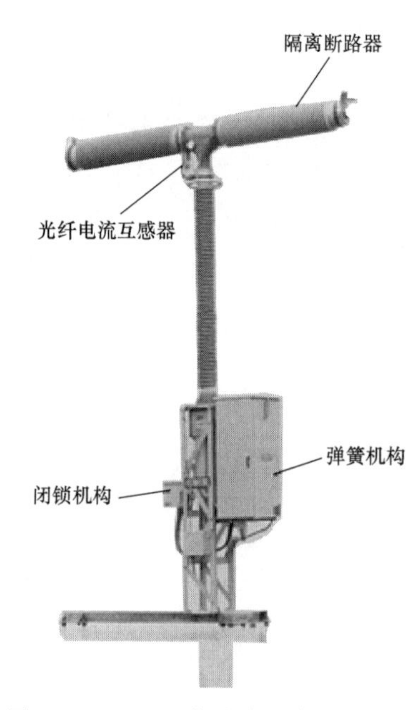

图 2－7　363kV 集成式隔离断路器结构
（集成单相无源电子式互感器）

2. 集成式隔离断路器尺寸

目前已经投入商业运行的集成式隔离断路器主要包含 126kV、252kV、363kV 三个电压等级。

（1）126kV 集成式隔离断路器。

126kV 集成式隔离断路器额定电流为 3150A，短路开断电流 40kA，采用 SF_6 作为灭弧和绝缘介质。隔离断路器本体由三个极柱组成，三极本体安装在一个公共底架上，成“π”形结构，操动机构位于底架侧面或下方。隔离断路器多采用三极机械联动，灭弧室位于上部复合绝缘套管内。互感器有集成罗氏线圈式有源互感器和全光纤式无源互感器两种方案。

以某公司生产的 DCB—LTB145D 型隔离断路器为例，采用 SF_6 作为灭弧和绝缘介质，灭弧室采用自能式灭弧原理，配 BLK222 型弹簧操动机构。隔离断路器分为三相机械联动和分相操作两种型式。三相机械联动型三极本体安装在一个公共底架上，成“π”形结构，三相采用一个 BLK222 型弹簧操动机构，操动机构位于底架侧面，配置的接地开关也为三相机械联动型，三相共用一个机构，可以进行电动操作，也可以进行手动操作。分相操作型则每相采用一个 BLK222 型弹簧操动机构，操动机构位于传动气室侧面，接地开关也采用分相操作。互感器采用外部集成罗氏线圈电流互感器，额定电流根据用户需求配置，精度达到 0.2S；也可采用内部集成全光纤电流互感器，精度为 0.2。互感器可以采用单冗余或双冗余配置。某公司 126kV 集成式隔离断路器尺寸图如图 2－8 所示，横向尺寸为 4740mm、纵向尺寸为 1454mm、高度为 5497mm。

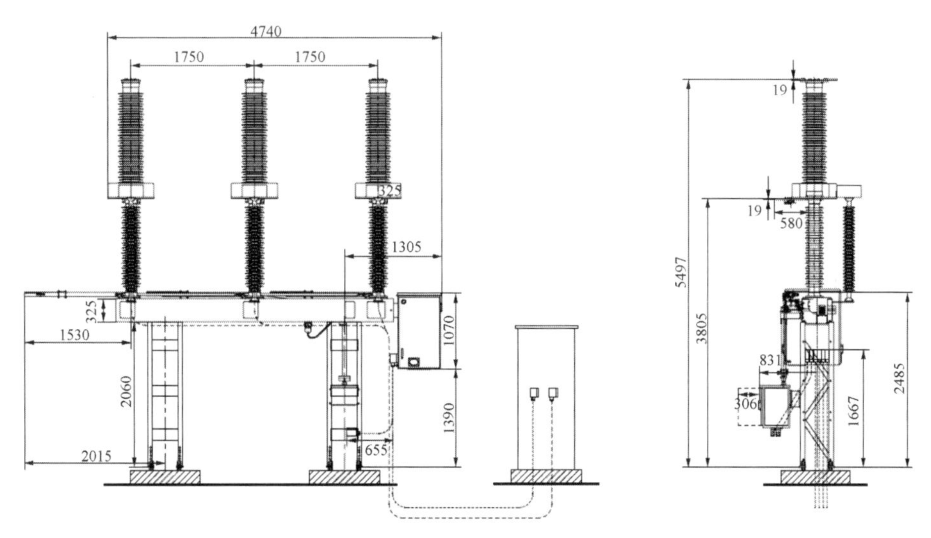

图 2－8　DCB—LTB145D 型集成式隔离断路器外形尺寸图

（2）252kV 集成式隔离断路器。

252kV 集成式隔离断路器采用 SF_6 作为灭弧和绝缘介质。隔离断路器本体由三个相同极柱组成，每相本体安装在一个独立的底架上，操动机构位于底架侧面或下方。252kV 隔离断路器多采用分相操作，灭弧室位于上部复合绝缘套管内。配分相接地开关。本体和接地开关之间设置有机械互锁和电气联锁。互感器有集成罗氏线圈有源互感器和全光纤无源互感器两种方案。

以某公司生产的 DCB—HPL245B1 型隔离断路器为例，采用 SF_6 作为灭弧和绝缘介质，灭弧室采用压气式灭弧原理，配 BLG1002 型弹簧操动机构。该型号隔离断路器分为三相机械联动和分相操作两种型式，均采用弹簧操动机构。三相机械联动型三极本体配一个公共操动机构，机构在 A 相底架侧面，配置的接地开关也为三相机械联动型，三相接地开关共用一个机构，可以进行电动操作，也可以进行手动操作。分相操作型则每相采用一个 BLG1002 型弹簧操动机构，操动机构位于每相底架侧面，接地开关也采用分相操作。互感器采用内部集成全光纤电流互感器，精度为 0.2，额定电流根据用户需求配置；也可采用外部集成罗氏线圈电流互感器，精度达到 0.2S。

互感器采用双冗余配置。某公司 252kV 集成式隔离断路器尺寸图如图 2－9 所示，横向尺寸为 9574mm、纵向尺寸为 1265mm、高度为 7630mm。

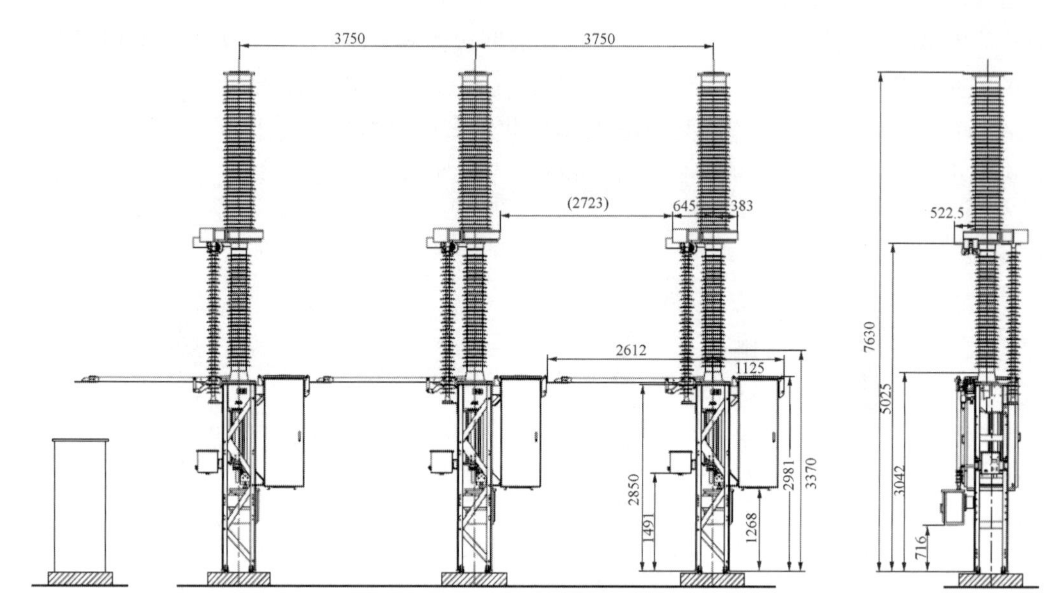

图 2-9　DCB—HPL245B1 型隔离断路器外形尺寸图

（3）363kV 集成式隔离断路器。

363kV 集成式隔离断路器采用 SF_6 作为灭弧和绝缘介质。隔离断路器本体由三个相同极柱组成，每相本体安装在一个独立的底架上，操动机构位于底架侧面或下方。363kV 隔离断路器多采用分相操作，每相配一个弹簧操动机构。极与极之间通过电气连接实现三相电气联动。灭弧室位于上部复合绝缘套管内，采用两断口串联，与绝缘支柱成 T 形结构。可以配置接地开关，如配置接地开关则配分相接地开关。本体和接地开关之间设置有机械互锁和电气联锁。互感器采用全光纤式无源互感器方案，集成到支柱绝缘子顶端或灭弧室进出线端。

以某公司生产的 DCB—HPL420B1 型隔离断路器为例，采用 SF_6 作为灭弧和绝缘介质，灭弧室采用压气式灭弧原理，配 BLG1002 型弹簧操动机构。该型号隔离断路器为分相操作，每相采用一个 BLG1002 型弹簧操动机构，操动机构位于每相底架侧面，接地开关也采用分相操作。互感器采用内部集成全光纤电流互感器，精度为 0.2，额定电流根据用户需求配置，互感器采用双冗余配置。363kV 集成式隔离断路器尺寸图如图 2-10 所示，横向尺寸由相间距决定，相间距 5m 时为 10845mm、纵向尺寸为 4848mm、高度为 6690mm。

2.2.2　隔离断路器本体

集成式隔离断路器灭弧原理与传统断路器一致，其特点更多体现在为实现隔离电网、测量和监测功能而进行的结构优化、功能提升和集成化设计，以及隔离断路器断口和闭锁系统的设计上。此外电子式电流互感器和状态监测也是其重要特点，将在后面章节单独介绍。

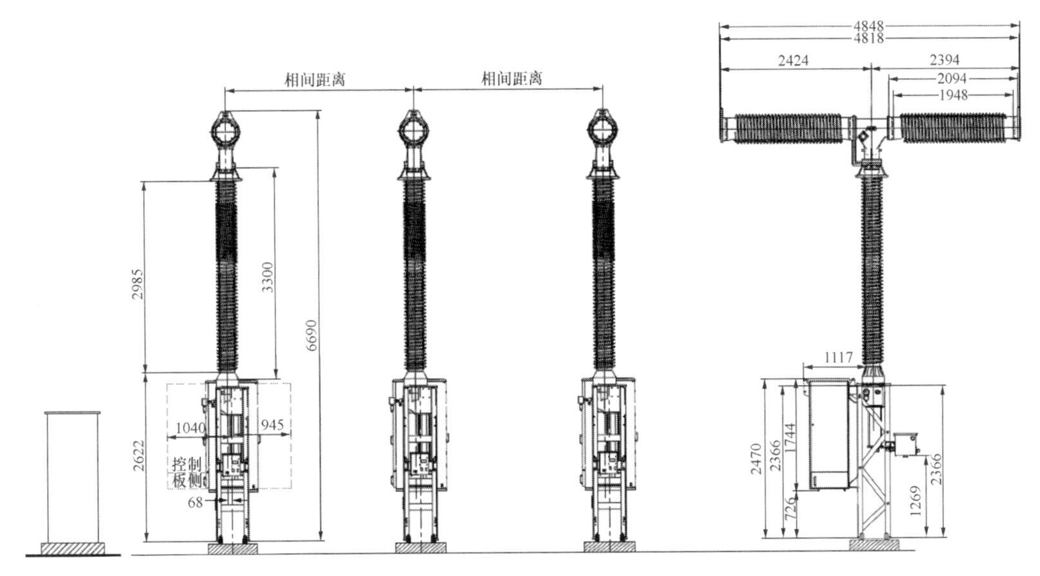

图 2－10　DCB—HPL420B1 型隔离断路器外形尺寸图

1. 断口特点

集成式隔离断路器断口是实现电网控制保护特别是隔离的关键器件，其开断能力和绝缘性能必须满足隔离电网的要求，也就是在机械寿命和电气寿命试验前后均达到隔离断口的绝缘要求。集成式隔离断路器断口位于灭弧室内，如图 2－11 所示，在整个使用寿命周期内主要承受两种应力，一种是通过电流时的机械应力，另一种是开合过程中的较大的电动力。要保证短路时可靠开断，并具有一定的机械寿命，须从材料、结构和工艺三方面优化断口设计。在材料应用上，首先弧触头需要采用耐烧蚀耐老化材料，保证电弧烧蚀后不会发生明显的变形，不会导致电场强度的严重畸变，也不会产生过多的气化物。外绝缘也需要采用自清洁、抗老化的材料，以保证整个寿命中外绝缘强度始终保持很高的水平。在结构设计上，需要考虑在隔离状态下的绝缘水平和机械磨损对触头系统的影响，根据触头系统的结构进行加强和优化。在制造工艺上，稳定的工艺流程是确保产品性能一致性的关键，任何质量的偏移都可能导致隔离断路器作为优势产品的优越性大为降低。

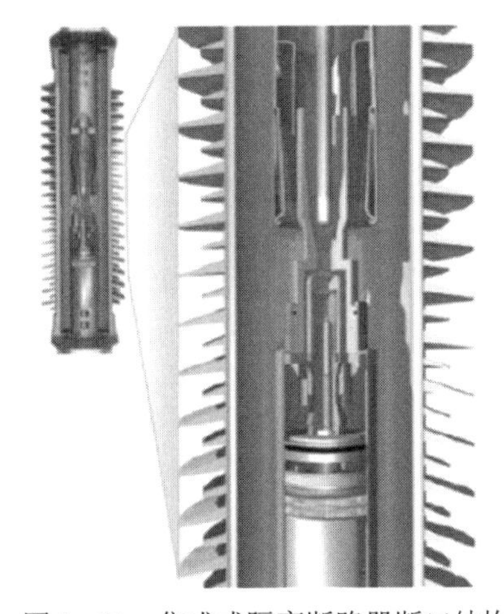

图 2－11　集成式隔离断路器断口结构

在断口设计上，集成式隔离断路器首先采用了更大的绝缘尺寸，以满足外绝缘的要求，与同样电压等级的常规断路器相比，集成式隔离断路器断口外绝缘尺寸增大了 15%～20%。126kV 集成式隔离断路器断口尺寸达到或超过了 145kV 常规断路器断口的水平，252kV 集成式隔离断路器达到了 363kV 常规断路器断口的水平，363kV 断口尺寸则达到

550kV 断路器断口的水平。

在触头设计上，一是弧触头系统采用更为强大的重型开关弧触头设计，能够耐受电弧的长期烧蚀；二是弧触头系统材质选择上采用更耐烧蚀的合金配方；三是断口开距根据隔离断口的绝缘要求进行优化。

在外绝缘材料选择上，选择复合绝缘子，一是将泄漏电流长期保持在较低水平，确保安全；二是满足长期免维护的要求；三是能够灵活满足集成电子式电流互感器、接地开关的要求。

2. 闭锁装置

隔离断路器由于取消了隔离开关，对其运行安全性要求较高，在 GB/T 27747—2011 中第 5.104.1 条对隔离断路器的“位置锁定”进行规定：隔离断路器的设计应使得它们不能因为重力、风压、振动、合理的撞击或者意外的触及操动机构而脱离其分闸或者合闸位置；隔离断路器在其分闸位置应该具有临时的机械连锁装置，仅在用户有规定时才要求在合闸位置有临时的机械联锁。在国标中提到的“临时的机械联锁装置”在实际产品中是通过装设“闭锁装置”来实现的，这也是隔离断路器不同于常规断路器的特殊之处。闭锁装置的核心功能是在分闸状态时，防止因误操作而合闸。闭锁装置由电气部分与机械部分共同组成，以实现安全、可靠的闭锁功能。

（1）电气闭锁。

通过闭锁装置与隔离断路器、接地开关操动机构电气回路互连实现闭锁系统的逻辑功能。闭锁装置采用交/直流电机驱动，可实现远方、就地的电动操作，部分厂家还可实现就地手动操作，提高了操作的安全性和灵活性。

（2）机械闭锁。

机械闭锁包含隔离断路器分闸状态闭锁装置、隔离断路器与接地开关机械闭锁装置，保障运行的安全性。

1）隔离断路器分闸状态闭锁装置。

结合隔离断路器操动机构的动作原理，启动闭锁时通过电机驱动或手动摇杆操作将闭锁销（或闭锁盘）插入断路器操动机构内，挡住合闸掣子或传动拉杆，从而避免了分闸状态时隔离断路器误合闸的现象，提高了隔离的安全性。另外，在闭锁装置上还设置了就地人工挂锁位置，闭锁装置可以用挂锁锁定在最终位置，也可以被锁定在初始位置，以防止误操作，进一步保证了闭锁的可靠性。在闭锁状态时，操动机构的面板上有明显的指示牌，而且闭锁销（或闭锁盘）的工作位置也是明显可见的。

以 ZCW9—126 型闭锁装置为例，闭锁装置安装在集成式隔离断路器操动机构的一个小平台上，结构紧凑（尺寸约为 200mm×180mm×120mm），不影响断路器的操作；闭锁装置可以整体从操动机构上拆装，检修维护方便。其闭锁装置的结构图和安装图分别如图 2－12 和图 2－13 所示。

2）隔离断路器与接地开关之间机械锁定装置。

下面介绍隔离断路器与接地开关之间的两种机械闭锁形式。

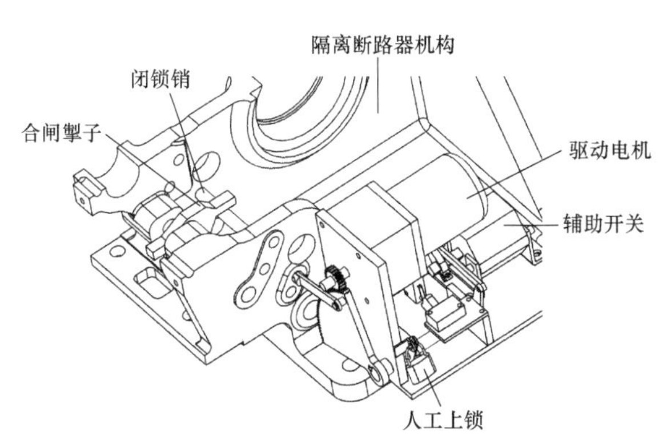

图 2－12 ZCW9—126 型闭锁装置结构图

图 2－13 ZCW9—126 型闭锁装置安装图

（a）与常规的带接地开关的隔离开关结构设计相同，在隔离断路器本体主轴与接地开关传动结构上增加一套机械闭锁装置，在隔离断路器合闸状态下接地开关不允许合闸，并闭锁在分闸位置。只有在隔离断路器处于分闸位置时接地开关才能够进行分合闸操作。某公司的隔离断路器与接地开关的机械闭锁，整体结构如图 2－14 所示。

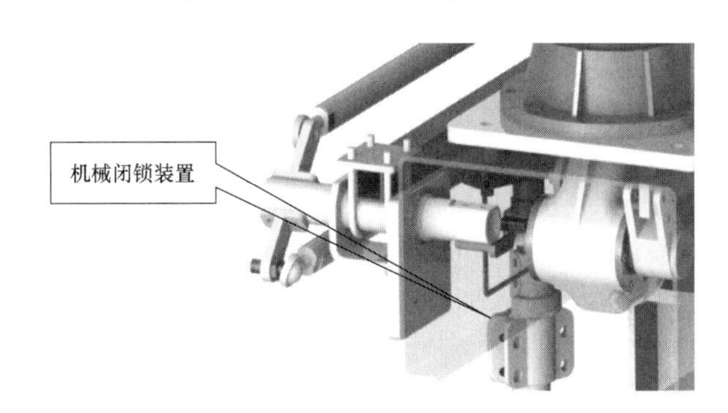

图 2－14 接地开关闭锁装置

（b）接地开关和隔离断路器本体之间的相互闭锁通过在两者传动系统之间设置四连杆机构限位来实现。在隔离断路器合闸时，隔离断路器操作杆闭锁接地开关传动杆，接地开关无法合闸，反之，在接地开关合闸接地时，接地开关传动杆闭锁隔离断路器传动杆，隔离断路器无法合闸，实现了集成式隔离断路器与接地开关的双向闭锁。

（3）闭锁系统特点及逻辑。

集成式隔离断路器集成了隔离开关和接地开关功能，设备状态有了较大改变，设备机械状态由常规断路器的“合闸、分闸”两个状态增加到“合闸、分闸、闭锁、解锁、接地合闸、接地分闸”六个状态。虽然各厂家的设备结构不同导致集成式隔离断路器的闭锁装置设计不尽相同，但都必须满足闭锁系统的运行逻辑。闭锁系统的运行逻辑如下：

1）当集成式隔离断路器处于合闸状态时，闭锁装置、接地开关均不能操作。

2）当集成式隔离断路器处于分闸、闭锁装置处于“解锁”状态时，隔离断路器和闭锁装置均可以操作，但接地开关不能操作。

3）当集成式隔离断路器处于分闸、闭锁装置由“解锁”变为“闭锁”状态时，接地开关可以操作，隔离断路器被锁在分闸位置不能操作；当接地开关合闸时，闭锁装置和隔离断路器均不能操作。

4）当接地开关分闸、闭锁装置“闭锁”时，隔离断路器被锁在分闸位置不能操作，接地开关可以操作。

5）当接地开关分闸、闭锁装置“解锁”时，隔离断路器可以操作，接地开关不可操作。

集成式隔离断路器合闸、分闸的操作顺序如图 2－15 所示。

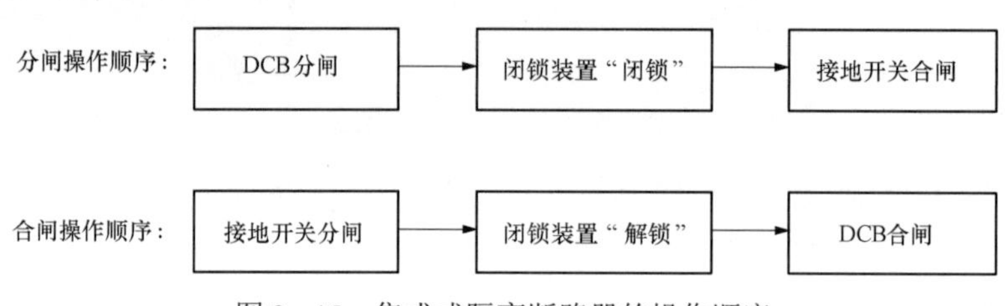

图 2－15　集成式隔离断路器的操作顺序

3. 操动机构工作原理

操动机构的主要功能是在要求的时间内合上或分开断路器的触头系统。操动机构应具备以下功能：储存能量、释放能量、传输能量、驱动触头运动。此外，操动机构还应为控制和保护系统提供控制和信号接口。

操动机构主要有弹簧操动机构、电机驱动机构、液压弹簧操动机构、液压机构、气动机构等。集成式隔离断路器配用的机构主要是弹簧操动机构、液压弹簧操动机构和电机驱动机构三种。

（1）弹簧操动机构。

弹簧操动机构通过弹簧储存能量驱动断路器工作。在弹簧操动机构中，合闸和分闸所需的能量储存在弹簧中。当弹簧操动机构控制系统接收到合闸或分闸指令时，储存在弹簧中的能量被释放，并通过能量传输系统中的一系列杠杆和传动轴传输到触头系统，驱动触头移动到合闸或分闸位置。

下面以某型号电动弹簧操动机构为例（见图 2－16）介绍其分、合闸及储能过程。

储能过程：储能回路通电后，只要合闸弹簧未储能，行程开关闭合，电机启动，经伞齿轮副带动棘爪轴转动偏心轴推动双棘爪交替推动棘轮→每推动一次棘轮转动一个棘齿→棘轮转动使合闸弹簧相连的拉杆转动从而拉起合闸弹簧储能→储能终了（弹簧过中后）棘轮上的圆弧面推开棘爪，同时行程开关断开电机电源，滚轮与保持掣子扣接将合闸簧的能量保持住以备合闸，储能结束。

合闸过程：合闸弹簧储能后，当接到合闸指令，合闸电磁铁推动合闸掣子逆时针转动给储能保持掣子让开位置→储能保持掣子被棘轮上的滚子推开，棘轮脱扣→合闸弹簧能量释放→凸轮推动大拐臂快速合闸，同时分闸弹簧被压缩储能，以备分闸操作→合闸到位后保持掣子扣住大拐臂上的轴销，同时辅助开关转换切断合闸回路→合闸结束。

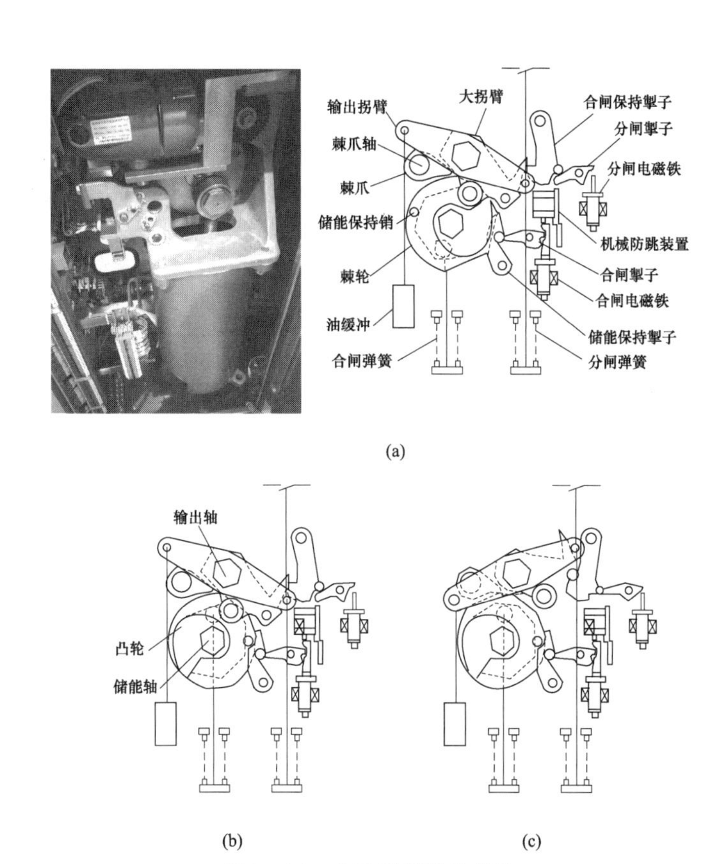

图 2－16　电动弹簧操动机构

（a）分闸位置（合闸弹簧释放状态）；（b）分闸位置（合闸弹簧储能）；（c）合闸位置（合闸弹簧储能）

分闸过程：合闸后，当接到分闸指令，分闸电磁铁推动分闸掣子逆时针转动给合闸保持掣子让开位置→合闸保持掣子被大拐臂上的滚子，实现分闸脱扣→分闸弹簧能量释放，带动输出拐臂快速分闸，同时辅助开关转换切断分闸回路→分闸结束。

弹簧操动机构的优点：该系统是纯粹的机械系统，没有危及机构可靠性的漏油或漏气风险，设计合理的脱扣系统可以确保弹簧操动机构的运行长期稳定；此外，相比液压机构或气动机构，弹簧操动机构对环境温度变化不敏感，这使得弹簧操动机构在极端气候条件下也能够保持长期稳定运行；弹簧操动机构比液压机构和气动机构元件少，结构简单，其可靠性较高。

（2）液压弹簧操动机构。

液压弹簧操动机构通过油泵，利用油压传递压缩弹簧储存能量。合、分闸操作时由弹簧释放能量驱动液压油，液压油驱动操作杆以驱动断路器合闸或分闸。与传统液压氮气操动机构相比，不存在氮气泄漏；采用模块式组成方式，无管道连接；采用定压力、定油量管理，受环境影响较小，维修方便，操动机构体积小、紧凑，但制造工艺比较复杂。

典型的液压弹簧操动机构从结构上可以分为充压模块、储能缸模块、工作缸模块、控制模块、监测模块、碟簧组、低压油箱以及支撑架附件和辅助开关附件等，如图 2－17 所示。其中低压油箱、工作缸模块和碟簧组为上下串联并且与中心轴共轴排列，充压模块、储能缸模块、控制模块、监测模块均布置在工作缸的六面。

下面结合图 2－18、图 2－19 介绍分、合闸过程。

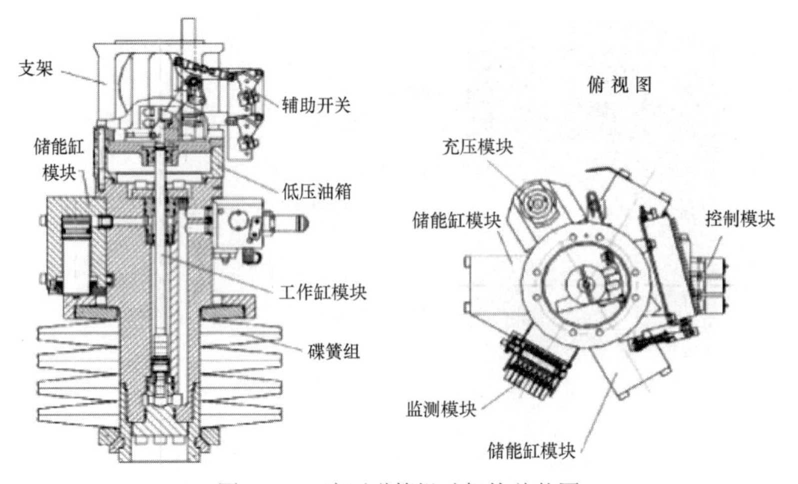

图 2－17　液压弹簧操动机构总装图

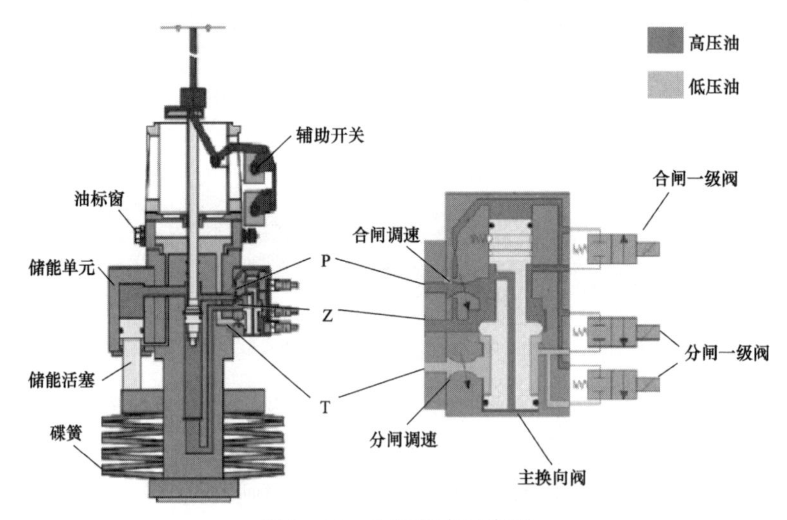

图 2－18　分闸状态示意图

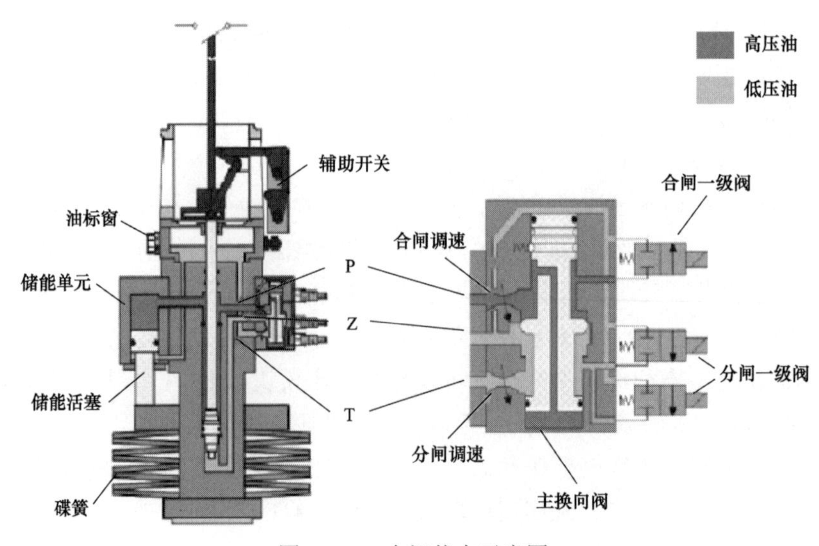

图 2－19　合闸状态示意图

合闸过程：当机构充压模块打压经储能模块给碟簧组储能后，高压油腔具有了高压油，如分闸状态图。此时主活塞杆的活塞上面为高压油下面为低压油，机构处于分闸状态。当合闸一级阀动作后，二级阀（主换向阀）换向，使 P 口和 Z 口导通，这样主活塞杆的活塞上面和下面都为高压油。因下面的油压面积较上面大，所以下面的压力大，故而主活塞杆向上运动，实现合闸。合闸后，辅助开关转换切断合闸一级阀的二次回路；同时监测模块启动电机充压，能量储满后自动停止，机构保持在合闸状态。

分闸过程：机构在合闸状态时，当分闸一级阀动作，二级阀（主换向阀）换向，使 Z 口和 T 口导通，这样主活塞杆的活塞上面为高压油下面变为低压油。故而主活塞杆向下运动，实现分闸。分闸后，辅助开关转换切断分闸一级阀的二次回路；同时监测模块启动电机充压，能量储满后自动停止，机构保持在分闸状态。

（3）电机驱动机构。

电机驱动机构是一种新型的操动机构，通过电力电子与电力传动技术控制断路器触头的运动实现分、合闸操作，响应时间短，所需操作电能小，且可实现免维护运行。

电机驱动机构主要由电源、电容充电电路、储能电容器、逆变电路、控制电路以及电动机组成，电机驱动机构伺服系统结构如图 2－20 所示。

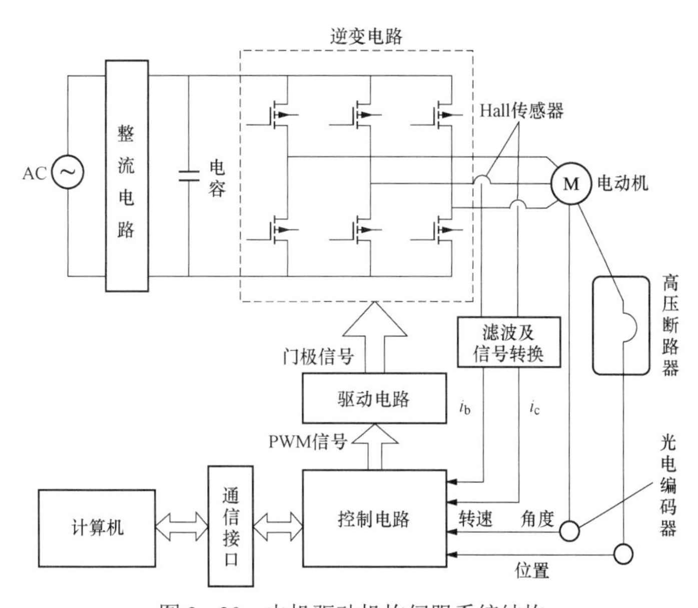

图 2－20　电机驱动机构伺服系统结构

其工作原理如下：工作时，通过霍尔电流传感器，检测电动机的电流信号；通过安装在转轴上的光电编码器或旋转变压器，检测电动机的转速和转子位置；通过行程传感器，检测断路器动触头的行程。以 DSP 为核心的控制电路根据检测结果，驱动电动机，使其出力与断路器反力特性匹配，从而实现对断路器分、合闸操作的控制。由于其利用电子传动技术，与传统的机械驱动结构相比，电机驱动机构的体积大大减小，且无需利用脱扣、锁扣装置即可实现机构终端位置的保持功能，提高断路器的可靠性。

电机驱动机构在驱动断路器分、合闸时使用了相控开关技术，能够有效降低分、合闸引起的暂态过程对电网电能质量的影响。相控开关技术的实质是根据不同负载的特性，控制断路器在电流或电压的特定相角分闸或合闸。对应不同负载，相控开关的使用目的、优点和最佳投切相位如表 2－1 所示。

表 2－1　　相控开关的使用目的、优点和最佳投切相位

内容	使用目的	优　　点	最佳投切相位
空载变压器合闸	抑制励磁涌流	省略合闸电阻、提高电压稳定性、防止继电保护误动	中性点有效接地系统：相电压峰值；中性点非有效接地系统：首相相电压峰值，后两相线电压峰值
并联电抗器合闸			
电容器组合闸	抑制涌流、抑制过电压	减少触头磨损、降低维修成本、降低绝缘水平	中性点有效接地系统：各相电压零点；中性点非有效接地系统：第 1、第 2 相为线电压零点，第 3 相为相电压零点
空载输电线合闸	抑制过电压	省略合闸电阻、降低绝缘水平	各相电压零点
并联电抗器开断	防止重燃	降低绝缘水平、减少触头磨损	无重燃的燃弧时间
空载输电线与电容器组开断	防止重击穿	提高容性小电流开断性能可靠性	无重击穿的燃弧时间

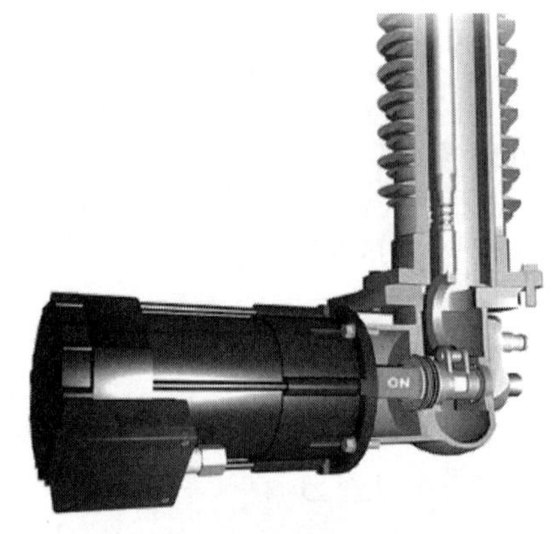

图 2－21　电机驱动机构示例

在国外，ABB 公司最早对电机驱动机构进行过研究，并在 2002 年提出其研制的电机驱动机构，如图 2－21 所示。它采用一台电机直接控制断路器操作杆，取消链条、压缩气体等传统能量传输环节，大大减小响应时间。

2.2.3　集成电子式电流互感器

电子式电流互感器与隔离断路器的集成方案分为集成有源电子式电流互感器和集成无源电子式电流互感器两种。由于电子式电流互感器原理和结构不同，其集成方式和对隔离断路器运行维护的影响也不相同。

1. 集成有源电子式电流互感器的隔离断路器方案

用于隔离断路器集成的有源电子式电流互感器是指一次传感器采用罗氏线圈，采集器位于高电位，采用光纤供能和线路取能给采集器电子元件供能的电子式电流互感器。

有源电子式电流互感器可以集成在隔离断路器内部，也可以集成在隔离断路器外部。集成在内部时，一般在隔离断路器灭弧室和支柱绝缘子之间增加金属壳体，电子互感器一次传感器罗氏线圈安装到壳体内部，采集器位于壳体外部，光纤通过光纤绝缘子从采集器引出至智能控制柜中的合并单元。集成在外部时，电子式电流互感器一次传感器制作成环形，安装在灭弧室套管外侧中间接线法兰上部，采集器位于一次传感器环外部，光纤通过光纤绝缘子从采集器引出至智能控制柜中的合并单元。第一种方案中电子式电流互感器拆卸相对困难，但光纤出线灵活，可以采用独立光纤绝缘子，也可以采用与支柱绝缘子一体化的空心光纤绝缘子，集成度进一步提高。第二种方案中电子式电流互感器拆卸容易，且检修互感器时不影响隔离断路器本体，光纤只能采用独立光纤绝缘子。目前西开研制的 126kV 和 252kV 集成式隔离断路器均采用内部集成方案。ABB 和平高研制的 126kV 和 252kV 集成式隔离断路器均采用外部集成方案。

（1）有源电子式电流互感器内部集成方案。

采用内部集成方式时，电子式电流互感器一次传感器作为一个部件，安装到隔离断路器本体中。一般是在隔离断路器灭弧室和支柱绝缘子中间增加一个过渡壳体，将一次传感器罗氏线圈安装到壳体中间。将断路器导电通道延长，穿过罗氏线圈中心，再通过壳体底部的接线板将电流引出。这样电流经灭弧室上端接线板流入（流出）通过触头系统，流过延长的导电通道，通过导电通道穿过罗氏线圈，再经导电通道底部接线板流出（流入）。采集器位于罗氏线圈壳体外部。通信及供能光纤经过采集器底部的光纤绝缘子引出到地电位，进入智能控制柜。整个壳体延长导电通道外侧均不涉及 SF_6 气体的密封问题，但延长导电通道本身需密封其内部 SF_6 气体。内部集成方案整体外观如图 2－22 所示。

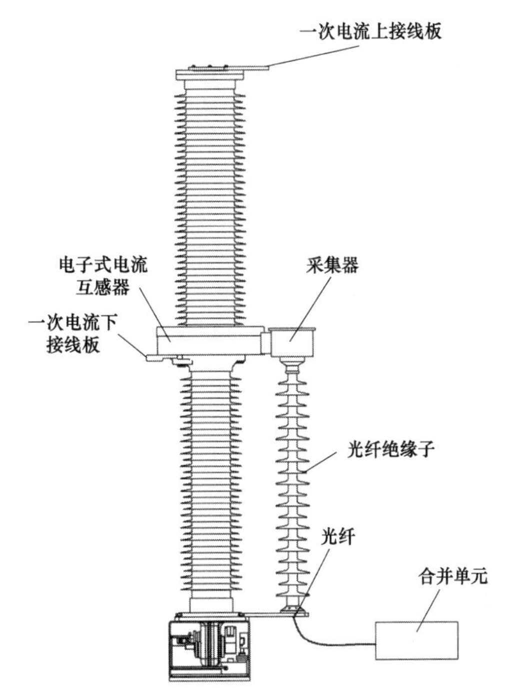

图 2－22　内部集成有源电子式电流互感器外观

集成式隔离断路器内部集成电子式电流互感器时的结构如图 2－23 所示。主回路导体将电流从灭弧室引出，穿过互感器一次传感器罗氏线圈，同时导体还能起到隔离 SF_6 气体系统作用。导体内部为高压 SF_6 气体，外部为环境压力的空气。导体上下表面均通过密封结构与灭弧室和支柱绝缘子对接。线圈外侧有线圈保护罩。采集器位于保护罩外侧伸出的采集器盒中，采集器盒底部为光纤绝缘子。多模通信光纤和供能光纤经光纤绝缘子引至支柱绝缘子底部，再通过电缆槽或电缆沟引至智能控制柜中的合并单元。

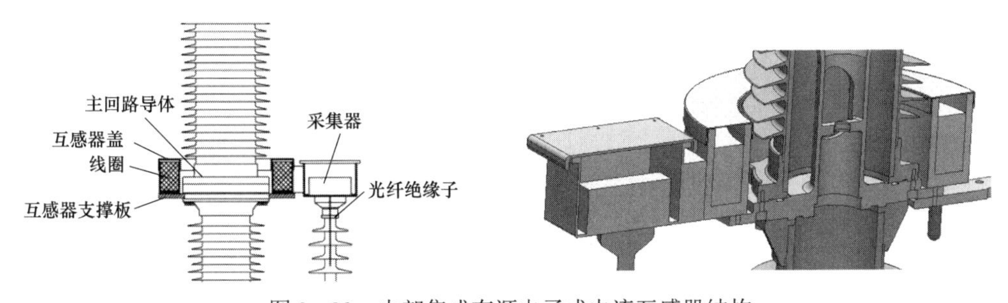

图 2－23　内部集成有源电子式电流互感器结构

（2）有源电子式电流互感器外部集成方案。

采用外部集成方式时，电子互感器一次传感器作为一个独立设备，安装到隔离断路器本体中间接线法兰的上面。隔离断路器和电子式电流互感器本身均为独立设备，但二者共用了绝缘结构，即电子式电流互感器借用隔离断路器的支柱绝缘子代替了互感器的绝缘支柱。采用这种集成方案时，隔离断路器本体不受影响，但需要考虑增加一次传感器线圈后对断口间绝缘距离的影响。

设计时，通常会适当增加灭弧室绝缘子高度，并减小上法兰半径以便一次传感器线圈能够从断路器顶部吊装，中间接线法兰半径增大，并预留互感器安装孔，一次传感器罗氏线圈安装到中间法兰上面。隔离断路器整体结构和电流路径保持不变，整个集成方案对 SF_6 气体系统没有影响。采集器位于罗氏线圈壳体一侧。通信及供能光纤经过采集器底部的光纤绝缘子引出到地电位，进入智能控制柜。外部集成方案整体外观如图 2－24 所示。

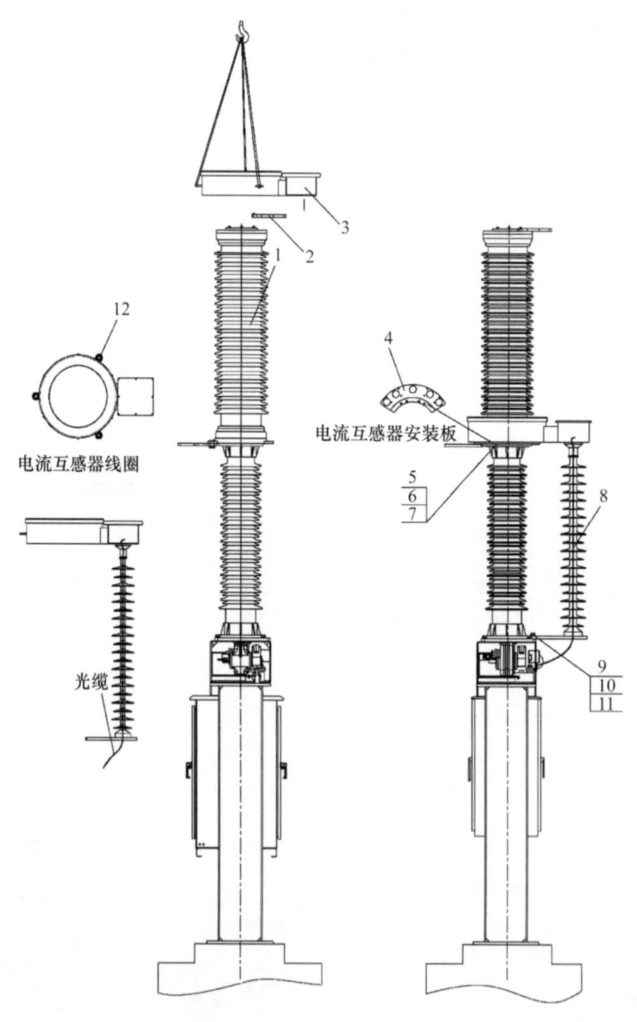

图 2－24　外部集成有源电子式电流互感器外观及结构

1—断路器本体；2—上接线板；3—电流互感器线圈；4—电流互感器安装板；5—M12×30 六角螺栓；6—12 垫圈；7—12 弹簧垫圈；8—互感器绝缘子；9—M16×45 六角螺栓；10—16 垫圈；11—16 弹簧垫圈；12—M12 吊环

2. 集成无源（全光纤）电子式电流互感器的隔离断路器方案

集成无源（全光纤）电子互感器的方案是采用预制保偏光纤将光互感器集成到隔离断路器支撑绝缘子顶部法兰。ABB、平高、西开均研制出不同电压等级产品。新一代智能变电站扩大示范工程中有 3 个 220kV 变电站和 1 个 330kV 变电站采用集成全光纤互感器方案，其中 126kV 32 台，252kV 15 台，363kV 9 台。结构上，隔离断路器集成全光纤互感器方案与内部集成有源电子式互感器方案类似，一次传感器都安装在隔离断路器支撑绝缘子顶部法兰内，整体上对隔离断路器外观没有影响，对间隔和设备的本体尺寸也没有影响。为进一步保障 DCB 集成全光纤电流互感器运行稳定性、可靠性，敏感单元及传输光纤冗余配置（即每相备份 1 套敏感单元），避免一次传感器故障时造成返厂维修，减少现场停电时间，保障供电经济性。

全光纤互感器的一次传感器装设在灭弧室绝缘子底部或支柱绝缘子顶部法兰，光纤通过支柱绝缘子引至地电位，通过光纤熔接盒将光纤引出至采集器。光纤集成采用将保偏光纤预埋到集成式隔离断路器支柱绝缘子内的方式实现。采集器一般安装在智能控制柜中。安装在集成式隔离断路器本体部分的一次传感器不含有源元件，其寿命与集成式隔离断路器一致，为全寿命免维护。电子器件安装于地电位智能控制柜中。传输光纤与采集器之间采用预制接头插接或熔接，可实现不停电即时更换。集成全光纤互感器隔离断路器示意图如图 2-25 所示，实际产品如图 2-26 所示。

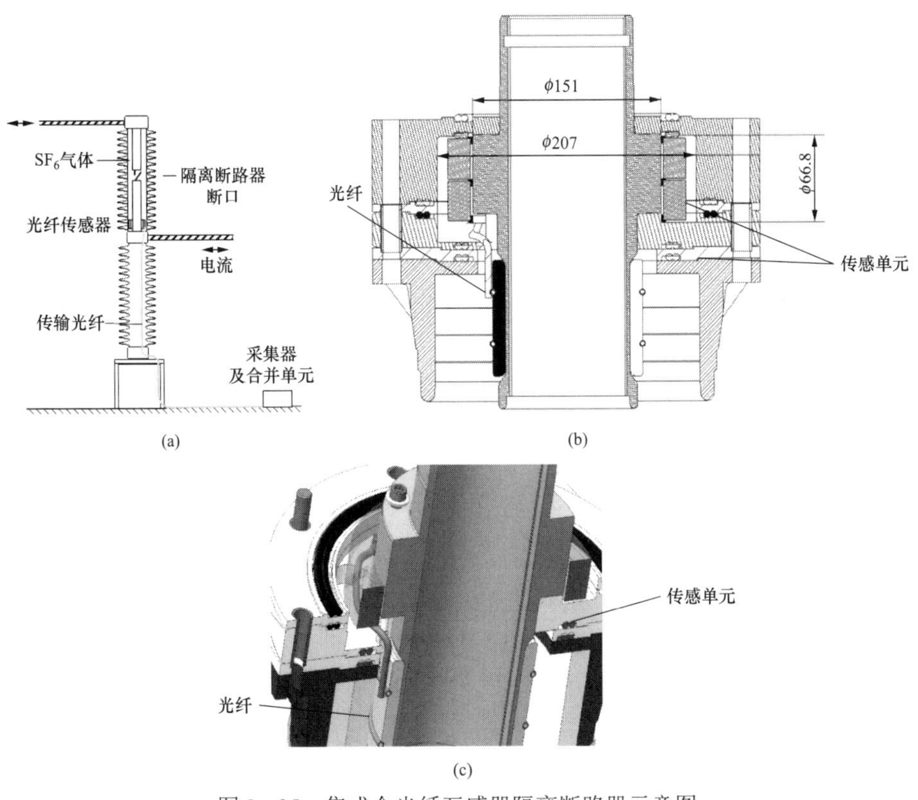

图 2-25 集成全光纤互感器隔离断路器示意图

（a）结构图；（b）剖面图；（c）实物图

图 2－26　某公司集成全光纤互感器隔离断路器实际产品外观图

3. 电子式电流互感器集成方案关键技术

电子式电流互感器集成的工艺要求，本质上还是集成方案设计和关键部件工艺控制。有源和无源电子互感器集成方案在上文已有详细的介绍，本节针对互感器集成关键部件——光纤绝缘子工艺控制做一般性说明。

无论有源还是无源电子互感器，将其集成到隔离断路器中都需要解决两个核心问题：① 如何合理调整设备导电路径，使电流能够流经互感器的传感器，且不被分流；② 如何将传感器和二次采样数据处理部分联系起来。对于第①点，126kV 和 252kV 隔离断路器采用隔离断路器导体外环绕式集成，导电路径不变，仅需考虑互感器一次传感器外侧壳体金属分流问题，通常增加绝缘层隔离即可，可以采用绝缘软垫，也可采用硬质绝缘板。363kV 及以上电压等级由于灭弧室 T 形布置，且与绝缘支柱分体运输，传感器宜布置在绝缘支柱中，这样需要增加额外导流排，将电流引入到电子式电流互感器一次传感器中，导流排的设计也仅需考虑通流能力和安装便捷性。第②点则是电子式电流互感器集成工艺的难点，这是由于将一次传感器和二次采样数据处理部分联系起来，都涉及将信号从高电位引到地电位的问题，既有绝缘问题，又有机械强度、材料老化特性问题，并且此环节涉及强电弱电信号耦合，如何排除干扰至关重要。所有问题最后都依赖光纤绝缘子的工艺。

对于有源电子式电流互感器方案，由于采用独立小光纤绝缘子下引通信光纤，其制作工艺要求相对较低，但激光器同时需要通过该通信光纤给一次传感器供能，因而光纤损耗率必须控制在 0.3dB 以下，且不宜采用棒型绝缘子钻孔，整根光缆贯穿芯棒然后回填环氧胶的处理工艺，因为该工艺易形成多重界面，导致绝缘失效。

而对于无源互感器，目前有两种方案。对于保偏光纤从 SF_6 气体中下引的方案，仅需考虑光纤引出密封问题，光纤密封已有成熟可靠的方案可供选择。对于光纤从空心支柱绝缘子中引出的方案，则光纤支柱绝缘子工艺是关键，需考虑以下三个因素：一是玻璃纤维丝、保偏光纤和硅橡胶的界面处理；二是硅橡胶的固化温度；三是固化后保偏光纤的损耗。目前通过在玻璃纤维筒外壁开槽，埋入光纤，用特殊液态胶填充，固化后一次注射成型的工艺已经过试用，能满足性能需求，但长期稳定性还在验证中。

4. 集成电子式电流互感器对隔离断路器的影响

集成电子式电流互感器对隔离断路器的影响主要体现在两个方面，一是对隔离断路器结构布置的影响；二是对隔离断路器运行维护的影响。

（1）对结构布置的影响。

集成电子式电流互感器对隔离断路器结构布置的影响有三个方面：一是对隔离断路器本体绝缘结构的影响；二是对灭弧室及气体系统的影响；三是对设备整体可靠性和寿命的影响。影响程度大小与采用的集成方案相关，按影响度从大到小依次为内部集成有源电子式电流互感器、外部集成有源电子式电流互感器、内部集成无源电子式电流互感器。

内部集成有源电子式电流互感器，首先隔离断路器本体需要在灭弧室和支持绝缘子之间增加额外的互感器安装部件，隔离断路器的传动杆、SF_6 密封系统、支持绝缘子均需做相应调整。此外还需要在支柱绝缘子一侧安装光纤绝缘子，光纤绝缘子的绝缘性能和长期老化特性都将影响设备整体绝缘老化性能。此外，有源电子式电流互感器的采集器安装在罗氏线圈外侧的采集器盒中，采集器包含电子元件，且其正常工作需要电源供电，目前采用激光供能和线路取能互为切换的方式供能。这种方式存在缺点，首先，电子器件在高电位，且靠近隔离断路器断口，容易受到暂态电压和暂态电流干扰，且电子器件寿命较短，缩短了整体设备的检修维护周期；其次，激光供能通过多模光纤实现，激光器寿命受光纤现场熔接施工影响大，在投运初期电流较小的情况下，线路取能不足，依赖激光器供能，极易导致激光电源模块损坏，且激光电源模块本身寿命仅为6～8年，不利于隔离断路器长期免维护特性的发挥。

外部集成有源电子式电流互感器对隔离断路器的本体和 SF_6 气体系统没有影响，但会影响断口间的干弧距离，需要考虑适当调整绝缘子长度。此外互感器的采集器同样安装在高电位，暂态干扰、激光供能和激光器寿命问题依然存在。激光供能模块本身寿命仍然制约集成式隔离断路器的检修维护周期。

内部集成无源电子式电流互感器，由于一次传感器采用全光纤，不包含电子器件，也无需供能，因而可以将对隔离断路器本体的影响降到最低。通过合理的方案设计，集成式隔离断路器本体包含的内置全光纤一次传感器可以全寿命周期免维护，隔离断路器整个寿命周期内全光纤一次传感器本身不用检修。全光纤电流互感器采集器安装在智能控制柜中，其电磁及环境条件较良好，电子器件运行环境优于户外，寿命可达 10～15年，且采集器未来可以做到带电更换即插即用。

（2）对运行维护的影响。

集成电子式电流互感器对隔离断路器运行维护的影响主要体现在检修周期和停电范围两方面。

电子式电流互感器采用集成式结构后，整体检修周期将受限于与本体集成安装的电子式电流互感器的预期寿命和维护周期。根据国家电网有限公司《新一代智能变电站252kV 集成式隔离断路器专用技术规范》，无论是有源还是无源的电子互感器的一次传感器的预期寿命均要求达到40年。但是安装于本体的采集器部分由于是电子元件，预期寿命较短，特别当有源电子互感器的采集器布置在高电位侧且紧靠断路器本体时，预期寿命一般为6～8年。当运行时间较长、发生缺陷需要停电检修或更换时，仅靠断路器分闸不满足安全作业要求，需要将集成式隔离断路器两侧引线停电，这样停电范围则由单间隔扩大到整段母线。采集器位于高电位端的电子式电流互感器成为运行中的薄弱环节，集成后影响了设备整体可靠性，增加运维难度与停电时间。解决方案有三种：一是采用全光纤电流互感器，采集器位于智能汇控柜内；二是将采集器移至低电位端，但需要解决小信号衰减的问题，目前有部分厂家承诺已解决了信号衰减问题；三是采用共支架或独立支架安装方式作为有源电子式电流互感器的过渡安装方式，采集器与隔离断路器本体有一定的安全距离，但以牺牲间隔纵向尺寸为代价。三种方案中采集器的检修或更换仅需断路器分闸即可满足安全作业的要求，不存在母线陪停问题。其中方案一集成全光纤电流互感器方式是未来主要发展趋势。电力安全工作规程中规定停电作业220kV安全操作距离是3m，地电位带电作业方式为1.8（1.6）m，方案二与方案三仅能实现地电位带电作业方式。

2.2.4 集成接地开关

集成于隔离断路器的接地开关采用现有的接地开关，接地开关运动轨迹垂直于端子出线，接地开关机构内设有与隔离断路器关联的联锁装置。接地开关集成于隔离断路器线路侧，与隔离断路器共支架，三相联动系统装配集成于隔离断路器支柱下侧框架内，所配备的电动机构及其连接机构装在边相支柱上。接地开关结构为单臂直抡式，运动方向垂直于端子出线方向，设置有“机械+电气”闭锁装置，当断路器合闸时，接地开关不允许合闸。集成式隔离断路器的接地开关结构图如图2－27所示，接地开关的动、静触头结构图如图2－28所示。

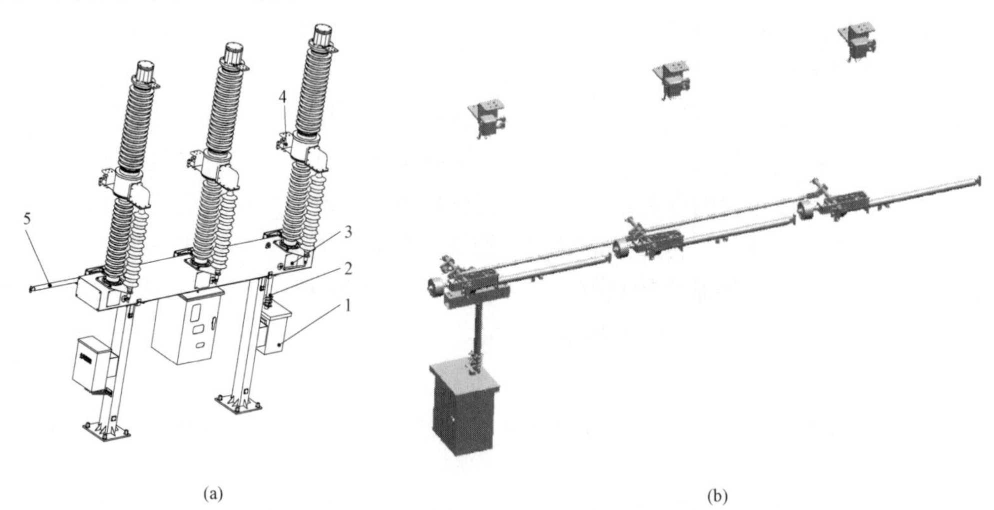

图2－27 集成式隔离断路器接地开关结构

（a）集成式隔离断路器机构图；（b）集成式隔离断路器接地开关机构形态

1—电动机构；2—垂直连杆装配；3—三相联动系统装配；4—接地开关静侧装配；5—接地闸刀

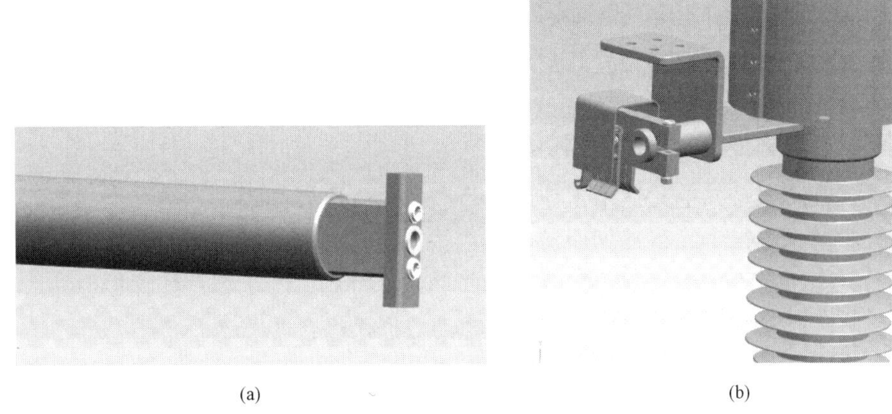

(a) (b)

图 2-28 集成式隔离断路器接地开关动、静触头

(a) 动触头；(b) 静触头

2.2.5 智能组件

集成式隔离断路器二次系统网络示意图如图 2-29 所示。过程层数据采集和控制组件包括数字量输入式合并单元、智能终端、在线监测 IED、光纤交换机等。间隔层包括保护控制、自动化设备，站控层包括在线监测后台、监控主站等。

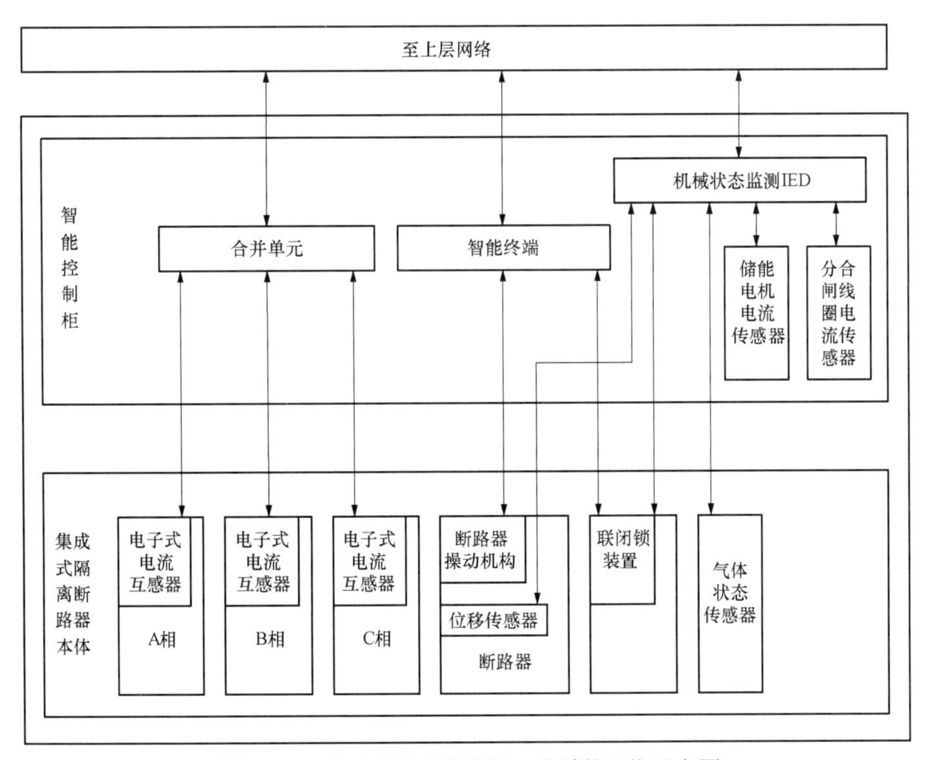

图 2-29 集成式隔离断路器二次系统网络示意图

1. 数字量输入式合并单元

电子式互感器合并单元，是对来自电子式电压互感器、电子式（光学）电流互感器的电压和（或）电流数据进行时间相关组合的物理单元。其主要功能是汇集或合并多个互感器的数字量输出信号，获取电力系统电流和电压瞬时值，并以确定的数据品质传输到电力系统电气测量仪器和继电保护装置。

电子式互感器合并单元适用于线路、母联和主变压器间隔。当应用于线路和母联间隔时，合并单元支持对线路三相保护电流、测量电流、测量电压以及同期电压数据进行合并发送；当应用于主变压器间隔时，合并单元支持对主变压器三侧保护电流、测量电流、测量电压以及中性点零序电流、间隙电流数据进行合并发送。

2. 智能终端

集成式隔离断路器将传统控制回路和智能终端深度融合，能够实现开关设备测量数字化和控制网络化。

智能终端具有信息转换和通信功能，支持以 GOOSE 网络方式上传一次设备的状态信息，同时接收来自二次设备的 GOOSE 下行控制命令，实现对一次设备的实时控制；能够完成隔离断路器、接地开关的控制及开关量和模拟量的采集；支持保护的分相跳闸、三相跳闸、重合闸等 GOOSE 命令；具有完善的闭锁告警功能，包括电源中断、通信中断、GOOSE 断链、装置内部异常等信号；具有完善的自诊断功能，并输出装置本身的自检信息；具有本地通信接口（调试口）和独立的光纤通信接口（含 GOOSE 功能），且通信规约遵循 DL/T 860（IEC 61850）标准。

3. 数字量输入式合并单元与智能终端集成装置

数字量输入式合并单元与智能终端集成装置是将智能终端和合并单元结合在一起的一体化装置，该装置同时具有智能终端和合并单元的各项功能，适用于 110kV 及以下电压等级的电力系统。合并单元与智能终端一体化装置为变电站自动化系统中的过程层设备，通过监视开关设备（如断路器、隔离开关、接地开关）的各种状态，实现对开关的控制和操作；通过光纤对电子式互感器的瞬时值进行就地采集，经过内部合并处理后，通过光纤上送给保护、测控等间隔层二次设备。

合并单元与智能终端一体化装置采用高度为 4U 的标准机箱，装置的前面板上安装有状态指示灯，指示当前装置的工作状态，后面板接口与集成式隔离断路器及保护、测控装置的通信。

4. 状态监测传感器与在线监测装置

根据智能变电站对于设备状态可视化的要求，在集成式隔离断路器的设计和制造中，实现了本体与在线状态监测技术的深度融合，提升设备可靠性，实现设备功能智能化。如图 2-30 所示，集成式隔离断路器在线监测系统为一个由感知层、网络层和应用层组成的三层体系，实现全面感知、可靠传送、智能处理的核心能力。

感知层利用 RFID、二维码、霍尔电流传感器、行程传感器、振动传感器、SF_6 传感器等感知、捕获、测量的技术手段对集成式隔离断路器进行信息采集和获取。网络层通过各种通信网络与互联网进行可靠数据传送融合，将集成式隔离断路器设备感知到的数

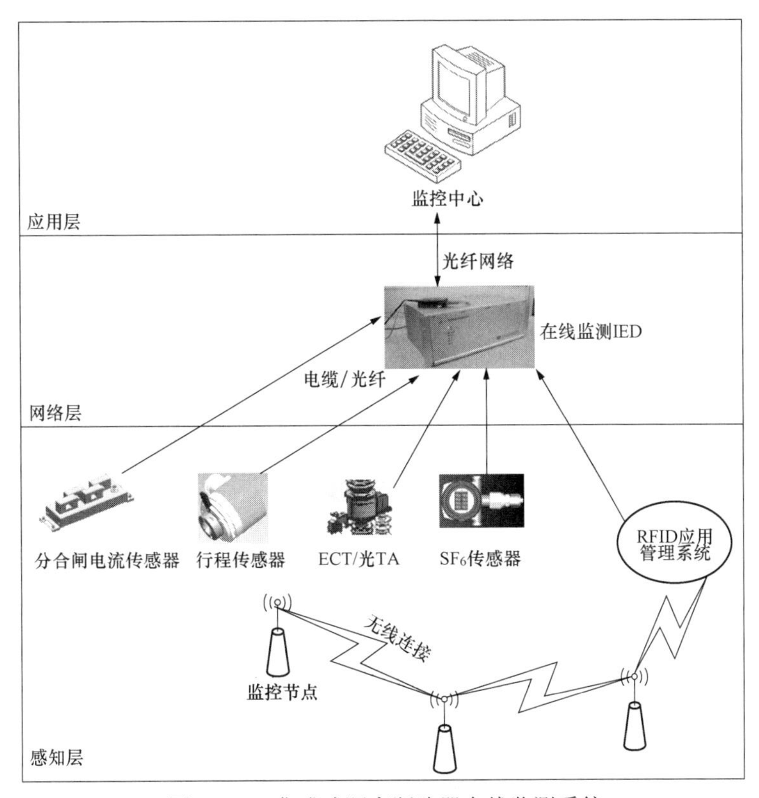

图 2-30　集成式隔离断路器在线监测系统

字信号接入 IEC 61850 信息网络，实时进行可靠的信息交互和共享。应用层利用模糊识别等各种智能计算技术，对海量的跨地域、跨行业、跨部门的数据和信息进行分析处理，提升对集成式隔离断路器设备运行数据分析和预测，实现智能化的决策和故障自动识别。其监测项目和状态量主要包括以下几个方面。

（1）SF_6 气体状态。

SF_6 气体内气体压力与绝缘强度密切相关，同时也是反映密封状态的重要信息。集成式隔离断路器采用集成式 SF_6 气体传感器，同时定量监测 SF_6 气体压力（密度）。SF_6 传感器安装于压力表处，一体化的密封设计具有安装方便、运输可靠、抗振动等特点，可准确测量 SF_6 状态。SF_6 气体密度继电器的原理结构如图 2-31 所示，它实际上是在弹簧管式压力表机构中加装了双层金属而构成的。这种设计能够实现直观度数、实时报警的功能，但是，密度继电器也存在一定的局限性。首先，密度继电器的精度一般，并且耐振性能很差，容易出现指针卡死、因振动导致读数不准等现象。其次，其不能及时上传实时密度值，对于密度警戒值以上的泄漏不能及时发现，这无法满足现代状态检修的要求。最后，也是最重要的，双金属片对密度继电器示值变化的补偿并不是线性的，存在一个最优的温度补偿点，只能通过合理地选择双金属片的形状，使它的实际补偿曲线在一定温度变化范围内非常接近理想的补偿曲线，当温度超出这一范围时，误差将会增大。

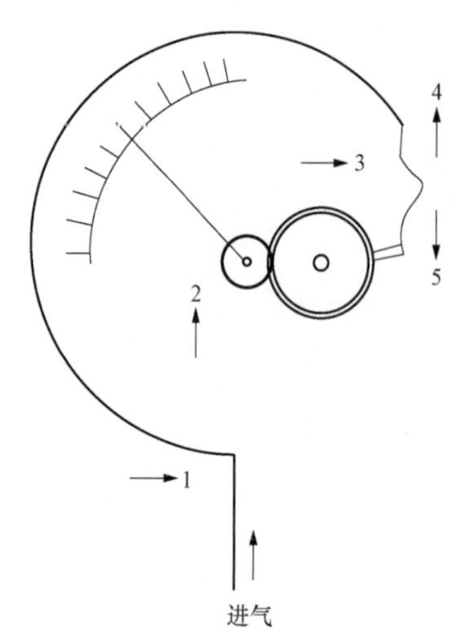

图 2－31　SF_6气体密度继电器的原理结构图

1—弹性金属曲管；2—齿轮机构和指针；3—双层金属带；4—压力增大时的运动方向；5—压力减小时的运动方向

（2）机械特性。

对于断路器来说，操动机构和传动机构的机械失效，以及电气控制和辅助回路的故障往往会引起严重的机械故障。为了避免断路器出现拒动、误动等严重的机械故障，通常需要对断路器的机械特性进行监测。

机械特性状态监测的内容主要包括分合闸速度、分合闸时间、分合闸线圈电流波形和断路器动作次数。

目前，断路器机械特性的监测方法主要有行程—时间监测法、分合闸线圈电流监测法、振动信号监测法及图像测量四种方法。但这些方法原理各异，现场实施难度与成本也不相同。

1）断路器的时间特性是表征断路器机械特性的主要参数，也是计算断路器分、合闸速度的主要依据，而断路器分合闸速度对断路器的开断性能有着至关重要的影响，目前，对断路器行程、时间特性的测量，多采用光电式位移传感器与相应的测量电路配合进行。常用的光电位移传感器有增量式旋转光电编码器和直线光电编码器。基于光电位移传感器的时间、行程特性的监测方法目前基本成熟，但必须现场安装好传感器，且安装的好坏对测量的准确与否有着极大影响。

例如，在操动机构传动拐臂上安装角位移传感器和位移旋转式光栅传感器。利用光栅传感器和断路器操动机构主轴间的相对运动，将速度行程信号转换为电信号；利用角位移传感器，将拐臂的转动转换为断路器的触头行程，经数据处理得到断路器操作过程中行程和速度随时间的变化关系，计算出动触头行程、超行程、刚分后和刚分前的平均速度，得出分合闸速度和位移—时间曲线数据。

将行程传感器安装于连动机构的转动轴上，设计的安装支架确保了行程传感器的安装紧固、可靠，不受外力。通过此方式设计传感器安装方式既没有影响机构原来的机械特性和绝缘特性，又真实地反映了机械特性，如图 2－32 所示。

2）断路器在分、合动作的过程中，直流电磁线圈的电流会随时间变化，此电流波形中蕴含重要信息，可以反映铁芯行程、铁芯卡滞、线圈短路、顶杆连接、辅助接点等状态。通过对分、合闸操作线圈电流的检测，运行人员可大致了解开关二次控制回路的工作情况及铁芯运动有无卡滞等问题，为检修提供辅助判据实际运行中，多采用安装霍尔传感器的方法监测分、合闸线圈电流。该方法简单方便，但测量时需要将传感器安装于铁芯线圈处，如不事先预置，则需对断路器操动机构进行一定程度的改装。

例如，通过在分合闸线圈回路上安装穿心电流互感器 TA，当 TA 感应到回路上带电即为分合闸开始时刻，感应到分合闸辅助开关接点状态转换时为分合闸结束时刻，TA 信号和辅助开关信号上传给状态监测 IED 处理，得出分合闸时间。

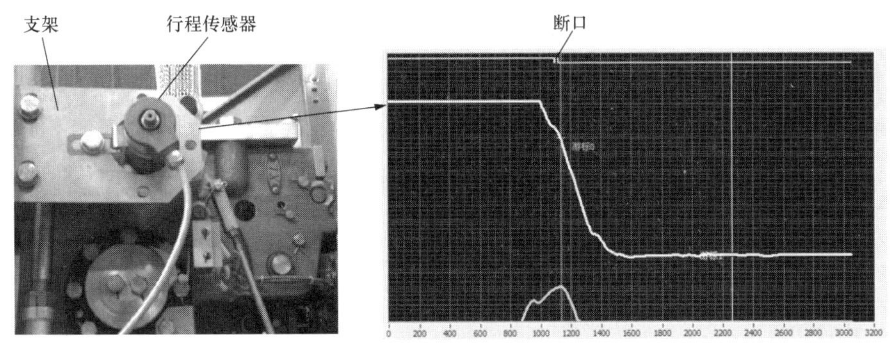

图 2－32　分合闸行程在线监测系统

此外，穿心电流互感器 TA 可进行分合闸线圈电流的测量。分合闸线圈的电流中含有丰富的机械传动信息，经对电流信号分析处理，可得出分合闸线圈电流曲线，根据电流波形和事件相对时刻，判断故障征兆、诊断拒动、误动故障。此外，对断路器的动作次数进行记录，以此确定断路器的机械寿命，如图 2－33 所示。

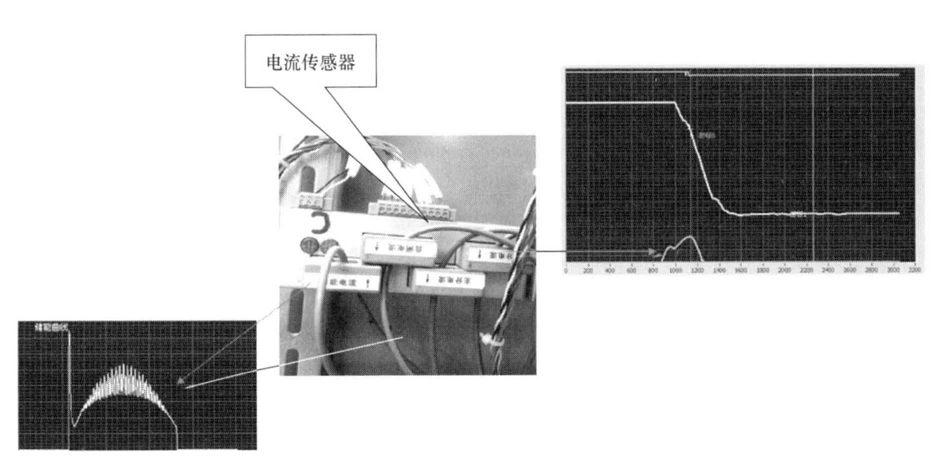

图 2－33　分合线圈电流在线监测系统

3）断路器在动作过程中，由于一系列运动构件的起动、制动、撞击，会产生丰富的振动信号。通过在断路器上安装振动传感器，获取断路器的振动信号，再辅以适当的信号处理和模式识别技术，就可以判断断路器的运行状态。振动检测法的突出优点是振动信号的采集不涉及电气测量，受电磁干扰影响小，且传感器安装于断路器外部，对断路器无任何影响。但由于振动信号的同步性差，目前还没有成熟产品问世。

4）图像测量法是在断路器的主轴或动触头拉杆处贴上特定颜色并明显区别于周围环境的标志片（即标点），然后通过拍摄照片捕获断路器动作过程中标点的运动轨迹，从而获得断路器主轴或动触头拉杆的行程、时间曲线。图像测量法的优点是监测设备与被测对象之间无任何机械或电气连接，且图像所含的信息量非常丰富，可以获得追踪目标在二维平面上的运动数据；缺点是准确性、稳定性以及诊断结果的有效性还有待提高，部分项目的监测目前还无法实现。

断路器的行程及分合闸时间、电流、速度是反映断路器机械特性的重要参量，实现这些参量在线监测的方式主要是通过（角）位移传感器和霍尔电流传感器。几种位移传感器的原理及性能对比如表 2－2 所示。

表 2－2　几种位移传感器的原理及性能对比

性能	电阻式位移传感器	增量式旋转光电编码器	激光式位移传感器	差动变压器式位移传感器
原理	通过测量流过电阻的电流或电阻两端电压的变化来判断断路器动触头的运动过程	通过光电转换将输出轴上的机械几何位移转换成脉冲或数字量	激光三角测量法。从光源发射一束光到被测物体表面，在另一方向通过成像观察反射光电的位置，从而计算出物点的位移。由于入射和反射光构成一个三角形，所以这种方法被称作三角测量法	铁芯运动的位移量改变了空间磁场的分布，导致副边绕组产生的感应电势不同，通过测量输出电压的大小，即可得到被测量对象的位移量
体积	中	较大	小	大
响应速度	较快	快	快	较快
影响测量精度的因素	安装位置、精度以及断路器振动	安装位置、精度及断路器振动	安装位置、精度	安装位置、精度及断路器振动
安装位置	绝缘拉杆下端，安装难度较大	操动机构的主轴，安装方便，间接得到动触头行程	无需与主轴油直接的物理性连接，安装方便	操动机构的主轴，占用安装空间大，不适用于 40.5kV 及以下电压等级的断路器
型号形式	直流信号，可直观地反映断路器的行程特性	脉冲信号，不能直观地反映断路器行程特性，需设计相应的测量电路配合进行测量	直流电压信号，可直观地反映断路器的行程特性	直流电压信号，可直观地反映断路器的行程特性
抗干扰能力	弱	强	较强	较强

结合性能测试及机械寿命试验，增量式旋转光电编码器和激光位移传感器测量精度高、易于安装，受机械振动和冲击的影响较小，寿命长，均适合在断路器中应用。

霍尔电流传感器可以测量任意波形的电流和电压，如直流、交流、脉冲波形等，甚至是瞬态峰值，同时具有精度高、线性度好、测量范围广等优点，因此被用于测量断路器的分、合闸线圈电流及储能电机电流、电压等参量；但是霍尔电流传感器被测电流长时间超额会损坏末极功放管（对于磁补偿式），一般情况下，2 倍的过载电流持续时间不得超过 1min，因此必须根据被测电流的额定有效值适当选用不同规格的传感器。

5. 智能控制柜

集成式隔离断路器每间隔配置一面户外智能控制柜，布置本间隔智能终端、数字量输入式合并单元（或数字量输入式合并单元与智能终端集成装置）、在线监测 IED 和光交换机等智能元件。由于它的工作环境一般在开关设备室或配电装置区，为了满足智能元件的运行环境要求，智能控制柜必须具备强的环境调节功能，包括温度调节、湿度调节及抗电磁辐射等。

（1）温湿度调节功能。

通常对不同环境下运行的控制柜采用不同的温湿度调节系统。柜内可采用空调设备、热交换器、加热器、顶置风机、通风过滤罩等设备，通过调节柜内温度保持在5～55℃，柜内湿度保持在85%以下，以满足柜内智能电子设备正常工作的环境条件，避免恶劣的大气环境导致的智能电子设备误动或拒动行为。

常规地区采用非密闭结构柜体，顶置风机可以加强柜内空气的流通，保证柜内温度、湿度；对于户外高寒湿热地区可以采用密闭结构柜体；选择工业空调来实现柜内温湿度的控制。工业空调的工作原理为：环境温度较高，则起动空调器降温；环境温度较低，则起动加热器或空调器升温。

1）空调器选择。为了能使智能控制柜内的温湿度维持在一定的范围内，根据柜体空间及防护等级要求，需合理选择空调设备，即空调器制冷量必须大于柜体及元件的发热量。选型计算方法可参考如下：

$$\text{所需制冷量：}Q_t = 1.1(Q_i + Q_r) \quad (2-1)$$

式中，Q_t为所需制冷量（W）；Q_i为智能控制柜内产生的热量（W）；Q_r为智能控制柜柜体传热量（W），$Q_r = 5.5A\Delta T$，A为智能控制柜表面积（m^2），ΔT为智能控制柜内外温差（℃）。

2）加热器选择。智能控制柜一般采用柜内安装加热器来进行升温、去潮。加热器的选型计算公式如下：

$$\text{机柜内所需总热量：}Q = (Q_1 + Q_2 + Q_3) \times K \quad (2-2)$$

式中，Q_1为加热空气所需热量，$Q_1 = Gc_p(t_2 - t_1)$，单位为kW；Q_2为保温层所需热量，$Q_2 = \frac{1}{2}K_1F_1\Delta T$；$Q_3$为钢板所需热量，$Q_3 = \frac{1}{2}K_1F_1\Delta T$；$G$为被加热空气流速，一般取0.001 376km/s；c_p为空气比热；t_1，t_2分别为空气加热前后的温度；ΔT为介质温升；K_1为保温材料的热导率，保温层为0.04，钢板为5.5；F_1为系统散热面积，单柜＝$9.28m^2$，双联柜＝$15.76m^2$，三联柜＝$22.24m^2$；K为考虑其他未估计热损耗储备系数，一般取1.3。

（2）电磁屏蔽。

柜体电磁屏蔽宜符合GB/T 18663.3—2007规定的1级要求。为了满足控制柜的电磁兼容性能，柜体的设计一般采用屏蔽的设计方法，主要有以下几个方面的措施：

1）柜体接缝处安装电磁屏蔽条。为保证电磁兼容性能，应对柜体的薄弱点进行加强，在柜门与柜体之间采用专用屏蔽密封条可靠连接，保证柜门与柜体有效导通，不留缝隙，如图2－34所示。

2）柜体通风处加屏蔽网。柜体的通风口采取在通风窗内加装波导材料（见图2－35）来达到屏蔽目的。这样就使柜体内形成了一个屏蔽空间，最终能使智能控制柜的整体屏蔽效果达到GB/T 12190—2006规定的B级。

3）柜体采用双层结构。为了满足保温性能，智能控制柜一般采用双层钢板及内部填充阻燃保温材料，使柜体具有良好的保温性、密封性和强度指标，能够很好地防止太阳辐射，避免雨水冰雹侵袭和积雪覆盖。

图 2-34　柜门与柜体屏蔽结构

图 2-35　通风口的屏蔽结构

2.3　集成式隔离断路器工程应用方案

2.3.1　主接线设计方案

1. 国外主接线方案

在国外，单母线分段、双母线、3/2 接线应用隔离断路器时，隔离开关全部取消，其中双母线接线采用双隔离断路器方案，如图 2-36 所示。

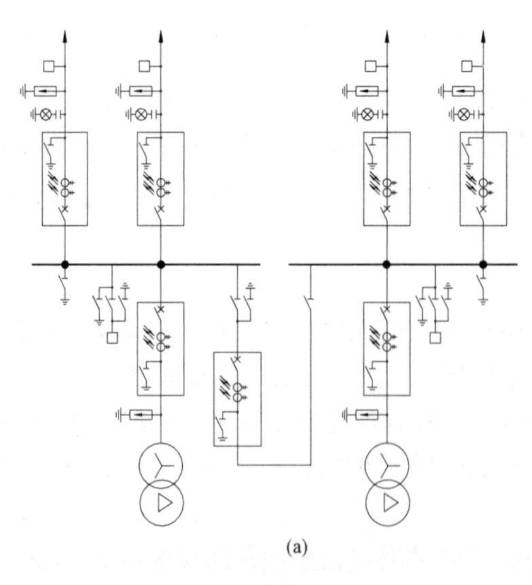

(a)

图 2-36　国外变电站在不同主接线形式下集成式隔离断路器的应用（一）

（a）单母线分段接线取消全部隔离开关

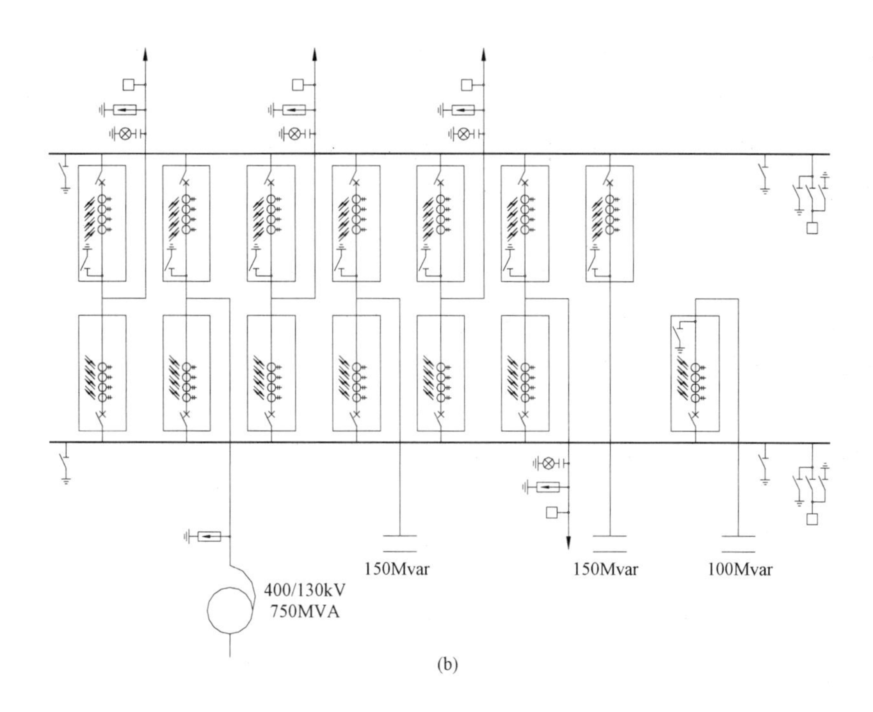

(b)

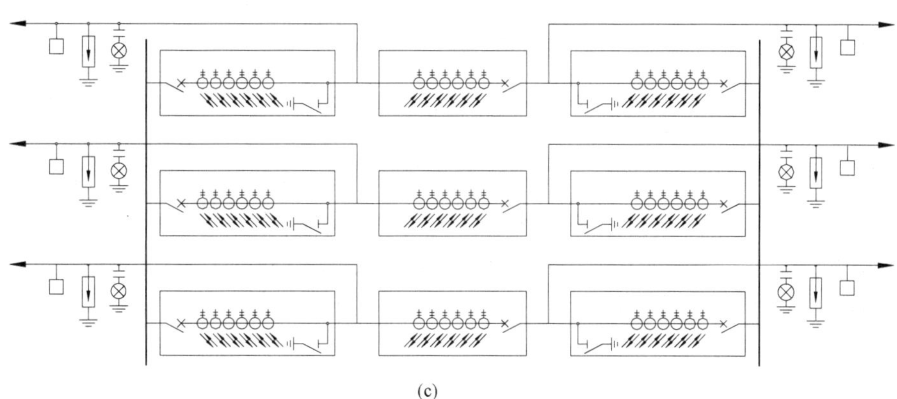

(c)

图 2－36　国外变电站在不同主接线形式下集成式隔离断路器的应用（二）

（b）双母线接线—主变压器和线路通过两个集成式隔离断路器接于不同母线；

（c）变电站 3/2 接线形式下集成式隔离断路器的应用

2. 国内主接线设计方案

目前，国家电网有限公司新一代智能变电站户外 AIS 变电站瓷柱式断路器推荐应用集成式隔离断路器。集成式隔离断路器在国内运行经验较少，现阶段应用较为审慎，其中 110kV 单母线分段接线，线路间隔完全取消了线路及母线侧隔离开关，分段间隔仍保留一侧或两侧的母线侧隔离开关；220kV 双母线接线，将出线侧隔离开关取消，母线侧两个隔离开关仍然保留；330kV 3/2 接线，仅取消出线侧隔离开关。

基于我国运维习惯及集成式隔离断路器技术成熟度等考虑，国内集成式隔离断路器的主接线设计进行了一定改变。

110kV 主接线采用单母线分段接线，应用隔离断路器时线路间隔完全取消了线路及母线侧隔离开关，分段间隔仍保留了一侧或两侧的母线侧隔离开关，以保证停电检修分段隔离断路器时，两段母线不完全停电。目前我国 220kV 电网已基本形成环网或双环网，大部分地区的 110kV 电网也过渡到至少双电源供电，且在事故情况下具备转供能力。220kV 变电站 110kV 侧在满足系统要求的条件下，可以优化为以变压器为单元的单母线分段接线，如果仍按我国常规断路器 3～6 年的检修周期，当 110kV 电网转供能力较强时，应用隔离断路器，母线侧隔离开关可以取消。实际隔离断路器是高可靠设备，检修周期长（厂家承诺的停电维护周期一般不小于 15～20 年），完全可根据设备情况合理安排检修时间，而不应沿袭常规断路器相关要求，从而减少停电维护时间及母线陪停几率。

220kV 主接线采用双母线接线，国外采用双隔离断路器方案，完全取消隔离开关，而目前我国隔离断路器的设备价格仍然偏高，考虑经济因素双隔离断路器方案并未推广应用，随着今后设备推广价格下降到可接受范围后，可考虑过渡到双断路器方案。目前 220kV 的双母线接线将出线侧隔离开关取消，母线侧 2 个隔离开关仍然保留，实际隔离断路器的隔离功能并没有完全发挥，但是通过在 220kV 电网中的试点应用，积累运行经验，有利于今后的推广应用，并最终完全取消隔离开关。

330kV 主接线采用 3/2 接线，应用隔离断路器目前方案是取消出线侧隔离开关。目前在国家电网有限公司新一代智能变电站扩大示范工程中的陕西富平 330kV 变电站中，330kV 侧 3/2 接线应用了集成式隔离断路器，与国外 3/2 接线完全取消隔离开关相比，国内 1 个完整串中取消了 4 把出线隔离开关，母线侧 2 把隔离开关仍保留。目前我国在 500kV 变电站尚未开展集成式隔离断路器的试点应用。

综上所述，我国在隔离断路器的主接线设计更为保守，这与我国关于断路器的停电检修习惯与国产设备制造工艺质量有关，国外的断路器每 15 年停电检修 1 次，且国外厂家承诺的停电维护周期也为 15 年，我国断路器长期以来检修周期最长为 6 年，且国内厂家承诺的检修周期与国内检修周期匹配。国内变电站应用集成式隔离断路器后不同主接线对比如图 2－37 所示。

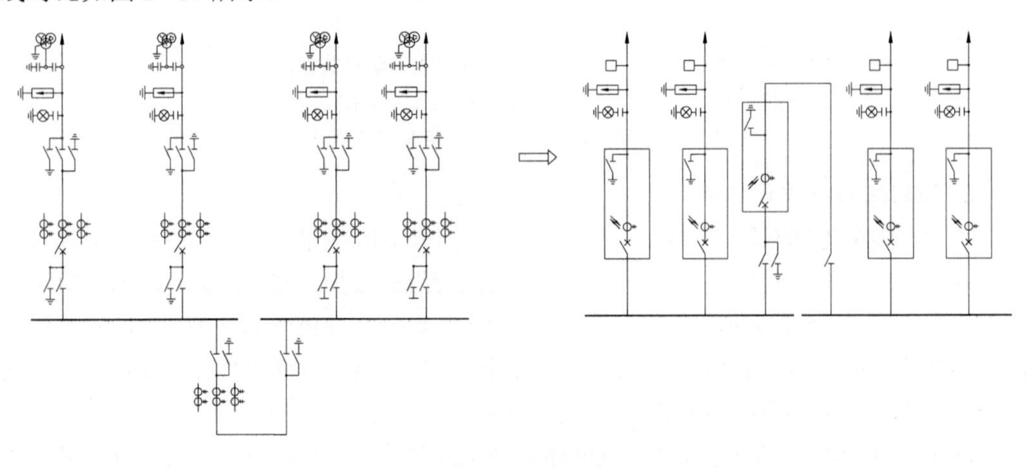

(a)

图 2－37　国内变电站在不同主接线形式下集成式隔离断路器的应用（一）

（a）单母线分段接线优化前后对比

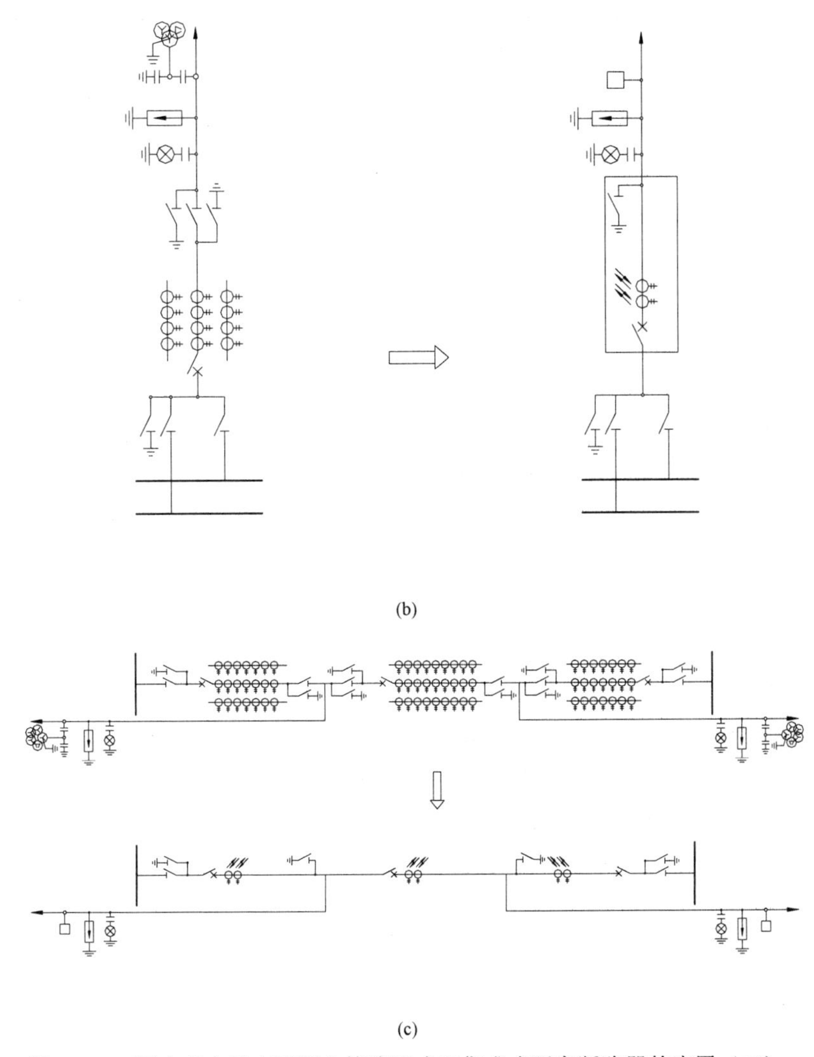

图 2－37　国内变电站在不同主接线形式下集成式隔离断路器的应用（二）
（b）双母线接线优化前后对比；（c）3/2 接线形式优化前后对比

2.3.2　技术参数及设备选型

1. 集成式隔离断路器与传统断路器参数差异

集成式隔离断路器与传统断路器参数差异主要体现在以下几点：

（1）集成式隔离断路器隔离断口的额定耐受电压为隔离断口电压值，而传统断路器为通用值。

（2）对于集成式隔离断路器的端子静负载要求值，252kV、363kV 隔离断路器高于 GB 1984—2003 国家标准中的规定，主要是考虑引线与荷载直接作用于隔离断路器的端子板，端子静负载能力提高到与隔离开关一致的水平，差异如表 2－3 所示。126kV 隔离断路器端子静负载要求值与 GB 1984—2003 中常规断路器相同。

表 2-3　　252kV、363kV 集成式隔离断路器端子静负载要求值

端子静负载	252kV		363kV	
	集成式隔离断路器	一般断路器	集成式隔离断路器	一般断路器
水平纵向（N）	2000	1500	2000	1500
水平横向（N）	1500	1000	1500	1000
垂直（N）	1250	1250	1500	1250

（3）集成式隔离断路器在机械操作试验和规定的短路试验后应验证隔离距离间的绝缘耐受能力，以保证隔离距离在全新的状态下和在运行中都满足绝缘要求。组合功能试验是此类装置特定的型式试验要求；它们不同于 GB 1984—2003《高压交流断路器》和 GB 1985—2004《高压交流隔离开关和接地开关》标准中 6.2.11 规定的状态检查试验。

（4）集成式隔离断路器的操动机构具有“位置锁定”的要求，其设计应使得它们不能因为重力、风压、振动、合理的撞击或者意外的触及操动机构而脱离其分闸或者合闸位置。集成式隔离断路器在其分闸位置应该具有临时的机械联锁。

（5）集成式隔离断路器除隔离断路器的通用技术参数外，还包含接地开关、电流互感器、监测主 IED 的技术参数。

2. 通用技术参数

以集成式隔离断路器招标设备技术规范书为依据，126kV、252kV、363kV 集成式隔离断路器的通用技术参数分为整体通用、隔离断路器本体、接地开关、电流互感器、主 IED（集成气体状态监测 IED 及机械状态监测 IED）技术参数，详见“附录 A 集成式隔离断路器技术参数表”。

3. 设计相关要求

（1）设备选型重点。

在使用条件上，集成式隔离断路器应在其额定条件和正常使用条件下使用，正常使用条件与常规户外交流高压断路器一致。

在型式选择上，目前国内外集成式隔离断路器均为户外瓷柱式 SF_6 断路器，即采用 SF_6 作为灭弧和绝缘介质，灭弧室安装在绝缘支柱上。126kV 集成式隔离断路器一般是三相机械联动，252kV 集成式隔离断路器以分相电气联动为主，363kV 集成式隔离断路器是分相电气联动。

集成式隔离断路器应注意集成的电流互感器变比，保证负载较低时的测量准确度。

在参数选择上，需注意：① 额定电压不应低于系统的最高电压，额定电流应大于运行中可能出现的任何负荷电流；② 在校核隔离断路器断流能力时，宜取隔离断路器实际开断时间（主保护动作时间加集成式隔离断路器开断时间）；③ 额定关合电流不应小于短路电流最大冲击值；④ 额定开断电流不应小于系统单相短路电流值和三相短路电流值。

（2）设计注意事项。

应用隔离断路器的变电站设计与常规变电站的要求有所不同，对变电站相关具体要

求如下：① 采用户外 AIS 的新一代智能变电站中的瓷柱式断路器宜采用集成式隔离断路器，集成电子式电流互感器，配置 SF_6气体状态及机械状态监测。② 户外 AIS 配电装置宜结合集成式隔离断路器、GIB 母线（注：气体绝缘母线 Gas Isolator Bus，简称 GIB）的使用，取消主变压器至 110kV 配电装置之间的道路，合理压缩配电装置纵向尺寸。隔离断路器与母线间的距离应考虑母线带电检修设备的要求。③ 对于取消母线隔离开关110kV 单母线分段接线，设计中要考虑带电检修机器人拆解母线的作业距离；电缆沟由原 GIB 母线与断路器之间调整到围墙侧或道路侧。④ 母线与集成式隔离断路器的电气连接采用软导线和专用金具，连接线的下垂弧度应考虑安全距离和拆接便利性的要求，便于带电检修平台带电拆接连接线。⑤ 由于集成式隔离断路器（单断口）附带的接地开关布置在断路器的低端子侧，因此当不装设出线侧隔离开关时，断路器的低端子应布置在线路侧。⑥ 每间隔配置 1 面智能控制柜，布置间隔智能终端、合并单元及监测 IED，与开关本体集成设计。⑦ 取消线路隔离开关后，隔离断路器直接与线路连接，为保护隔离断路器，避免雷电侵入波过电压对隔离断路器断口的伤害，变电站出线侧加装避雷器。⑧ 为避免分段断路器故障导致本级电压全停，根据实际工程情况和运行，220kV、110kV 分段间隔断路器可在一侧或两侧设置隔离开关。⑨ 线路侧应配置带电显示装置。

2.3.3 配电装置布置方案

本节对比分析常规智能变电站的通用设计与应用集成式隔离断路器的新一代智能变电站典型设计方案的各项技术经济指标，如表 2-4 所示。

表 2-4 常规智能变电站与新一代智能变电站平面布置对比方案

	常规智能变电站通用设计方案	新一代智能变电站典型设计方案对比	规　　模
110kV 变电站	110-C-8①	110-C-X1②	主变压器 3 台 50MVA；110kV 出线 4 回；110kV 主接线为单母线分段接线，户外 AIS 配电装置
220kV 变电站	220-C-1①	220-C-X1③	主变压器 3 台 180MVA；220kV 出线 6 回，110kV 出线 12 回；220kV 和 110kV 主接线均为双母线接线，户外 AIS 配电装置
330kV 变电站	330-D-1①	330-C-X1④	主变压器 3×240MVA；330kV 出线 8 回，110kV 出线 18 回；330kV 采用一个半断路器接线，110kV 主接线为双母线双分段接线，户外 AIS 配电装置

① 详见《110（66）～750kV 智能变电站通用设计（2011 版）》。
② 详见《新一代智能变电站典型设计　110kV 变电站分册》。
③ 详见《新一代智能变电站典型设计　220kV 变电站分册》。
④ 详见《新一代智能变电站典型设计　330～500kV 变电站分册》。

1. 110kV 变电站配电装置布置

常规 110kV 智能变电站选取通用设计 110-C-8 方案，变电站规模按照主变压器

3×50MVA，110kV 出线 4 回，每台主变压器配置 2 组无功补偿装置。110kV 新一代智能变电站采用集成式隔离断路器后 110kV 配电装置布置优化如下：110kV 新一代智能变电站 110kV 采用单母线分段接线，取消隔离开关，电子式电流互感器与隔离断路器集成为一体，110kV 母线采用 GIB 封闭母线，110kV 配电装置纵向尺寸缩短 16.9m，压缩 40%。优化前后 110kV AIS 配电装置间隔断面图如图 2－38 和图 2－39 所示。

2. 220kV 变电站配电装置布置

220kV 常规智能变电站选取通用设计 220－C－1 方案，变电站规模为主变压器容量 3×180MVA，220kV 出线 6 回，110kV 出线 12 回，10kV 出线 24 回，每台主变压器配置 4 组无功补偿装置。220kV 新一代智能变电站采用集成式隔离断路器后配电装置布置从以下几个方面进行优化。

（1）220kV 配电装置布置优化。

220kV 新一代智能变电站 220kV 采用双母线接线，取消出线侧隔离开关，电子式电流互感器与隔离断路器集成为一体。220kV 母线采用支持管母或悬吊管母。220kV 新一代智能变电站 220kV 配电装置纵向尺寸缩短 11m，压缩 20%。优化前后 220kV 配电装置出线间隔断面图如图 2－40 和图 2－41 所示。

（2）110kV 配电装置布置优化。

220kV 新一代智能变电站 110kV 由双母线接线优化为单母线分段接线，取消断路器两侧隔离开关，电子式电流互感器与隔离断路器集成为一体。110kV 母线采用 GIB 封闭母线，取消母线架构。110kV 配电装置纵向尺寸减少 34m，压缩 45.3%。优化前后 110kV 配电装置出线间隔断面图如图 2－42 和图 2－43 所示。

3. 330kV 变电站配电装置布置

330kV 常规智能变电站选取通用设计 330－D－1 方案，变电站规模为主变压器容量 3×240MVA，330kV 出线 8 回，110kV 出线 18 回，每台主变压器配置 2 组并联电容器和 1 组并联电抗器。相应规模的 330kV 新一代智能变电站采用集成式隔离断路器后，平面布置从以下几个方面进行优化。

（1）330kV 配电装置布置优化。

330kV 新一代智能变电站 330kV 采用一个半断路器接线，取消线路侧隔离开关，电子式电流互感器与断路器集成为一体，母线设备保留敞开式隔离开关。

母线侧接地开关独立设置，并考虑了集成式隔离断路器的检修拆卸距离，对于集成式隔离断路器，考虑在其与相邻设备之间设置可拆卸装置。330kV 配电装置纵向尺寸减少 9.15m，压缩 7.6%。优化前后 330kV 配电装置出线间隔断面图如图 2－44 和图 2－45 所示。

（2）110kV 配电装置布置优化。

330kV 新一代智能变电站 110kV 采用双母线接线，取消线路侧隔离开关，电子式电流互感器与隔离断路器集成为一体。110kV 配电装置纵向尺寸减少 12.1m，压缩 23.4%。优化前后 110kV 配电装置出线间隔断面图如图 2－46 和图 2－47 所示。

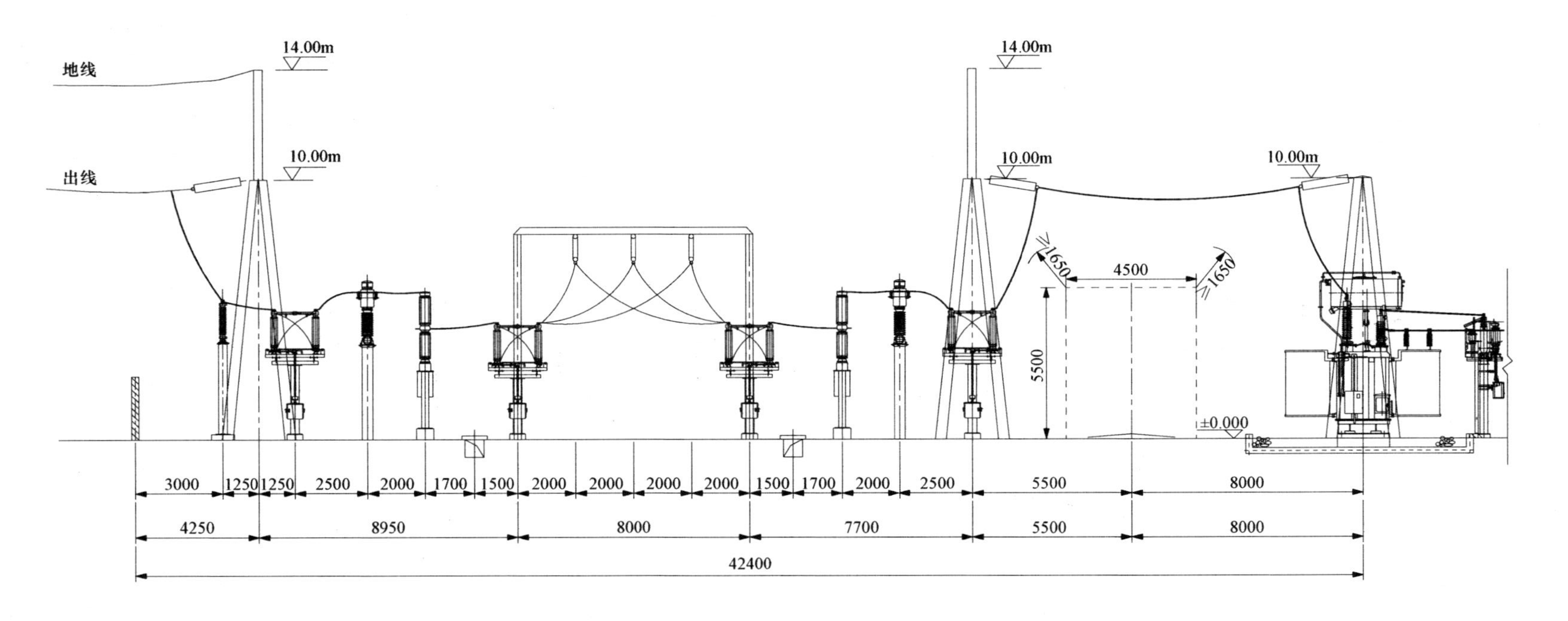

图 2-38　优化前 110kV 常规智能变电站配电装置出线间隔断面图

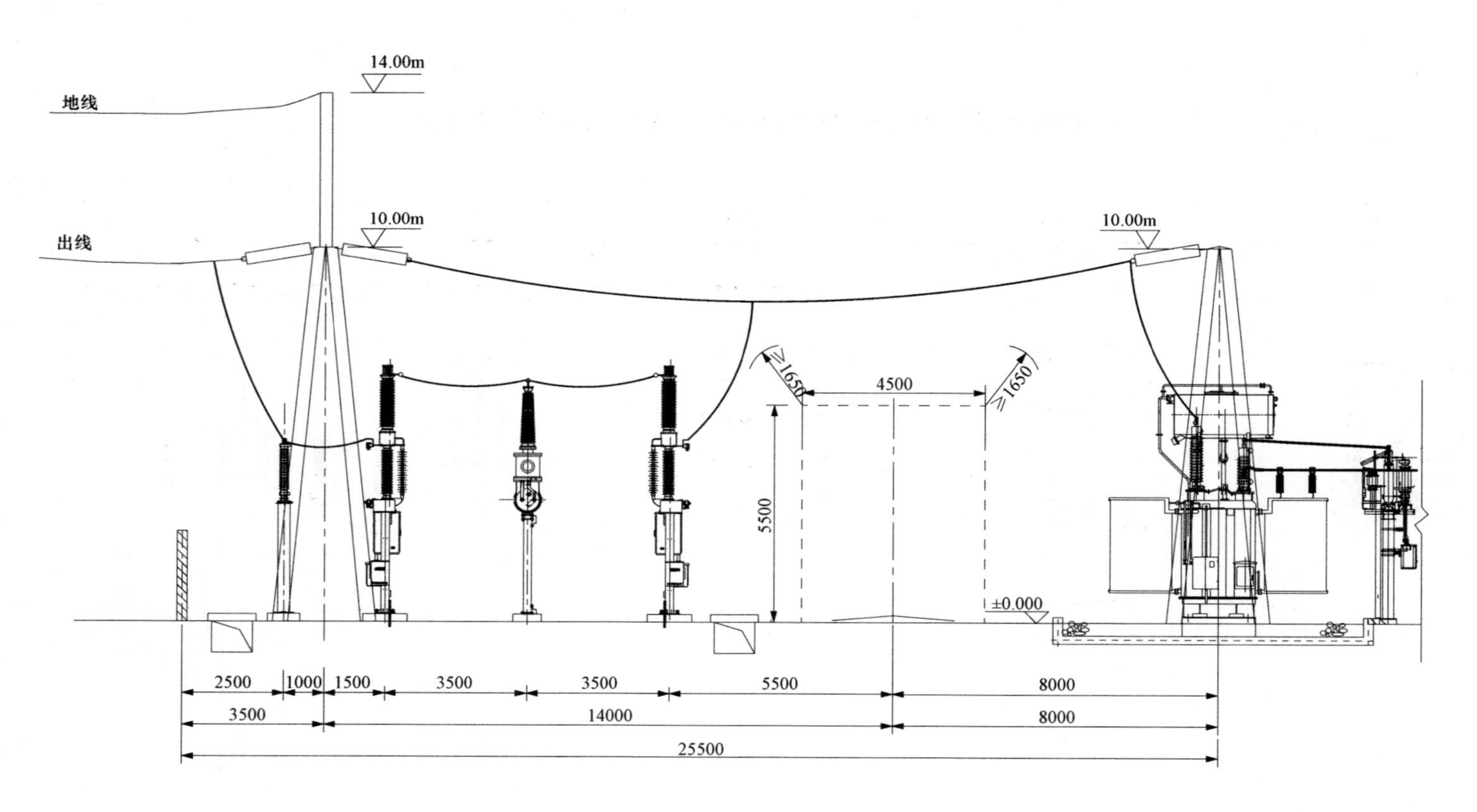

图 2-39　优化后 110kV 新一代智能变电站配电装置出线间隔断面图

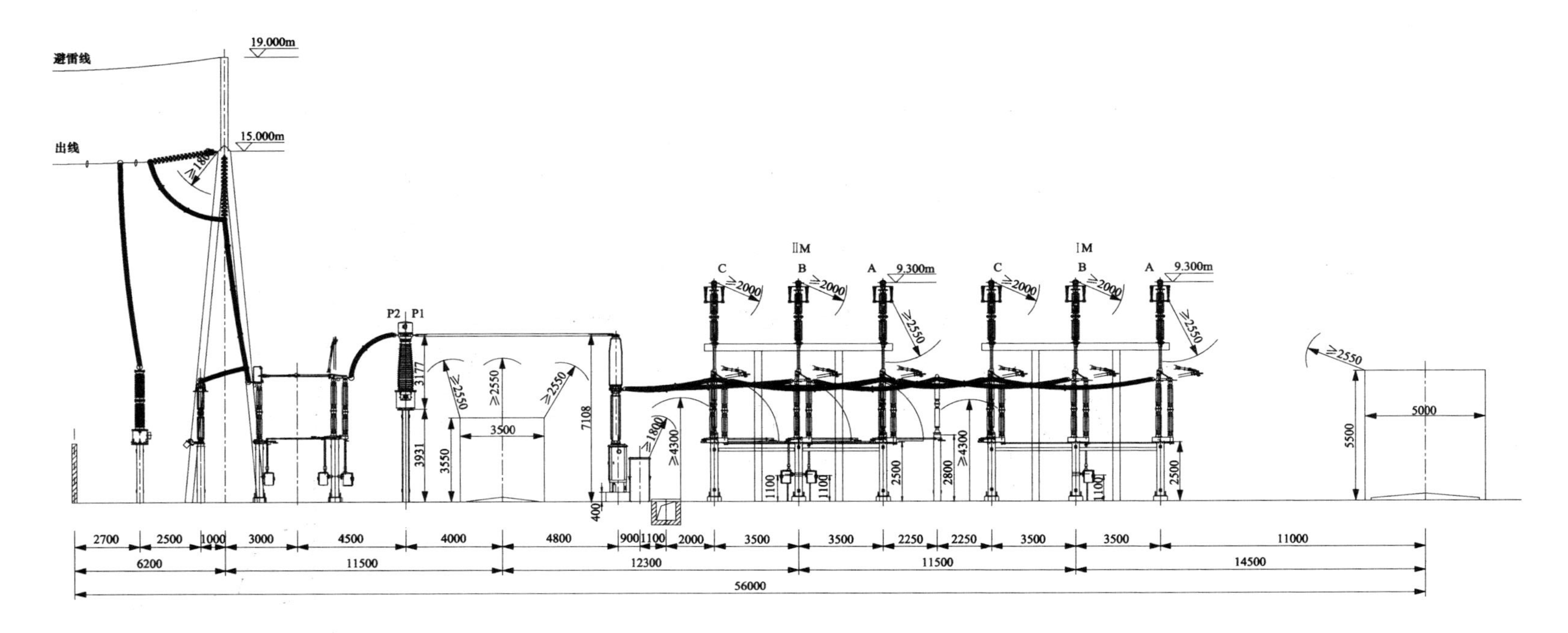

图 2-40　优化前 220kV 常规智能变电站 220kV 配电装置出线间隔断面图

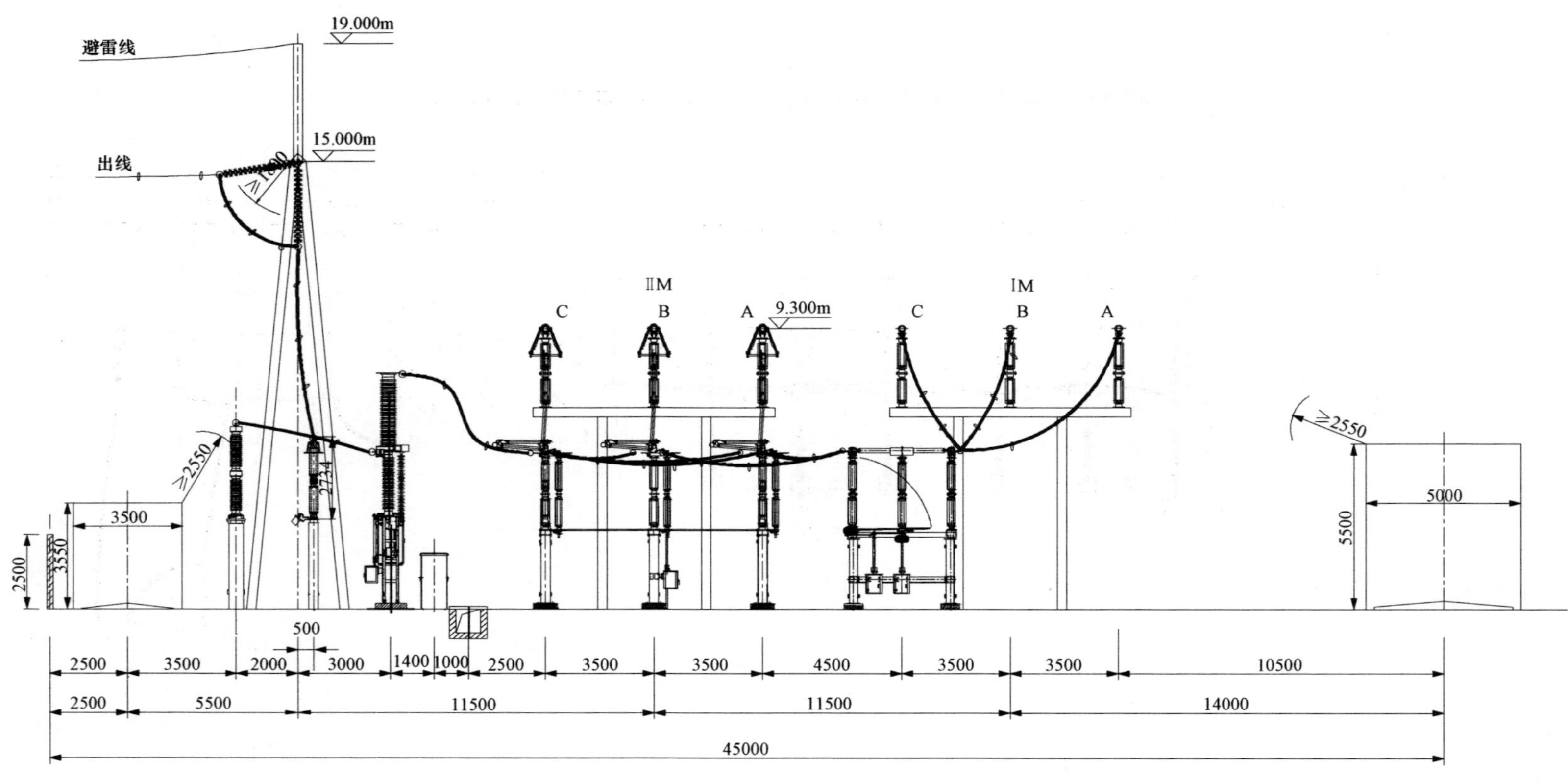

图 2－41　优化后 220kV 新一代智能变电站 220kV 配电装置出线间隔断面图

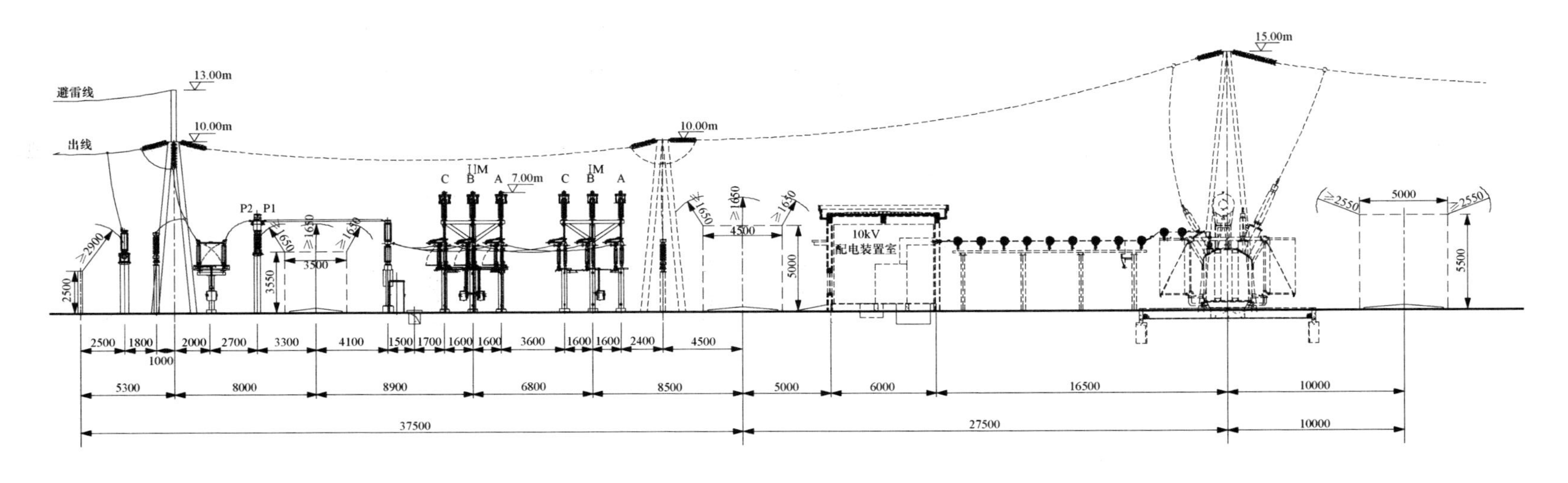

图 2-42　优化前 220kV 常规智能变电站 110kV 配电装置出线间隔断面图

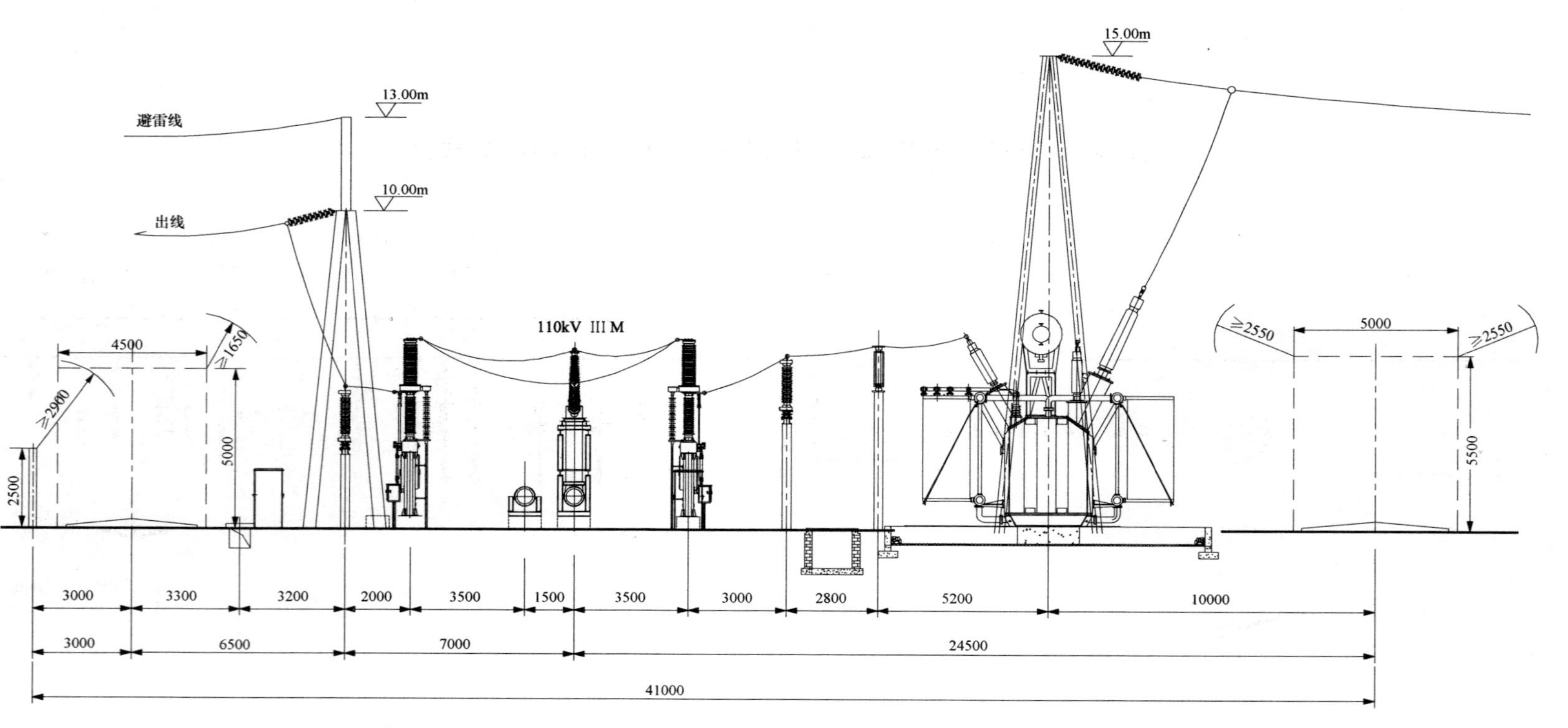

图 2-43 优化后 220kV 新一代智能变电站 110kV 配电装置出线间隔断面图

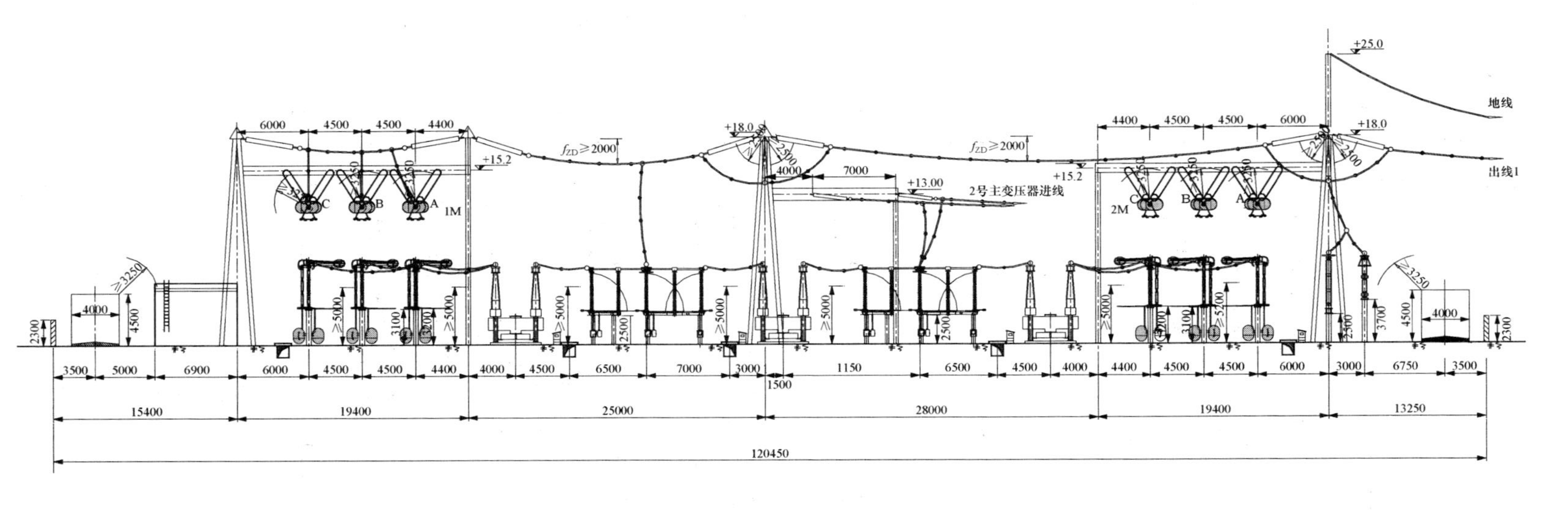

图2-44　优化前330kV常规智能变电站330kV配电装置出线间隔断面图

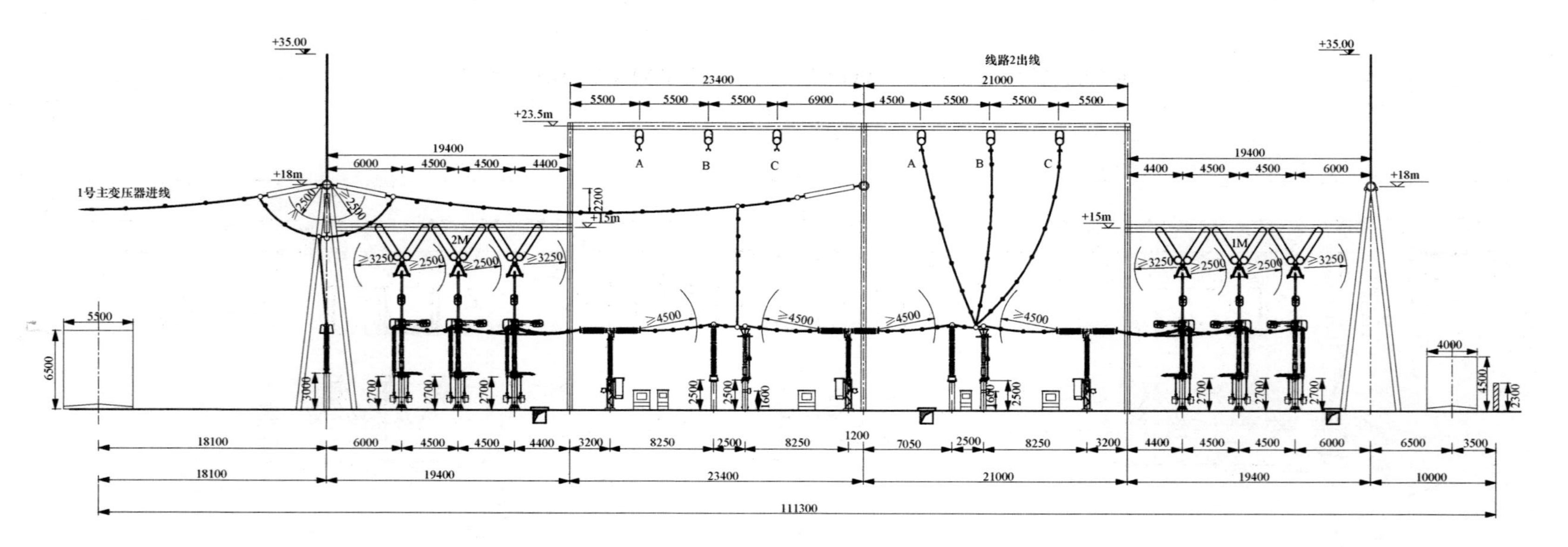

图 2-45　优化后 330kV 新一代智能变电站 330kV 配电装置出线间隔断面图

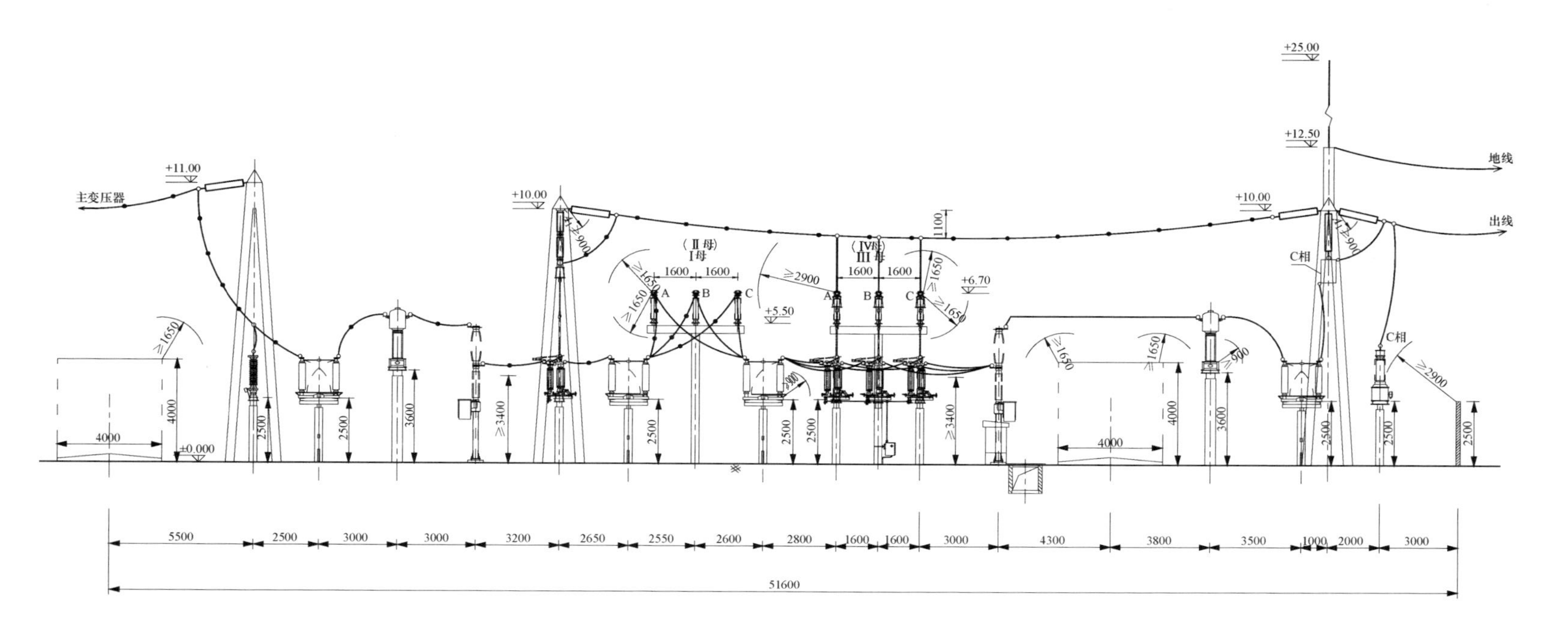

图 2-46　优化前 330kV 常规智能变电站 110kV 配电装置出线间隔断面图

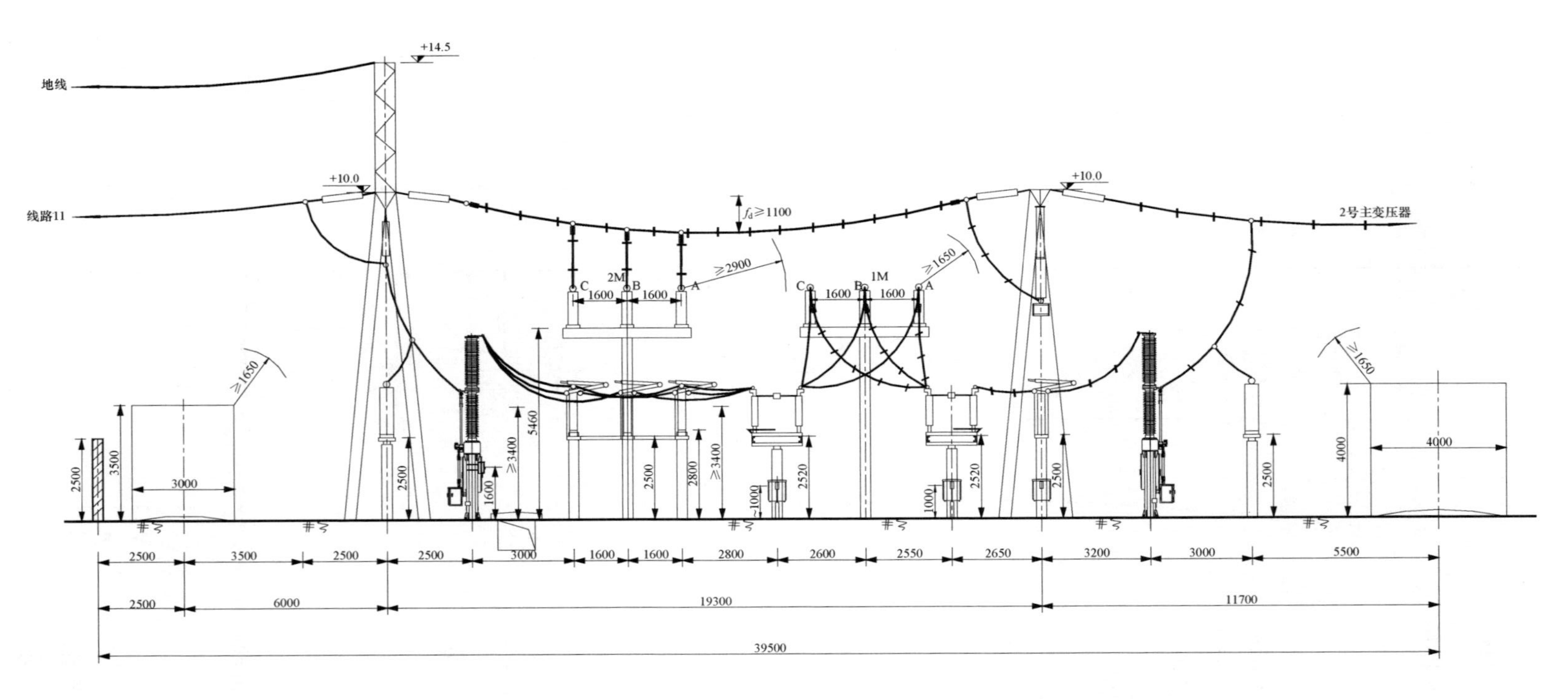

图 2-47　优化后 330kV 新一代智能变电站 110kV 配电装置出线间隔断面图

2.3.4 电气主接线可靠性分析

变电站主接线评估的重点在于可靠性分析。主接线可靠性分析是指基于主接线元件（变压器、母线、开关设备等）的可靠性数据在给定的可靠性判据下，衡量主接线的供电能力。可靠性分析是选择主接线方案和最佳运行方式的依据，也是寻找主接线薄弱环节的重要手段，可为实际系统的规划设计、运行维护、老化更新等各个阶段工作提供指导。目前，已有多种方法应用于变电站主接线的可靠性评估。本文采用的是目前应用最为广泛的最小割集法，把导致主接线故障的元件组合方式用最小割集表示，即包含了最小割集的所有其他元件故障组合都会导致系统故障，因此只需计算最小割集集合的可靠性指标。采用最小割集法可以很容易地找出主接线的薄弱环节，以便采用相应对策提高主接线可靠性。

1. 变电站电气主接线可靠性指标

电气主接线主要的可靠性指标如表 2－5 所示。表 2－5 可靠性指标中，故障概率、停电频率、期望故障受阻电能是关注度比较高的三个指标，分别反映了停电时间的长短、故障频次的多少以及造成停电损失的大小。

表 2－5　　可 靠 性 指 标

指标	单位	含义说明
故障概率	/	系统处于不可用状态的概率即故障概率
可用率	%	系统正常运行时间占总时间的比率
年停电的平均时间	h	系统一年中发生全所故障的期望平均停电持续时间
停电频率	次/年	系统一年内发生停电故障的平均次数
期望故障受阻电力（EPNS）	MW/年	系统一年中由于发生停电故障而无法送出的电力的期望值
期望故障受阻电能（EENS）	MWh/年	系统一年中由于发生停电故障而无法送出的电能的期望值

2. 110kV 变电站电气主接线可靠性分析

以国家电网有限公司 110－C－8 通用设计方案为例，与相应规模的新一代智能变电站 110kV 设计方案 110－C－X1 对比，采用清华大学开发的发电厂/变电所电气主接线可靠性评估软件 SSRE－TH，计算分析采用集成式隔离断路器后简化主接线型式的可靠性。

方案 1－1（常规智能站 110－C－8 方案）：110kV 主接线为单母线分段接线，户外 AIS 配电装置；110kV 采用常规断路器及隔离开关。

方案 1－2（新一代智能站 110－C－X1 方案）：110kV 采用单母线分段接线，户外 AIS 配电装置；110kV 采用集成式隔离断路器，取消线路侧、母线侧隔离开关。

设计方案的描述如表 2－6 所示。两个方案 110kV 侧主接线的可靠性指标对比，描述结果如表 2－7 所示。

表 2-6　　110kV AIS 变电站设计方案描述

配电装置型式	方案序号	电压等级	方案描述
110kV AIS 方案	方案 1-1 （优化前，110-C-8）	110kV 侧	单母线三分段，常规断路器
	方案 1-2 （优化后，110-C-X1）	110kV 侧	单母线三分段、集成式隔离断路器

表 2-7　　110kV AIS 变电站优化前后 110kV 侧主接线的可靠性指标

方案描述	故障概率	停电频率（次/年）	EPNS（MW/年）	EENS（MWh/年）	可用率	平均持续停电时间（h）
方案 1-1 （优化前 110-C-8）	1.58×10^{-4}	0.147	7.41	69.5	99.984%	9.39
方案 1-2 （优化后 110-C-X1）	1.16×10^{-4}	0.128	6.46	51.3	99.988%	7.94

在单母线分段接线采用集成式隔离断路器后，110kV 电气主接线的可靠性得到提高，故障概率、停电频率等指标下降 13%～27%，平均持续停电时间减少 15%。

3. 220kV 变电站电气主接线可靠性分析

以国家电网有限公司 220-C-1 典型设计方案为例，与相应规模的新一代智能变电站 220kV 设计方案 220-C-X1 对比，采用电气主接线可靠性评估软件 SSRE-TH 计算分析采用集成式隔离断路器后简化主接线型式的可靠性。

方案 2-1（220-C-1 原方案）：220kV 和 110kV 主接线均为双母线接线，户外 AIS 配电装置；220kV 和 110kV 采用常规断路器及隔离开关。

方案 2-2（220-C-1 优化后，即 220-C-X1 方案）：220kV 主接线为双母线接线，110kV 主接线优化采用单母三分段接线，户外 AIS 配电装置；220kV 和 110kV 采用集成式隔离断路器，220kV 取消线路侧隔离开关，110kV 取消线路侧、母线侧隔离开关。

设计方案的描述如表 2-8 所示。两个方案 220kV 变电站主接线可靠性指标对比结果如表 2-9 和表 2-10 所示。

表 2-8　　220kV AIS 变电站设计方案描述

配电装置型式	方案序号	电压等级	方案描述
220kV AIS 方案	方案 2-1 （优化前 220-C-1）	220kV 侧	双母线、常规断路器
		110kV 侧	双母线、常规断路器
	方案 2-2 （优化后 220-C-X1）	220kV 侧	双母线、集成式隔离断路器
		110kV 侧	单母线三分段、集成式隔离断路器

表 2-9　　220kV AIS 变电站优化前后 220kV 侧主接线的可靠性指标

方案描述	故障概率	停电频率（次/年）	EPNS（MW/年）	EENS（MWh/年）	可用率	平均持续停电时间（h）
方案 2-1（优化前，220-C-1）	2.30×10^{-4}	0.215	44.55	417	99.977%	9.36
方案 2-2（优化后，220-C-X1）	1.66×10^{-4}	0.186	34.83	272	99.983%	7.81

表 2-10　　220kV AIS 变电站优化前后 110kV 侧主接线的可靠性指标

方案描述	故障概率	停电频率（次/年）	EPNS（MW/年）	EENS（MWh/年）	可用率	平均持续停电时间（h）
方案 2-1（优化前，220-C-1）	2.53×10^{-4}	0.228	47.17	458	99.975%	9.71
方案 2-2（优化后，220-C-X1）	1.77×10^{-4}	0.200	35.82	279	99.982%	7.79

（1）220kV 主接线。

对比 220kV AIS 方案，即方案 220-C-1 和 220-C-X1，采用集成式隔离断路器后，若集成式隔离断路器本身的可靠性水平能达到现有断路器的可靠性水平，其 220kV 主接线故障概率、停电频率、期望故障受阻电力（EPNS）、期望故障受阻电能（EENS）等可靠性指标较优化前均下降明显，下降比例约 13%～35%。

（2）110kV 主接线。

从表 2-10 中可见，采用集成式隔离断路器时，110kV 侧电气主接线的可靠性得到提高，故障概率下降了约 30%，平均持续停电时间减少 20%；110kV 侧主接线可靠性水平可达到并超过以往采用常规断路器和隔离开关时的双母线主接线可靠性水平。此时，110kV 侧电气主接线在转供能力允许的条件下可考虑简化为单母线分段接线。

4. 330kV 变电站电气主接线可靠性分析

以国家电网有限公司 330-D-1 通用设计方案为例，与相应规模的新一代智能变电站 330kV 设计方案 330-C-X1 对比，采用电气主接线可靠性评估软件 SSRE-TH 计算分析采用集成式隔离断路器后简化主接线型式的可靠性。

方案 3-1（优化前 330-D-1）：330kV 采用一个半断路器接线，110kV 主接线为双母线双分段接线，户外 AIS 配电装置。

方案 3-2（优化后 330-C-X1）：330kV 采用一个半断路器接线，采用高可靠性的集成式隔离断路器，取消线侧隔离开关，母线设备处保留敞开式隔离开关。110kV 主接线为双母线双分段接线，户外 AIS 配电装置。

方案描述如表 2-11 所示。应用集成式隔离断路器后 330kV 变电站主接线可靠性指标计算结果分别如表 2-12 和表 2-13 所示。

表 2-11　　　330kV 变电站设计方案描述

配电装置型式	方案序号	电压等级	方案描述
330kV AIS 方案	方案 3-1（优化前，330-D-1）	330kV 侧	一个半断路器、常规断路器
		110kV 侧	双母线双分段、常规断路器
	方案 3-2（优化后，330-C-X1）	330kV 侧	一个半断路器、集成式隔离断路器
		110kV 侧	双母线双分段、集成式隔离断路器

表 2-12　　　优化前后 330kV 变电站 330kV 主接线可靠性指标对比

方案描述	故障概率	停电频率（次/年）	EPNS（MW/年）	EENS（MWh/年）	可用率	平均持续停电时间（h）
方案 3-1（优化前，330-D-1）	4.81×10^{-4}	0.377	23.48	263	0.999 519	11.2
方案 3-2（优化后，330-C-X1)）	0.88×10^{-4}	0.038	2.92	58.9	0.999 912	20.2

表 2-13　　　优化前后 330kV 变电站 110kV 主接线可靠性指标

方案描述	故障概率	停电频率（次/年）	EPNS（MW/年）	EENS（MWh/年）	可用率	平均持续停电时间（h）
方案 3-1（优化前，330-D-1）	1.2×10^{-4}	0.093 1	19.73	327.6	0.999 88	16.6
方案 3-2（优化后，330-C-X1）	0.5×10^{-4}	0.037	6.27	157.3	0.999 95	25.1

（1）330kV 主接线。

对比方案 3-1 和方案 3-2，采用集成式隔离断路器后，若集成式隔离断路器本身的可靠性水平能达到现有断路器的可靠性水平，其 330kV 主接线故障概率、停电频率、期望故障受阻电力（EPNS）、期望故障受阻电能（EENS）等可靠性指标较优化前均下降明显。

（2）110kV 主接线。

从表 2-13 中可见，采用集成式隔离断路器时，110kV 侧电气主接线的可靠性得到提高，故障概率下降约 58%，平均持续停电时间减少 10%。

从各个电压等级主接线方式的可靠性分析可知，采用集成式隔离断路器设计方案可用率高于常规情况下的可用率，同时取消隔离开关后，系统的故障概率、停电频率明显降低，平均停电时间明显减少，总体供电可靠性有所提升，期望受阻电力、受阻电能降低。

2.3.5　经济性分析

经济性指标主要包括静态总投资、运行费用、可靠性成本和综合经济指标。

静态总投资：电气设备投资费用的总和。根据用户要求可选择现值或等年值。设备投资等年值计算公式如下：

$$Z = Z_0\left[\frac{r_0(1+r_0)^n}{(1+r_0)^n-1}\right] \tag{2-3}$$

式中：Z_0为设备投资；r_0为投资收益率；n为评估年限。

运行费用：包括电能损失，检修、维护、折旧费等，可按投资额的比率计算或根据实际工程确定。为简化计算，往往用年运行费率，即运行费用占投资费用的比率来表示。这样，设年运行费率为p，则折算的年运行费用为：

$$U = Z \cdot p \tag{2-4}$$

可靠性成本（停电损失）：可通过直接的电度量损失计算直接损失或根据产电比计算间接损失。根据产电比理论，将变电站的年停电损失电能，转化成为经济指标，即停电损失折合费用。该值反映了可靠性水平的经济价值，可靠性高，停电损失小；可靠性低，停电损失就大。停电损失折合费用可按下式计算：

$$U_1 = \alpha \cdot R \cdot \mathrm{EENS} \tag{2-5}$$

式中：α为电厂的功率因数；R为产电比；EENS为期望电能损失。

综合经济指标：上述三部分经济指标的总和，即：

$$C = Z + U + U_1 \tag{2-6}$$

1. 110kV 变电站经济性分析

（1）设备投资方面。

1）优化后取消了母线及出线侧隔离开关共15组（7组双接地、8组单接地），并减小了110kV配电装置占地面积约1200m^2（综合母线优化），共节省设备购置、安装及建筑费用约280万元。

2）优化后采用了集成式隔离断路器8台，以2015年集成式隔离断路器设备招标价计算，比优化前增加投资约405万元。

取投资收益率为5%，以运行40年计算，根据上述两项计算可得，采用集成式隔离断路器优化后变电站年均投资增加约3.2万元。

（2）运行费用方面。

采用集成式隔离断路器优化后，变电站电能损失、运维费用显著降低，取年运行费率3%，年化运行费用减少4.9万元。

（3）可靠性成本方面。

采用集成式隔离断路器优化后，根据可靠性分析数据，年平均损失电能（EENS）减少182MWh，综合考虑变电站功率因素和产电比等因素，停电损失每度电利润0.3元价格计算。则每年减少停电损失约5.4万元。

综合以上分析，110kV变电站采用集成式隔离断路器优化主接线方案后，等年值综合经济指标下，年均节省约7.1万元。按照40年投运时间计算，在全寿命周期内节省费用约284万元，如表2-14所示。

表 2-14　　优化前后 110kV 变电站主接线经济指标　　单位：万元

方案描述	等年值静态投资差额	年均运行费用差额	年均可靠性成本差额	等年值综合指标	全寿命周期费用差额
优化前（110-C-8）	0	0	0	0	0
优化后（110-C-X1）	3.2	-4.9	-5.4	-7.1	-284

2. 220kV 变电站经济性分析

（1）设备投资方面。

1）优化后 220kV 侧取消了进线及出线侧隔离开关共 9 组，110kV 侧取消了母线及出线侧隔离开关共 46 组，共减小配电装置占地面积约 7040m^2（综合母线优化），共节省设备购置、安装及建筑费用约 1024 万元。

2）优化后 220kV 采用了集成式隔离断路器（集成电子式电流互感器）10 台，110kV 采用了集成式隔离断路器（集成电子式电流互感器）17 台，以 2015 年集成式隔离断路器设备招标价计算，比优化前增加投资约 2890 万元。

取投资收益率为 5%，以运行 40 年计算，根据上述两项计算可得，采用集成式隔离断路器优化后变电站年均投资增加约 48.7 万元。

（2）运行费用方面。

采用集成式隔离断路器优化后，变电站电能损失、运维费用显著降低，取年运行费率 3%，年化运行费用减少 15.3 万元。

（3）可靠性成本方面。

采用集成式隔离断路器优化后，根据可靠性分析数据，220kV 侧年平均损失电能（EENS）减少 145MWh，110kV 侧年平均损失电能减少 179MWh，综合考虑变电站功率因数和产电比等因素，停电损失每度电 0.3 元价格计算。则全变电站每年减少停电损失 61.7 万元。

综合以上分析，220kV 变电站采用集成式隔离断路器优化主接线方案后，等年值综合经济指标下，年均节省约 28.3 万元。按照 40 年投运时间计算，在全寿命周期内节省费用约 1132 万元，如表 2-15 所示。

表 2-15　　优化前后 220kV 变电站主接线经济指标　　单位：万元

方案描述	等年值静态投资差额	年均运行费用	年均可靠性成本	等年值综合指标	全寿命周期费用差
优化前（220-C-1）	0	0	0	0	0
优化后（220-C-X1）	48.7	-15.3	-61.7	-28.3	-1132

3. 330kV 变电站经济性分析

（1）设备投资方面。

1）优化后 330kV 侧取消了出线侧隔离开关共 8 组，110kV 侧取消了母线及出线侧隔离开关共18组，共减小了配电装置占地面积约6513m^2（综合母线优化），共节省设备购置、安装及建筑费用约2120万元。

2）优化后330kV采用了集成式隔离断路器（集成电子式电流互感器）14台，110kV采用了集成式隔离断路器（集成电子式电流互感器）11台，以2015年集成式隔离断路器设备招标价计算，比优化前增加投资约5070万元。

取投资收益率为5%。根据上述两项计算可得，优化后的330kV新一代智能变电站较常规330kV变电站年均投资增加约81.8万元。

（2）运行费用方面。

采用集成式隔离断路器优化后，变电站电能损失、运维费用显著降低，取年运行费率3%，年化运行费用减少24.5万元。

（3）可靠性成本方面。

采用集成式隔离断路器优化后，根据可靠性分析数据，330kV侧年平均损失电能（EENS）减少209MWh，110kV侧年平均损失电能减少170.3MWh，综合考虑变电站功率因数和产电比等因素，停电损失每度电0.3元价格计算。则全变电站每年减少停电损失107.4万元。

综合以上分析，330kV变电站采用集成式隔离断路器优化主接线方案后，在等年值综合经济指标下，年均节省约50.1万元。按照40年投运时间计算，在全寿命周期内节省费用约2004万元，如表2－16所示。

表2－16　优化前后330kV变电站主接线经济指标　　单位：万元

方案描述	等年值静态投资差额	年均运行费用	年均可靠性成本	等年值综合指标	全寿命周期费用差
优化前（330－D－1）	0	0	0	0	0
优化后（330－D－X1）	81.8	－24.5	－107.4	－50.1	－2004

2.4 集成式隔离断路器试验与调试

集成式隔离断路器检测与试验包括型式试验、出厂试验、交接试验、检修试验（包括例行试验、诊断性试验）四项内容。集成式隔离断路器在国内尚属首批应用，缺乏足够经验借鉴，一次设备高度集成，与传统设备差异大，智能组件与一次设备融合，打破了现有的一、二次界限。新设备的结构组成、试验方法、运行操作、检修手段与现有设备差异明显。

目前，国家电网有限公司、中国电机工程学会等企业与机构组织相关单位，结合集成式隔离断路器的特殊结构、功能特点，制定和颁布了集成式隔离断路器的系列化检测试验标准，初步建立了集成式隔离断路器运维检修技术标准体系。

集成式隔离断路器在型式试验、出厂试验、交接试验、检修试验（包括例行试验、诊断性试验）等各阶段，具体检测与试验项目的要求存在差异。本书对集成式隔离断路器的检测与试验内容进行了整理与归纳，本体、操动机构、接地开关、电子式电流互感器（含合并单元）、智能组件试验项目如表 2－17～表 2－21 所示。各阶段的详细试验说明将在本章分别描述。

表 2－17　　隔离断路器本体试验项目

部件	项目	型式试验	出厂试验	交接试验	检修试验	
					例行试验	诊断性试验
隔离断路器本体	外观检查				√	
	绝缘电阻测量			√		√
	绝缘试验	√	√	√		√
	无线电干扰电压试验	√				
	主回路电阻测量	√	√	√	√	√
	短时耐受电流和峰值耐受电流试验	√				
	密封试验	√	√	√		√
	断路器基本短路试验方式 T100s（b）	√				
	端子静负载试验	√				
	组合功能试验	√				
	SF_6 气体湿度检测	√	√	√	√	
	SF_6 气体纯度（质量分数）检测	√	√	√		√
	SF_6 气体成分分析					√
	气体密度继电器校验	√	√	√	√	
	红外热像检测				√	
	复合绝缘子憎水性检测		√		√	

注　打“√”代表有此项目，空白代表无此项目，下同。

表 2－18　　隔离断路器操动机构试验项目

部件	项目	型式试验	出厂试验	交接试验	检修试验	
					例行试验	诊断性试验
隔离断路器操动机构	辅助和控制回路绝缘电阻测量	√	√	√	√	
	机械特性试验	√	√	√	√	
	机械操作试验	√	√	√	√	
	联闭锁检查	√	√	√	√	
	分合闸线圈直流电阻测量	√	√	√	√	
	例行检查和测试				√	

表 2-19　　接地开关试验项目

部件	项目	型式试验	出厂试验	交接试验	检修试验	
					例行试验	诊断性试验
接地开关	验证位置指示装置正确功能的试验	√				
	感应电流开合能力试验	√				
	短路关合能力试验（适用时）	√				
	回路电阻测量	√	√	√		√
	机械操作试验	√	√	√		
	辅助和控制回路绝缘电阻测量	√	√	√	√	
	例行检查和测试				√	

表 2-20　　电子式电流互感器（含合并单元）试验项目

部件	项目	型式试验	出厂试验	交接试验	检修试验	
					例行试验	诊断性试验
电子式电流互感器	外观检查				√	
	局放试验	√	√			
	保护用电子式电流互感器的补充准确度试验：暂态特性试验	√				
	振动试验	√	√	√		√
	准确度试验	√	√	√		
	系统测试	√	√	√		
	极性校验	√	√	√		
	电流比校核					√

表 2-21　　智能组件试验项目

部件	项目	型式试验	出厂试验	交接试验	检修试验	
					例行试验	诊断性试验
智能组件	机械状态监测 IED 性能试验	√	√	√	√	√
	SF_6 气体状态监测 IED 性能试验	√	√	√	√	√
	智能控制柜检查	√	√	√		
	智能控制柜试验	√	√	√		
	绝缘电阻测量	√	√	√		
	智能终端性能试验	√	√	√	√	

2.4.1 型式试验

1. 各元件型式试验要求

集成式隔离断路器由隔离断路器本体、接地开关、闭锁装置、电子式电流互感器、传感器、智能组件等几部分组成。每部分元件应首先通过各自的全部型式试验，其中，隔离断路器本体型式试验项目主要参照 GB/T 27747—2011《额定电压 72.5kV 及以上交流隔离断路器》中第 6 章；接地开关型式试验项目主要参照 GB 1985—2014《高压交流隔离开关和接地开关》中第 6 章；电子式电流互感器型式试验项目主要参照 GB/T 20840.8—2007《互感器　第 8 部分：电子式电流互感器》中第 8 章。

将隔离断路器本体、接地开关、电子式互感器各部分的型式试验项目进行对比，具体明细如表 2-22 所示。

表 2-22　　集成式隔离断路器各部分型式试验项目对比分析

序号	试验项目	隔离断路器本体	接地开关	闭锁装置	电子式互感器
1	工频耐受电压试验	√			√
2	雷电冲击耐受电压试验	√			√
3	截断雷电冲击试验				√
4	局放放电测量				√
5	辅助和控制回路绝缘电阻	√			√
6	无线电干扰电压（r.i.v.）试验	√			√
7	主回路电阻测量	√			
8	温升试验	√			√
9	短时耐受电流和峰值耐受电流试验	√	√		√
10	密封试验	√			√
11	防护等级的验证				√
12	机械特性试验	√			
13	机械寿命试验	√	√	√	
14	端子静负载试验	√			√
15	基本短路试验	√	√		
16	临界电流试验	√			
17	单相和异地接地故障试验	√			
18	近区故障试验	√			
19	失步关合和开断试验	√			
20	容性电流开合试验	√			√
21	感应电流开合能力试验		√		
22	验证位置指示装置正确功能的试验	√			
23	组合功能试验	√			

续表

序号	试验项目	隔离断路器本体	接地开关	闭锁装置	电子式互感器
24	整体功能联合调试试验	√	√	√	√
25	电磁兼容				√
26	准确度试验				√
27	振动试验				√
28	端子标志检验				√
29	数字量输出补充例行试验				√
30	故障自诊断试验				√
31	双电源供能可靠性试验				√
32	低温投切可靠性试验				√
33	MU 发送 SV 报文检验				√

其中对于隔离断路器本体，其型式试验主要参照 GB/T 27747—2011《额定电压72.5kV 及以上交流隔离断路器》，该标准描述了隔离断路器独立功能间相互作用的要求，明确了这些要求与分立的断路器和隔离开关的独立要求之间的差异。

隔离断路器的设计基于传统 SF_6 断路器，将隔离开关的功能集成至断路器的灭弧室内，当触头在分闸位置时，需实现隔离开关的功能。这意味着隔离断路器除要满足对断路器全部要求外，还需要进行附加的试验来验证装置是否满足隔离开关的相关要求。隔离开关的功能要求通过提高断路器动、静触头的绝缘水平来实现，动、静触头能够满足系统失步工频电压、操作冲击电压、雷电冲击电压等严格条件的考核。因此，隔离断路器本体部分，重点要求进行组合功能试验来验证隔离距离间的绝缘耐受能力。

组合功能试验是隔离断路器特定的型式试验要求，包括机械组合功能试验和短路组合功能试验，它们不是 GB 1984—2014《高压交流断路器》和 GB 1985—2014《高压隔离开关与接地开关》中规定的状态检查试验。试验目的是为了保证隔离断路器的隔离距离不仅在新的状态而且在运行中都应该满足绝缘要求。因此，在机械操作试验和规定的短路试验后，应该验证隔离距离间的绝缘耐受能力。

组合功能试验旨在验证隔离断路器在规定的机械和短路开断试验后能否完全保持分闸时触头间的绝缘性能，认为成功通过上述试验的隔离断路器能够耐受运行期间因触头磨损以及电弧开断产生的分解物及烧蚀，进而满足了隔离断路器绝缘方面的要求。

（1）机械组合功能试验。

在机械操作试验，即在隔离断路器通用的机械寿命试验完成后，增加了采用 100%的试验电压进行隔离断口的绝缘试验（额定短时工频耐受电压、额定操作冲击耐受电压、额定雷电冲击耐受电压），实现对隔离断路器机械寿命的考核。

（2）短路组合功能试验。

在隔离断路器通用的电寿命试验后，采用比断路器状态检查试验更高的电压（100%的试验电压）进行隔离断口的绝缘试验，实现对集成式隔离断路器电寿命的考核。

2. 总体型式试验方案

集成式隔离断路器各元件在完成各自型式试验基础上，还要求进行集成后的整体补充试验，以验证集成后整机性能。设备布置应模拟现场分布，试验前所有智能组件均处于正常运行状态。

（1）密封性试验。

试验要求：要求所有与气室密封有关的传感器安装就位，并检查与各气室的接口。

试验方法：参照 GB 1984—2014《高压交流断路器》中的 6.8 进行。

试验判据：传感器与各气室的接口应符合开关设备整体密封性要求，且传感器接口无异常。

（2）辅助和控制回路绝缘试验。

试验要求：

1）功能检查。

2）开关设备和控制设备的辅助和控制回路应该承受短时工频耐受电压试验：① 电压加在连接在一起的辅助和控制回路与开关装置的底架之间；② 如果可行，电压加在辅助和控制回路的每一部分（这部分在正常使用中与其他部分绝缘）与连接在一起并和底架相连的其他部分之间。

试验方法：试验时，电压加在辅助和控制回路与电源之间，以及与外壳之间。具体试验方法参照 GB 1984—2014《高压交流断路器》中的 6.2.10 进行。

试验判据：如果在每次试验中都未发生破坏性放电，则认为通过了试验。

（3）绝缘试验。

试验要求：整机试验，包含：① 检验传感单元对本体设备绝缘的影响；② 检验各传感单元及各 IED 耐受强电场的能力；③ 试验应按国家标准、电力行业标准等规定的最高参数进行，如表 2－23 所示。

表 2－23　集成式隔离断路器绝缘试验

额定电压（kV）（有效值）	额定短时工频耐受电压（kV）（有效值）		额定操作冲击耐受电压（kV）（峰值）		额定雷电冲击耐受电压（kV）（峰值）	
	相对地	断口（联合加压）	相对地	断口	相对地	断口（联合加压）
126	230	230（＋73）	—	—	550	550（＋103）
252	460	460（＋146）	—	—	1050	1050（＋206）
363	510	510（＋210）	950	950（＋295）	1175	1175（＋295）

试验包括：标准操作冲击试验、标准雷电冲击试验、额定短时（1min）工频试验。

试验判据：试验判据在满足 GB/T 11022—2011《高压开关设备和控制设备标准的共用技术要求》的基础上，还应满足如下：

1）试验过程中，电子式电流互感器线圈、采集器等均正常，不应损坏；

2）在试验过程中，实验室应监测电子式电流互感器输出信号，不允许出现通信中断、丢包、品质位改变、输出异常信号等故障。

（4）局放试验。

主要考核了隔离断路器中集成的光纤式电流互感器的局放水平，试验按 GB/T 20840.8—2007《互感器　第 8 部分：电子式电流互感器》的规定进行，试验过程中隔离断路器处于合闸状态。

（5）无线电干扰电压（r.i.v.）试验。

试验要求：整机试验。

具体试验方法参照 GB 1984—2014《高压交流断路器》中的 6.3 进行。试验应按国家标准、电力行业标准等规定的最高参数进行。在 1.1 倍相电压下，无线电干扰水平不大于 500μV。

试验判据：试验判据在满足 GB/T 11022—2011《高压开关设备和控制设备标准的共用技术要求》的基础上，还应满足：

1）试验过程中，电子式电流互感器线圈、采集器等均正常，不应损坏；

2）在试验过程中，实验室应监测电子式电流互感器输出信号，不允许出现通信中断、丢包、品质位改变、输出异常信号等故障。

（6）短时耐受电流和峰值耐受电流试验。

试验要求：整机试验，对主回路（集成安装电子式互感器）进行试验考核。

1）短时耐受电流试验。

具体试验方法参照 GB 1984—2014《高压交流断路器》中的 6.6 进行。

2）峰值耐受电流试验。

具体试验方法参照 GB 1984—2014《高压交流断路器》中的 6.6 进行。

试验应按国家标准、电力行业标准等规定的最高参数进行，如表 2－24 所示。

表 2－24　集成式隔离断路器本体短时耐受电流和峰值耐受电流水平

额定电压（kV）（有效值）	短时耐受电流试验		峰值耐受电流试验	
	试验电流（kA）	持续时间（s）	试验电流（kA）	持续时间（s）
126	40	3	100	0.3
252	50	3	125	0.3
363	50	3	125	0.3
363	63	3	160	0.3

试验判据：试验判据在满足 GB/T 11022—2011《高压开关设备和控制设备标准的共用技术要求》的基础上，还应满足：

1）试验过程中，电子式电流互感器线圈、采集器等均正常，不应损坏；

2）在试验过程中，实验室应监测电子式电流互感器输出信号，不允许出现通信中断、丢包、品质位改变、输出异常信号等故障。

（7）断路器基本短路试验方式 T100s。

试验要求：① 试验过程中开关的操作应由开关设备控制器发出信号；② 试验不考

核燃弧区间，只需按照标准操作循环进行有效的开断试验过程，仅进行一个操作循环，试验方法按 GB 1984—2014《高压交流断路器》的规定进行，试验应按国家标准、电力行业标准等规定的最高参数进行。

试验判据：① 试验过程中，开关设备控制器不能发生误动作，电子式电流互感器线圈、采集器等均正常，不应损坏；② 在试验过程中，实验室应监测电子式电流互感器输出信号，不允许出现通信中断、丢包、品质位改变、输出异常信号等故障。

（8）接地开关感应电流开合能力试验。

试验要求：整机试验，试验中接地开关静触头应布置在隔离断路器的出线端子上。

1）接地开关开合电磁感应电流试验。

具体试验方法参照 GB 1985—2014《高压交流隔离开关和接地开关》中的 6.107 进行。

2）接地开关开合静电感应电流试验。

具体试验方法参照 GB 1985—2014《高压交流隔离开关和接地开关》中的 6.107 进行。

每一个静电感应电流和电磁感应电流关合和开断试验应进行 10 次关合、开断操作循环。试验应按国家标准、电力行业标准等规定的最高参数进行，如表 2－25 所示。

表 2－25　集成式隔离断路器接地开关的额定感应电流和额定感应电压的标准值

额定电压（kV）（有效值）	电磁耦合				静电耦合			
	额定感应电流（A）（有效值）		额定感应电压（kV）（有效值）		额定感应电流（A）（有效值）		额定感应电压（kV）（有效值）	
	A 类	B 类	A 类	B 类	A 类	B 类	A 类	B 类
126	50	100	0.5	6	0.4	5	3	6
252	80	160	1.4	15	1.25	10	5	15
363	80	200	2	22	1.25	18	5	22

试验判据：试验判据在满足 GB/T 11022—2011《高压开关设备和控制设备标准的共用技术要求》的基础上，还应满足如下：① 试验过程中，电子式电流互感器线圈、采集器等均正常，不应损坏；② 在试验过程中，实验室应监测电子式电流互感器输出信号，不允许出现通信中断、丢包、品质位改变、输出异常信号等故障。

（9）端子静负载试验。

具体试验方法参照 GB 1984—2014《高压交流断路器》中的 6.101.6 进行。集成式隔离断路器端子静负载试验的静态水平力和垂直力参数参照 GB/T 27747—2011《额定电压 72.5kV 及以上交流隔离断路器》。

（10）验证位置指示装置正确功能的试验。

具体试验方法参照 GB/T 27747—2011《额定电压 72.5kV 及以上交流隔离断路器》中的 6.113 进行。验证位置指示装置在最大受力情况下，没有不正确指示的永久变形。

（11）机械寿命。

试验要求：

1）智能控制柜与断路器共用同一支架时，均应随断路器同时进行机械寿命试验，试验方法按 GB 1984—2014《高压交流断路器》的规定进行。智能组件应保持通电状态。

2）进行机械寿命试验，同时用机械特性测试仪和监测 IED 对机械行程特性曲线进行测量，每完成 1000 次机械操作后进行机械特性测试。

试验判据：试验判据在满足 GB 1984—2014《高压交流断路器》的基础上，还应满足：

1）各项试验期间及试验后的样机内智能元器件应安装可靠、无松动、无损坏。试验前、后应进行测试，机械特性监测 IED 应能满足其要求。

2）机械寿命试验前，机械操作 3000 次后，机械寿命试验后都应进行电子式互感器与隔离断路器机械耦联振动试验。具体试验方法参照 GB/T 20840.8—2007《互感器　第 8 部分：电子式电流互感器》中 8.13.4.2、8.13.4.3 进行。

（12）短时电流期间的一次部件振动试验。

本试验是在短时电流电磁力造成母线振动时，确定受振动的电子式电流互感器是否能正确运行。

本试验可与短时电流试验同时进行，在断路器最后一次分闸经 5ms 后，在额定频率一个周期计算出的电子式电流互感器二次输出信号方均根值，应不超过额定二次输出的 3%。

（13）一次部件与断路器机械耦联时的操作期间振动试验。

本试验是确定电子式电流互感器在断路器操作造成的振动下是否能正确运行，具体试验方法参照 GB/T 20840.8—2007《互感器　第 8 部分：电子式电流互感器》中 8.13.4.2 进行。试验要求：

1）智能控制柜与断路器共用同一支架时，均应随断路器同时进行本试验，智能组件应保持通电状态。

2）断路器应做无电流操作一个工作循环（分—合—分）。

在断路器最后一次分闸经 5ms 后，在额定频率一个周期计算出的电子式电流互感器二次输出信号方均根值，不超过额定二次输出的 3%。

（14）一次部件与断路器机械耦联时的振动疲劳试验。

具体试验方法参照 GB/T 20840.8—2007《互感器　第 8 部分：电子式电流互感器》中 8.13.4.3 进行。

试验要求：

1）智能控制柜与断路器共用同一支架时，均应随断路器同时进行本试验，智能组件应保持通电状态。

2）本试验应在断路器机械操作试验前、无一次电流的情况下操作 3000 次后、机械寿命试验后进行本试验。

试验判据：

1）各项试验期间及试验后的样机内智能元器件应安装可靠、无松动、无损坏。

2）电子式电流互感器应在断路器机械操作试验前、无一次电流的情况下操作 3000次后、机械寿命试验后测量额定电流下的准确度。试验后电子式电流互感器的误差与试验前的差异，应不超过其准确级相应误差限制的一半。

（15）保护用电子式电流互感器的补充准确度试验：暂态特性试验。

具体试验方法参照 GB/T 20840.8—2007《互感器　第 8 部分：电子式电流互感器》中 8.10.2 进行。为验证是否满足 GB/T 20840.8—2007《互感器　第 8 部分：电子式电流互感器》中表 20 所列准确限制条件下达到 100ms 和/或 50ms 的瞬时误差限值，应采用直接法试验，试验时一次端子通过 GB/T 20840.8—2007《互感器　第 8 部分：电子式电流互感器》中 3.3.11 定义的暂态电流，在额定一次短路电流、额定一次时间常数和额定工作循环下进行，其中电流互感器样品额定电流为 2000A，对称短路电流倍数为 30 倍，额定一次时间常数为 120ms。

（16）整体功能联合调试试验。

处于整体联调状态时，所有传感器和智能组件应已安装完毕，设备布置应模拟现场分布，智能控制柜与开关本体距离不远于现场情况，应采用单独电源和接地。试验前所有智能组件均处于正常运行状态。在联调试验期间，测量 IED、监测 IED 至少采集一组完整的数据，并完成一次完整的信息交互流程，要求信息交互功能正常、监测参量的技术指标符合 Q/GDW Z 410—2010《高压设备智能化技术导则》要求。在联调试验期间，开关设备控制器应能接收站控层模拟系统发送的所有控制指令，并成功控制受控组（部）件的操动或运行、正确反馈控制状态。整体联合调试具体试验要求如下：

1）机械状态监测 IED 性能检测。

利用准确的机械特性仪与机械特性 IED 同时监测试品操作，操作顺序为 5 个分—合—分、5 个分、5 个合，要求开关设备控制器能正确接收、执行控制指令并反馈控制状态，每次操作机械特性 IED 与机械特性仪误差应满足：

a）分合闸线圈电流峰值测量误差不大于±5%；

b）分、合闸时间的测量误差不大于 1ms，行程的测量误差不大于 1%；

c）储能时间的测量误差不大于 0.5s。

该项试验可在机械寿命试验中或者试验后进行，但机械寿命试验后必须进行。

2）SF_6 气体状态 IED 性能检测。

利用标准的 SF_6 密度测试仪与 SF_6 气体状态 IED 同时监测 SF_6 气体状态，充入额定气体压力 30min 后开始测试，每个传感器检测 1 次，SF_6 气体状态 IED 误差不大于 2.5%。

3）开关设备控制器性能检测。

由上级系统分别对开关设备控制器采用光缆或电缆两种传输方式发出开关操作信号，开关设备控制器应能接收测控装置和保护装置的指令，对开关设备发出分、合闸操作指令，并对开关设备相关参量进行测量，其上传测控装置的信号应与外部开入状态信号相一致。操作顺序为 3 次分、3 次合、3 次分—合—分。

（17）组合功能试验。

具体试验方法参照 GB/T 27747—2011《额定电压 72.5kV 及以上交流隔离断路器》

中的6.114进行。对于E2级的集成式隔离断路器，试验按照DL/T 402—2016《高压交流断路器》中的6.112进行。具体要求如下：

应按表2-26及其规定的次序进行，作为对DL/T 402—2016中6.106基本短路试验方式补充的电寿命试验，而且不应进行中间检修。

1）开断总次数原则上不低于20次；

2）序号1中的2个操作循环分别在电寿命的开始和最后进行，且试验过程中必须施加100%恢复电压；

3）试验过程中，开关设备控制器不能发生误动作，电子式电流互感器线圈、采集器等均正常，不应损坏；

4）在试验过程中，实验室应监测电子式电流互感器输出信号，不允许出现通信中断、丢包、品质位改变、输出异常信号等故障。

表2-26　用于自动重合闸方式各电压等级的E2级集成式隔离断路器额定短路电流电寿命试验的操作顺序

序号	开断电流百分比（%）	操作顺序	操作次数
1	100	O-0.3s-CO-3min-CO	2
2	100	O	13
3	100	CO	11

额定短路开断电流的开断次数（括号内数值仅适用于SF_6断路器）：
(a) 额定短路开断电流为20kA及以下时，其开断次数由下列数值中选取：(16)、(20)、30、50、75、100次；
(b) 额定短路开断电流为25～31.5kA时，其开断次数由下列数值中选取：(12)、(16)、20、30、50、75、100次；
(c) 额定短路开断电流为40～63kA时，其开断次数由下列数值中选取：8、12、16、20次

注 1. 所列操作顺序个数是按额定短路开断电流的开断总次数为30次确定的，当额定短路开断电流的开断总次数不是30次时，依比例确定序号2、3的试验次数。
2. 序号1中的1个操作顺序，应留在电寿命试验的最后进行

2.4.2 出厂试验

1. 出厂试验要求

出厂试验应在制造厂对每一个间隔进行。根据试验的性质，某些试验可以在元件、运输单元上进行。出厂试验保证产品与进行过型式试验的设备一致。

集成式隔离断路器出厂试验除了传统断路器的出厂试验外，还应包含接地开关、电子式电流互感器和智能组件的出厂试验。智能组件包含合并单元、智能终端、传感器等，其出厂试验必须全部组装在开关设备上进行。与传统断路器、接地开关的出厂试验项目相比，集成式隔离断路器还需要增设如表2-27所示出厂试验项目。

表2-27　集成式隔离断路器特殊出厂试验项目

试验元件	试验名称
隔离断路器	智能组件联合调试试验
电子式电流互感器	准确度试验
	低压器件的工频耐压试验

续表

试验元件	试验名称
电子式电流互感器	一次端的工频耐压试验
	电容量和介质损耗因数测量
智能组件	绝缘性能试验

电子式电流互感器应由互感器厂家进行全部准确度试验并出具完整的试验报告，报告还应包含对应合并单元功能及通信验证。

智能控制柜作为智能组件的集成整体应进行出厂试验验证智能组件的基本功能，包含智能终端远控操作功能、机械特性和 SF_6 气体在线监测功能等。作为出厂试验的一部分，智能组件还应该运送到二次集成商进行整站二次系统联调实验，确保设备到达现场前经过充分的测试和验证，各设备装置之间通信畅通、设置正确。

2. 出厂试验检验项目

集成式隔离断路器典型出厂试验项目分为隔离断路器本体以及各元件的出厂试验，包括操动机构、接地开关、闭锁装置、电子式电流互感器、状态监测 IED、开关设备控制器、智能控制柜等部分。

（1）隔离断路器本体出厂试验检验项目包括整体外观检查、主回路电阻测量、气密性试验、SF_6气体水分含量测定、绝缘试验、SF_6密度控制器测试等，如表 2－28 所示。但具体工程中设备的技术指标和技术要求，应以招标技术协议及各厂家的产品技术要求为准。

表 2－28　集成式隔离断路器整体出厂试验检验项目

序号	检验项目	技术要求	检验条件及方法
1	整体外观检查	（1）确认产品装配检查卡； （2）产品整体外观完整、无缺陷，机构、LCP 柜门、玻璃、门限位完好，柜门接地线、柜体接地线完整、门锁灵活、无卡滞； （3）产品型号及外形尺寸符合要求，户外符合技术规范要求，着漆颜色正确，漆层无划痕、脱落； （4）智能元件及传感器组装完整，外观符合图纸，表面无划痕、磕伤，尺寸正确； （5）智能元件及传感器安装螺钉紧固可靠、运动部件无卡滞、无松动，不干涉其他元件； （6）各操作开关和铭牌安装牢固； （7）铭牌内容完整、准确、字迹清楚，符合图纸要求；额定参数要符合技术文件的要求； （8）接线正确、可靠，符合图纸要求； （9）电子式互感器要求与一次产品对接可靠，采集器、合并单元、光纤绝缘子安装完整； （10）各密封部位密封符合图样要求	按图样、文件检查
2	主回路电阻测量	满足产品技术要求	（1）按 GB 1984—2014《高压交流断路器》进行； （2）直流压降法； （3）直流电源，测量电流不小于 100A

续表

序号	检验项目		技术要求	检验条件及方法
3	气密性试验		SF_6气体年漏气率不大于1%	（1）SF_6气体符合GB/T 12022—2014《工业六氟化硫》； （2）按GB/T 11023—1989《高压开关设备六氟化硫气体密封试验方法》进行； （3）隔离断路器内充额定压力； （4）用塑料薄膜包封密封部位，过24h后，用SF_6气体检漏仪测量包容区的SF_6气体含量； （5）判定年漏气率； （6）机械操作后进行
4	SF_6气体水分含量测定		充入SF_6气体在24h后，测量隔离断路器气室不大于150μL/L	（1）充入SF_6气体符合GB/T 12022—2014《工业六氟化硫》； （2）隔离断路器内充额定压力； （3）按GB/T 8905—2012《六氟化硫电气设备中气体管理和检测导则》进行； （4）机械操作后进行
5	绝缘试验	主回路	绝缘电阻不小于1000MΩ	用2000V兆欧表测主回路对地的绝缘电阻
			短时工频耐受电压： （1）对地、相间1min； （2）断口间1min	（1）按GB 1984—2014《高压交流断路器》、GB 311.1—2012《绝缘配合　第1部分：定义、原则和规则》及GB/T 16927.1—2011《高电压试验技术　第1部分：一般定义及试验要求》进行； （2）隔离断路器内充闭锁压力
		辅助回路和控制回路	绝缘电阻不小于2MΩ	用500V兆欧表测量各回路对地的绝缘电阻
			短时工频耐受电压：2kV，1min	按GB/T 11022—2011《高压开关设备和控制设备标准的共用技术要求》进行
6	SF_6密度控制器测试，MPa			（1）缓慢释放气体，测量有关接点动作值；然后缓慢充气，测量复位值。 （2）指示灯
	补气报警压力		满足产品技术要求	
	闭锁报警压力		满足产品技术要求	

（2）隔离断路器操动机构出厂试验检验项目包括装配质量检查、机械试验、机械操作试验，如表2－29所示。

表2－29　　隔离断路器操动机构出厂试验检验项目

序号	检验项目		技术要求	检验条件及方法
1	装配质量检查	行程测量，mm		
		灭弧室行程	满足产品技术要求	校验灯 直尺 深度尺
		灭弧室接触行程		
		机构行程		
		电磁铁配合尺寸检查，mm		
		分闸电磁铁	满足产品技术要求	塞尺、塞规 合闸电磁铁分闸电磁铁
		合闸电磁铁	满足产品技术要求	

续表

序号	检验项目		技术要求			检验条件及方法
1	装配质量检查	机构凸轮与拐臂滚轮的间隙检查，mm	满足产品技术要求	断路器处于分闸状态，合闸弹簧贮能，测量时安装合闸防跳销		塞尺
		合闸弹簧调整检查	合闸弹簧定位法兰端面距定杆端面	断路器处于分闸状态，合闸弹簧已释能		直尺、深度尺
2	机械试验					
	机械特性					
	项目	控制电压				
2.1	分闸特性	100%U_r	分闸时间，ms		满足产品技术要求	机械特性测试仪、测速器
			平均分闸速度，m/s			
			分闸同期，ms			
		120%U_r	分闸时间，ms			
		65%U_r	分闸时间，ms			
2.2	合闸特性	100%U_r	合闸时间，ms		满足产品技术要求	
			平均合闸速度，m/s			
			合闸同期，ms			
		110%U_r	合闸时间，ms			
		80%U_r	合闸时间，ms			
2.3	合分特性	100%U_a	合闸时间，ms		满足产品技术要求	
			平均合闸速度，m/s			
			合分时间，ms			
			分闸时间，ms			
			平均分闸速度，m/s			
		110%U_a	合闸时间，ms			
			分闸时间，ms			
		80%U_a	合闸时间，ms			
			分闸时间，ms			
2.4	重合闸特性分—0.3s—合分	100%U_r	第一分闸时间，ms		满足产品技术要求	
			第一分闸速度，m/s			
			分合时间，ms			
			合闸时间，ms			
			合闸速度，m/s			
			第二分闸时间，ms			
			第二分闸速度，m/s			
3	机械操作试验	测试项目	操作次数	操作电压	动作要求	
3.1	手动慢分、慢合	手动慢分	5 次	无	灵活	
		手动慢合	5 次	无	灵活	

续表

序号	检验项目		技术要求			检验条件及方法
3.2	额定操作电压下的操作	重合闸	5次	100%Ur	正确可靠动作	（1）机械特性测试仪、测速器。 （2）由机械特性仪完成相关操作后，在智能控制柜上再进行5次额定操作电压下的分、合及重合闸操作，保证二次接线正确，动作正常，控制状态反馈正确
		分	30次	100%Ur		
		合	30次	100%Ur		
3.3	最低操作电压下的操作	分	5次	65%Ur		
		合	5次	80%Ur		
3.4	最高操作电压下的操作	分	5次	120%Ur		
		合	5次	110%Ur		
3.5	30%额定操作电压分		3次	30%Ur	不能动作	
3.6	防跳跃试验		3次		可靠	

（3）接地开关出厂试验检验项目包括装配质量检查、机械操作试验，如表2－30所示。

表2－30　　接地开关出厂试验检验项目

序号	检验项目		技术要求	检验条件及方法
1	装配质量检查	导电闸刀、触头装配检查	（1）组装后的导电部件所有固定接触处应紧固，所有传动、转动部分应灵活，无卡滞现象，润滑部位均应按规定润滑； （2）接地静触头装配后其触片应平整，长短一致，弹簧无卡滞现象	（1）手摇操作手柄； （2）目视； （3）操作
		传动系统装配检查	传动系统中各关节轴承转动灵活，传动连杆及垂直连杆定位正确，无卡滞现象，所有螺栓、框架固定环必须紧固牢靠	（1）手摇操作手柄； （2）目视； （3）操作
2		总装检查	在分装检查合格后，按总装图进行总装调试后，产品机械特性满足以下要求： （1）动触头与接地静触头接触良好，保证所有触片的接触点完全接触，且塞尺不允许通过； （2）手动分、合各操作5次，机构达到终点位置时导电闸刀分、合闸位置正确无误，动作平稳； （3）在手动分合闸操作时，三相同期性≤20mm	（1）按总装图要求将接地开关与隔离断路器本体连接； （2）塞尺、直尺、手摇操作手柄
3	机械操作试验		（1）接地开关操作机构由控制台进行总计70次分、合闸操作，其中在额定操作电压下分、合操作各50次；在额定电压的85%和110%下分、合闸操作各10次； （2）在智能控制柜上需要进行5次额定操作电压下分、合操作，保证二次接线正确，控制状态反馈正确； （3）接地开关每次分、合操作位置无误，分、合正常，机构中辅助开关、行程开关切换正确	（1）按GB 7674—2008《额定电压72.5kV及以上气体绝缘金属封闭开关设备》、GB 3309—1989《高压开关设备常温下的机械试验》、GB 1985—2014《高压交流隔离开关和接地开关》进行试验； （2）按照接线原理图要求，将接地开关操作机构电源及控制回路与智能控制柜连接； （3）被试开关配电动操作机构进行试验

（4）闭锁装置出厂检验项目包括电气联锁检查试验，隔离断路器、接地开关与闭锁机构检验，如表2－31所示。

表 2-31 闭锁装置出厂检验项目

序号	检验项目	技术要求	检验条件及方法
1	电气联锁	（1）所有电气联锁应符合图样要求； （2）试验 5 次； （3）电动操作时在智能控制柜上进行	（1）按 GB 1984—2014《高压交流断路器》进行，所有联锁的元件，应进行 5 个操作循环； （2）操作电压为 85%的额定电源电压； （3）当隔离断路器和接地开关处于分闸位置，启动闭锁装置，机械性地将隔离断路器闭锁在分闸位置，此时手动或者电动操作隔离断路器，都不可能合闸； （4）隔离断路器合闸时接地开关闭锁装置自动启动，当隔离断路器合闸时，手动或电动操作接地开关，都不可能合闸
2	隔离断路器、接地开关与闭锁机构检验	（1）在智能控制柜上进行； （2）闭锁机构二次接线正确无误，动作良好，无卡滞现象； （3）在额定操作电压下闭锁装置闭锁位置和解锁位置各操作 3 次； （4）每次操作隔离断路器、接地开关与闭锁机构的联锁位置无误	（1）闭锁装置在闭锁位置时，隔离断路器不能合闸； （2）闭锁装置在解锁位置时，接地开关不能合闸

（5）电子式电流互感器出厂检验项目包括端子标志检查、电子式电流互感器准确度试验、电子式互感器系统测试，如表 2-32 所示。

表 2-32 电子式电流互感器出厂检验项目

序号	检验项目	技术要求	检验条件及方法
1	端子标志检查	（1）主接线图应在一次本体相应位置标识 P1、P2，标志应清晰和牢固地标在其表面或近旁处； （2）P1 的端子是正极性时（负极性时），帧中的对应值为其 MSB 等于 0（等于 1）	（1）光纤两端应标出易于识别的编码或颜色； （2）按 GB/T 20840.8—2007《互感器 第 8 部分：电子式电流互感器》检查电子式电流互感器的铭牌标志； （3）通过目视检查 P1、P2 标识是否清晰、牢固地标在隔离断路器表面或近旁处； （4）将标准电流源的 P1 端接入隔离断路器的进线侧，P2 端接入隔离断路器的出线侧；注意标准电流互感器的极性与被试品的极性一致； （5）将合并单元光以太网接口和同步信号接口通过光纤与电子式互感器校验仪正确连接；标准电流互感器的输出通过电缆接入电子式互感器校验仪的标准电流输入端，连接时注意极性及额定二次输出电流
2	电子式电流互感器准确度试验	测量级：0.2S 保护级：5TPE	（1）标准电流互感器、电子互感器校验仪、合并单元； （2）标准互感器、合并单元、电子互感器校验仪按 GB/T 20840.8—2007《互感器 第 8 部分：电子式电流互感器》进行； （3）检查合并单元、采集器、互感器校验仪连接线正确后，升至额定一次电流时，通过电子式互感器校验仪检查标准电流互感器的输出波形与电子式互感器的输出波形是否同相
3	电子式互感器系统测试	能正确采集电流信号，信号传输正确	

（6）状态监测 IED 出厂检验项目包括机械状态监测 IED 性能试验、SF_6 气体状态监

测测试试验，如表 2－33 所示。

表 2－33　　智能隔离断路器状态监测 IED 出厂检验项目

序号	检验项目	技术要求	检验条件及方法
1	机械状态监测 IED 性能试验	（1）分合闸线圈电流峰值误差≤5%； （2）分合闸时间误差≤1ms； （3）行程测量误差≤1%； （4）储能时间测量误差≤0.5s	利用准确的机械特性仪与机械特性 IED 同时监测操作，操作顺序为 5 个分—合—分、5 个分、5 个合
2	SF_6 气体状态监测测试试验	压力误差≤2.5%（20℃时）	利用标准的 SF_6 密度测试仪与 SF_6 状态 IED 同时监测 SF_6 气体状态，充入额定气体压力 30min 后开始测试

（7）开关设备控制器出厂检验项目主要包括开关设备控制器功能测试，如表 2－34 所示。

表 2－34　　开关设备控制器出厂检验项目

序号	检验项目	技术要求	检验条件及方法
1	开关设备控制器功能测试	（1）接受测控装置指令； （2）接受继电保护指令； （3）反馈控制状态	（1）测控装置与隔离断路器、接地开关控制线连接后，进行分、合闸操作； （2）控制准确； （3）控制状态反馈正确； （4）无误动、误报，联闭锁功能正常（如有要求）

（8）智能控制柜出厂检验项目包括智能控制柜检查、智能控制柜试验，如表 2－35 所示。

表 2－35　　智能控制柜出厂检验项目

序号	检验项目	技术要求	检验条件及方法
1	智能控制柜检查	（1）智能元件组装完整，二次元件安装齐全，无缺件，规格、型号供应商符合图纸要求；元件标签齐全；安装位置符合布置图。 （2）端子排布置符合布置图，端子排上的字号清晰，符合接线图。 （3）二次接线符合接线图，路径合理美观，无其他干涉，接线牢靠、可靠。线号清晰，端子压接牢靠；电线和金属之间有防护，短连片安装符合图纸要求，线径、颜色符合图纸要求	按图样和文件技术要求
2	智能控制柜试验	控制回路绝缘电阻≥2MΩ。 辅助回路和控制回路工频绝缘试验 2kV，1min，无闪络。 集中操作时在柜上操动隔离断路器、接地开关、闭锁装置，分、合闸指示灯指示正确，指示回路位置、状态应与开关实际位置、状态相符；各操作机构动作灵活、正确。 电气联锁试验符合工程联锁要求。 温控器测试能够启动，加热器加热。 交流回路通电试验正常。 就地远方开关位置符合要求。 依据二次回路原理图，逐个回路进行检验，对检验合格的回路在原理图上用红色笔涂覆记录	按图样及文件要求进行

2.4.3 交接试验

根据 GB 50150—2016《电气装置安装工程电气设备交接试验标准》，传统 SF_6 断路器的交接试验包括：测量绝缘电阻，测量每相导电回路的电阻，交流耐压试验，断路器均压电容器的试验，测量断路器的分、合闸时间，测量断路器的分、合闸速度，测量断路器主、辅触头分、合闸的同期性及配合时间，测量断路器合闸电阻的投入时间及电阻值，测量断路器分、合闸线圈绝缘电阻及直流电阻，断路器操作机构的试验，套管式电流互感器的试验，测量断路器内 SF_6 气体的含水量，密封性试验，气体密度继电器、压力表和压力动作阀的检查等各项试验项目。

集成式隔离断路器现场交接试验应按照完整设备形态进行，所有传感器、智能组件及相关元器件应安装完毕。交接试验过程中所有智能组件均处于正常运行状态。

1. 隔离断路器本体试验项目

隔离断路器本体试验项目基于传统 SF_6 断路器，主要区别体现在交流耐压试验中，一是同时考核电子式电流互感器的绝缘状态，并监测电子式电流互感器输出信号，不允许出现通信中断、丢包、品质位改变、输出异常信号等故障；二是将断口耐压试验列为强制性试验要求，考核设备运输及安装后的断口绝缘隔离功能。具体包括本体试验项目、绝缘电阻测量、主回路电阻测量、交流耐压试验、SF_6 气体湿度检测、SF_6 气体纯度（质量分数）检测、气体密封性试验、气体密度继电器检查，如表 2－36 所示。

表 2－36　隔离断路器本体试验项目及要求

试验项目	要求	说明条款
绝缘电阻测量	符合设备技术文件要求	交流耐压试验前进行本项目。采用量程不低于 2500V 兆欧表测量
主回路电阻测量	不大于出厂值的 1.2 倍	在隔离断路器合闸状态下，测量进、出线之间的主回路电阻。测量电流可取 100A 到额定电流之间的任一值，试验方法参考 GB/T 11022—2011《高压开关设备和控制设备标准的共用技术要求》
交流耐压试验	在满足 GB/T 11022—2011《高压开关设备和控制设备标准的共用技术要求》的基础上，还应满足： （1）试验过程中，电子式电流互感器线圈、采集器等不应损坏； （2）试验过程中，应监测电子式电流互感器输出信号，不允许出现通信中断、丢包、品质位改变、输出异常信号等故障	包括相对地（隔离断路器合闸状态）和断口间（隔离断路器分闸状态，接地开关分闸状态）两种耐压试验。试验在额定充气压力下进行，试验电压为出厂试验值的 80%，耐压时间为 60s，试验方法参考 GB/T 11022—2011《高压开关设备和控制设备标准的共用技术要求》
SF_6 气体湿度检测	≤150μL/L	应在隔离断路器充气后，静置 24h 进行。试验方法参考 GB/T 12022—2014《工业六氟化硫》
SF_6 气体纯度（质量分数）检测	≥99.8%	应在隔离断路器充气后，静置 24h，与 SF_6 气体湿度检测一并进行。试验方法参考 GB/T 12022—2014《工业六氟化硫》
气体密封性试验	≤0.5%/年或符合设备技术文件要求	应在隔离断路器充气 24h 后进行。试验方法参考 GB/T 11023—1989《高压开关设备六氟化硫气体密封试验方法》
气体密度继电器检查	符合设备技术文件要求	—

2. 隔离断路器操作机构试验

隔离断路器操作机构试验项目包括机械特性试验、机械操作试验、联闭锁检查、分合闸线圈直流电阻测量、辅助和控制回路绝缘电阻测量，除联闭锁检查项目外，其余项目及要求与传统断路器基本相同，如表 2－37 所示。

表 2－37　　断路器操作机构试验项目及要求

试验项目	要求	说明条款
机械特性试验	（1）合、分闸时间，各分闸不同期满足技术文件要求且没有明显变化，除有特别要求的之外： 相间合闸不同期≤5ms，相间分闸不同期≤3ms，同相各断口合闸不同期≤3ms，同相各断口分闸不同期≤2ms； （2）合—分时间≤60ms； （3）操作机构辅助开关的转换时间与主触头动作时间之间的配合试验检查正常； （4）行程曲线符合厂家标准曲线要求	试验在额定充气压力，且操作机构处于额定电压、额定压力状态下进行。合、分指示应正确，辅助开关动作正确
机械操作试验	（1）并联合闸脱扣器在合闸装置额定电源电压 85%～110%范围内，应可靠动作； （2）并联分闸脱扣器在分闸装置额定电源电压 65%～110%（直流）或 85%～110%（交流）范围内，应可靠动作； （3）当电源电压低于额定电压的30%时或符合厂家规定值时，脱扣器不应脱扣； （4）防跳跃试验； （5）非全相合闸试验（分相操作机构）	试验在额定充气压力下进行。 对于液压操作机构，还应进行下列各项检查或试验，结果均应符合设备技术文件要求： 机构压力表、机构操作压力整定值和机械安全阀校验； 分闸、合闸及重合闸操作时的压力下降值； 在分闸和合闸位置分别进行液压操作机构的泄漏试验； 防失压慢分试验； 氮气储压筒预充压力值校验； 油泵补压及零起打压的运转时间
联闭锁检查	机械闭锁、电气互锁功能正常	联闭锁检查应开展以下内容： （1）隔离闭锁装置对隔离断路器合闸的闭锁：当隔离断路器和接地开关处于分闸位置，投入隔离闭锁装置，检查隔离闭锁装置是否将隔离断路器正确闭锁在分闸位置，远方、就地操作隔离断路器，隔离断路器均不能合闸。 （2）隔离断路器合闸对接地开关合闸的闭锁：当隔离断路器处于合闸位置时，远方、就地操作接地开关，接地开关均不能合闸。 （3）接地开关合闸对隔离断路器合闸的闭锁：当接地开关处于合闸位置时，远方、就地操作隔离断路器，隔离断路器均不能合闸。 （4）接地开关合闸对隔离闭锁装置退出的闭锁：当接地开关处于合闸位置时，远方、就地操作隔离闭锁装置，隔离闭锁装置均不能退出。 （5）隔离断路器合闸对隔离闭锁装置投入的闭锁：当隔离断路器处于合闸位置时，远方、就地操作隔离闭锁装置，隔离闭锁装置均不能投入。 （6）隔离闭锁装置未投入对接地开关合闸的闭锁：当隔离断路器处于分闸位置时，隔离闭锁装置未投入，远方、就地操作接地开关，接地开关均不能合闸
分合闸线圈直流电阻测量	应符合设备技术文件要求，无明确要求时，与出厂值偏差不超过±5%作为判据	—
辅助和控制回路绝缘电阻测量	＞10MΩ	采用 2500V 兆欧表测量

3. 接地开关试验

接地开关的交接试验包括接地开关回路电阻测量、机械操作试验辅助和控制回路绝缘电阻测量，满足接地开关要求即可，无特殊要求，如表 2－38 所示。

表 2－38　　接地开关试验项目及要求

试验项目	要求	说明条款
接地开关回路电阻测量	不大于出厂值的 1.2 倍	在接地开关合闸状态下测量。测量电流可取 100A 到额定电流之间的任一值，试验方法参考 GB/T 11022—2011《高压开关设备和控制设备标准的共用技术要求》
机械操作试验	（1）线圈最低动作电压符合设备技术文件要求； （2）当电机电压在额定电压 80%～110%范围内，应可靠动作	—
辅助和控制回路绝缘电阻测量	＞10MΩ	采用 2500V 兆欧表测量

4. 电子式电流互感器（含合并单元）试验

电子式电流互感器（含合并单元）的交接试验包括交流耐压试验、极性校验、误差试验、一次部件与断路器机械耦联时的操作期间振动试验。电子式电流互感器需与本体一并进行交流耐压试验，同时开展一次部件与断路器机械耦联时的操作期间振动试验，确认集成式电子电流互感器的设备性能不受断路器的操作振动影响，如表 2－39 所示。

表 2－39　　电子式电流互感器（含合并单元）试验及要求

试验项目	要求	说明条款
交流耐压试验	在满足 GB/T 11022—2011《高压开关设备和控制设备标准的共用技术要求》的基础上，还应满足如下： （1）试验过程中，电子式电流互感器线圈、采集器等不应损坏； （2）试验过程中，应监测电子式电流互感器输出信号，不允许出现通信中断、丢包、品质位改变、输出异常信号等故障	对于隔离断路器集成电子式电流互感器结构，电子式电流互感器的交流耐压试验与隔离断路器本体同时进行，试验要求见表 2－36。 对于独立式电子式电流互感器结构，试验方法参考 GB/T 20840.8—2007《互感器　第 8 部分：电子式电流互感器》
极性校验	极性与设备铭牌相同，极性正确	试验方法参考 Q/GDW 690—2011《电子式互感器现场校验规范》
误差试验	误差等级满足 GB/T 20840.8—2007《互感器　第 8 部分：电子式电流互感器》中测量、保护要求	试验方法参考 GB/T 20840.8—2007《互感器　第 8 部分：电子式电流互感器》，对相同互感器的型式试验证实了减少测试点仍符合所规定准确级要求，则允许在试验中减少电流测试点
一次部件与断路器机械耦联时的操作期间振动试验	满足 GB/T 20840.8—2007《互感器　第 8 部分：电子式电流互感器》要求	隔离断路器应作无电流操作一个工作循环（分—合—分）。在断路器最后一次分闸经 5ms 后，在额定频率一个周期计算出的电子式电流互感器二次输出信号方均根值，不超过额定二次输出的 3%。试验方法参考 GB/T 20840.8—2007《互感器　第 8 部分：电子式电流互感器》

5. 智能组件试验

智能组件的交接试验包括绝缘电阻测量、机械状态监测 IED 性能试验、SF_6 气体状态监测 IED 性能试验、智能终端性能试验，除开展绝缘电阻测量外，还需对状态监测 IED

的测量参数误差进行检测，并对智能终端开展性能试验，如表 2－40 所示。

表 2－40　　智能组件试验项目及要求

试验项目	要求	说明条款
绝缘电阻测量	≥5MΩ	IED 回路额定电压大于 60V 时，用 500V 兆欧表测量；额定电压小于或等于 60V 时，用 250V 兆欧表测量。施加电压时间不小于 5s
机械状态监测 IED 性能试验	智能终端能正确接收、执行控制指令、反馈控制状态，每次操作机械特性 IED 与机械特性仪误差应满足： （1）分合闸线圈电流峰值误差≤5%； （2）分合闸时间误差≤1ms； （3）行程测量误差≤1%； （4）储能时间测量误差≤0.5s	利用准确的机械特性仪与机械特性 IED 同时监测设备操作，操作顺序为 1 次分一合一分、1 次合、1 次分。该项试验可与机械特性试验、智能终端性能试验同步进行
SF_6 气体状态监测 IED 性能试验	SF_6 气体状态 IED 与密度测试仪误差应满足： 压力误差≤2.5%	利用标准的 SF_6 密度测试仪与 SF_6 气体状态 IED 同时监测 SF_6 气体状态，充入额定气体压力，稳定后开始测试，每个传感器检测 1 次
智能终端性能试验	见说明条款	由上级系统分别对智能终端采用光缆或电缆两种传输方式发出开关操作信号，智能终端应能接收测控装置和保护装置的指令，对开关设备发出分、合闸操作指令，并对开关设备相关参量进行测量，外部开入状态信息正确报送上级系统，操作顺序为 1 次分一合一分、1 次合、1 次分。该项试验可与机械特性试验、机械状态监测 IED 性能试验同步进行

6. 设备验收

现场验收作为工程竣工投运前交接工作的一个重要环节，具有质量把关作用，运行和检修过程中的质量和安全需要通过验收来保证，在验收中能及时发现问题、解决问题，就能避免后期运行中一系列的设备隐患。

集成式隔离断路器的设备验收工作在传统设备相关要求的基础上，应重点注重以下两部分：

（1）防误闭锁装置。

装置应完好，集成式隔离断路器与接地开关之间能可靠闭锁配合继电保护做整组试验，带有重合闸的线路集成式隔离断路器还需投入重合闸试验，以检查机构动作的正确性。

（2）智能组件。① 开关设备本体加装的传感器（含变送器）安装牢固可靠，气室开孔处密封良好。各类监测传感器防护措施良好，不影响主设备的电气性能和接地。② 交换机、合并单元等智能电子设备应可靠接地。③ 电子式互感器工作电源在加电或掉电瞬间以及工作电源在非正常电压范围内波动时，不应输出错误数据导致保护系统的误判和误动。有源电子式互感器工作电源切换时应不输出错误数据。④ 电子式互感器与合并单元通信应无丢帧，同步对时和采样精度满足要求，电子互感器光路检测。⑤ 智能在线监测各 IED 功能正常，各监测量在监控后台的可视化显示数据、波形、告警正确，误差满足要求，并具备上传功能。⑥ 顺序控制软压板投退、急停等功能正常。顺控操作与视频系统的联动功能正常。⑦ 高级应用中智能告警信息分层分类处理与过滤功能正常，辅助决策功能正常。⑧ 智能控制柜中环境温湿度数据上传正确。⑨ 辅助系统中各系统与监控系统、其他系统联动功能正常。⑩ 移交资料，包含：系统配置文件、交换机配置、GOOSE 配置图、信号流向、智能设备技术说明等技术资料；系统集成调试及测试报告；设备现场安装调试报告（包括在线监测、智能组件、电气主设备、二次设备等）；在线监测系统报警值清单及说明。

2.4.4 检修试验

根据 Q/GDW 1168—2013《输变电设备状态检修试验规程》，电气设备的状态检修试验一般分为巡检、例行试验及诊断性试验。对于传统 SF_6 断路器，巡检项目包括外观检查、气体密度值检查、操作机构状态检修；例行试验项目包括红外热像检测、主回路电阻测量、断口间并联电容器电容量和介质损耗因素、合闸电阻阻值及合闸电阻预接入时间、例行检查和测试、SF_6 气体湿度检测（带电）；诊断性试验包括气体密封性检测、气体密度表（继电器）校验、交流耐压试验、超声波局部放电检测（带电）、SF_6 气体成分分析（带电）。

对于集成式隔离断路器，Q/GDW 1168—2013《输变电设备状态检修试验规程》第 4 章中规定的设备巡检、试验分类和说明、设备状态量的评价和处置原则、基于设备状态的周期调整等内容均适用，但其巡检、例行试验及诊断性试验的试验项目及要求，则根据设备结构和功能特点有所调整。

1. 巡检

集成式隔离断路器巡检项目、周期与传统 SF_6 断路器相同，主要包含外观检查、气体密度值检查和操作机构状态检查。主要区别在集成式隔离断路器的特殊结构和集成装置，巡检具体内容有所增加，如表 2-41 所示。

表 2-41　　巡检项目及要求

巡检项目	基准周期	要求	说明条款
外观检查	（1） 550kV 及以上：2 周； （2） 252～363kV：1 月； （3） 126（72.5）kV：3 月	外观无异常	巡检时，具体要求说明如下： 外观无异常：无异常声响；传动部件、高压引线、接地线连接正常；复合绝缘子外套无电蚀痕迹或破损；无异物附着； 隔离断路器及接地开关的分、合闸位置与指示正确； SF_6 气体密度值正常； 智能控制柜加热器、工业空调、风扇功能正常（每半年）； 操作机构状态正常（位置指示正确；液压机构油压、油位正常；弹簧机构弹簧位置指示正确）； 电子式电流互感器采集器无告警、无积尘，光缆无脱落，有源式电子式电流互感器应重点检查供电电源工作无明显异常
气体密度值检查		密度符合设备技术文件要求	
操作机构状态检查		状态正常	

2. 例行试验

集成式隔离断路器的例行试验项目包含传统开关设备的各类例行试验项目，以及复合绝缘子憎水性检测、联闭锁检查、机械状态监测 IED 数据比对、SF_6 气体状态监测 IED 数据比对和智能终端性能试验。例行试验基准周期为 3 年，如表 2-42 所示。

表 2－42　　　　　　　　　　　　　例行试验项目及要求

试验项目	基准周期	要求	说明条款
红外热像检测	（1）550kV 及以上：1月； （2）252～363kV：3月； （3）126(72.5)kV：半年	无异常	检测隔离断路器电气连接部位（引线接头、线夹）、绝缘子与机构箱内的端子排及二次元件，红外热像图显示应无异常温升、温差和/或相对温差。判断时，应该考虑测量时及前 3h 负荷电流的变化情况，注意与同等运行条件下其他隔离断路器进行比较。测量和分析方法可参考 DL/T 664—2016《带电设备红外诊断应用规范》
主回路电阻测量	3 年	≤制造商规定值（注意值）	在合闸状态下，测量进、出线之间的主回路电阻。测量电流可取 100A 到额定电流之间的任一值，测量方法参考 GB/T 11022—2011《高压开关设备和控制设备标准的共用技术要求》。 当红外热像显示断口温度异常、相间温差异常，或自上次试验之后又有 100 次以上分、合闸操作，也应进行本项目
复合绝缘子憎水性检测	3 年	符合 HC1～HC4 级别	选择晴好天气测量，若遇雨雾天气，应在雨雾天气停止 4 天后测量
机械特性试验	3 年	（1）合、分闸时间，各分闸不同期满足技术文件要求且没有明显变化，除有特别要求的之外： 相间合闸不同期≤5ms 相间分闸不同期≤3ms 同相各断口合闸不同期≤3ms 同相各断口分闸不同期≤2ms； （2）合—分时间≤60ms； （3）操作机构辅助开关的转换时间与主触头动作时间之间的配合试验检查正常； （4）行程曲线符合厂家标准曲线要求	试验在灭弧室处于额定充气压力，且操作机构处于额定电压、额定压力状态下进行。合、分指示应正确，辅助开关动作正确
机械操作试验	3 年	（1）并联合闸脱扣器在合闸装置额定电源电压 85%～110%范围内，应可靠动作； （2）并联分闸脱扣器在分闸装置额定电源电压 65%～110%（直流）或 85%～110%（交流）范围内，应可靠动作； （3）当电源电压低于额定电压的 30%时或符合厂家规定值时，脱扣器不应脱扣； （4）防跳跃试验； （5）非全相合闸试验（分相操作机构）	试验在额定充气压力下进行。 对于液压操作机构，还应进行下列各项检查或试验，结果均应符合设备技术文件要求： 机构压力表、机构操作压力整定值和机械安全阀校验； 分闸、合闸及重合闸操作时的压力下降值； 在分闸和合闸位置分别进行液压操作机构的泄漏试验； 防失压慢分试验； 氮气储压筒预充压力值校验； 油泵补压及零起打压的运转时间
联闭锁检查	3 年	机械闭锁、电气互锁功能正常	联闭锁检查应开展以下内容： （1）隔离闭锁装置对隔离断路器合闸的闭锁：当隔离断路器和接地开关处于分闸位置，投入隔离闭锁装置，检查隔离闭锁装置是否将隔离断路器正确闭锁在分闸位置，远方、就地操作隔离断路器，隔离断路器均不能合闸。 （2）隔离断路器合闸对接地开关合闸的闭锁：当隔离断路器处于合闸位置时，远方、就地操作接地开关，接地开关均不能合闸。 （3）接地开关合闸对隔离断路器合闸的闭锁：当接地开关处于合闸位置时，远方、就地操作隔离断路器，隔离断路器均不能合闸。

续表

试验项目	基准周期	要求	说明条款
联闭锁检查	3 年	机械闭锁、电气互锁功能正常	（4）接地开关合闸对隔离闭锁装置退出的闭锁：当接地开关处于合闸位置时，远方、就地操作隔离闭锁装置，隔离闭锁装置均不能退出。 （5）隔离断路器合闸对隔离闭锁装置投入的闭锁：当隔离断路器处于合闸位置时，远方、就地操作隔离闭锁装置，隔离闭锁装置均不能投入。 （6）隔离闭锁装置未投入对接地开关合闸的闭锁：当隔离断路器处于分闸位置时，隔离闭锁装置未投入，远方、就地操作接地开关，接地开关均不能合闸
分合闸线圈直流电阻测量	3 年	应符合设备技术文件要求，无明确要求时，以线圈电阻初值差不超过±5%作为判据	—
辅助和控制回路绝缘电阻测量	3 年	＞2MΩ	采用 1000V 兆欧表测量
例行检查和测试	3 年	—	例行检查和测试时，具体要求说明如下： 轴、销、锁扣和机械传动部件检查，如有变形或损坏应予更换；操作机构外观检查，如按力矩要求抽查螺栓、螺母是否有松动，检查是否有渗漏，是否有部件磨损或腐蚀等；检查操作机构内、外积污情况，必要时需进行清洁；检查是否存在锈迹，如存在需进行防腐处理；按设备技术文件要求对操作机构机械轴承等活动部件进行润滑；储能电动机工作电流及储能时间检测，检测结果应符合设备技术文件要求。储能电动机应能在85%～110%的额定电压下可靠工作；缓冲器检查，按设备技术文件要求进行；就地和远方各进行 2 次接地开关操作，检查传动部件是否灵活；接地开关的接地连接良好；检查接地开关动、静触头的损伤、烧损和脏污情况，情况严重时应予以更换； 检查接地开关触指弹簧紧力是否符合技术要求，不符合要求的应予更换；检查隔离断路器、接地开关机构箱的加热驱潮和温湿度控制装置功能是否正常；检查复合绝缘子表面和胶合面是否有脏污、破损、裂纹、电蚀痕迹；对于电子式电流互感器，还应进行下列各项检查，结果均应符合设备技术文件要求：光缆外层检查，是否有破损，情况严重时应予以更换；二次接线盒检查，是否有锈蚀情况；光纤绝缘子（若有）检查，表面是否有脏污、破损、裂纹、电蚀痕迹。 对于智能控制柜，可参考 Q/GDW 751—2012《变电站智能设备运行维护导则》
SF_6 气体湿度检测（带电）	3 年	≤300μL/L（注意值）	在例行试验周期要求的基础上，出现下列情况之一时，还应开展本项目： 新投运测一次，若接近注意值，半年之后应再测一次； 新充（补）气 48h 之后至 2 周之内应测量一次； 气体压力明显下降时，应定期跟踪测量气体湿度

续表

试验项目	基准周期	要求	说明条款
气体密度表（继电器）校验	6年	符合设备技术文件要求	达到规定的校验周期或数据指示异常时，进行本项试验。试验方法参考 DL/T 259—2012《六氟化硫气体密度继电器校验规程》
机械状态监测 IED 数据比对	3年	（1）分合闸线圈电流峰值误差≤5%； （2）分合闸时间误差≤1ms； （3）行程测量误差≤1%； （4）储能时间测量误差≤0.5s	利用机械特性仪测试数据与机械特性 IED 监测数据进行比对，该项试验可与机械特性试验同步进行
SF_6气体状态监测 IED 数据比对	3年	气体压力误差≤2.5%	利用 SF_6密度继电器显示数据与 SF_6气体状态 IED 监测数据进行比对
智能终端性能试验	3年	按照表 4 中的信息正确报送上级系统，操作顺序为 1 次分—合—分、1 次合、1 次分	达到规定的试验周期或智能终端出现异常时，进行本项试验。由上级系统分别对智能终端采用光缆或电缆两种传输方式发出开关操作信号，智能终端应能接收测控装置和保护装置的指令，对开关设备发出分、合闸操作指令，并对开关设备相关参量进行测量。信息正确报送上级系统，操作顺序为 1 次分—合—分、1 次合、1 次分

3. 诊断性试验

集成式隔离断路器的诊断性试验项目除传统设备的常规诊断性试验项目外，包括一次部件与隔离断路器机械耦联时的操作期间振动试验、机械状态监测 IED 性能试验和 SF_6 气体状态监测 IED 性能试验，如表 2-43 所示。

表 2-43　　诊断性试验项目及要求

试验项目	要求	说明条款
气体密封性检测	≤0.5%/年或符合设备技术文件要求（注意值）	当气体密度表显示密度下降或定性检测发现气体泄漏时，进行本项试验。方法可参考 GB/T 11023—1989《高压开关设备六氟化硫气体密封试验方法》
交流耐压试验	在满足 GB/T 11022—2011《高压开关设备和控制设备标准的共用技术要求》的基础上，还应满足如下： （1）试验过程中，电子式电流互感器线圈、采集器等不应损坏； （2）试验过程中，应监测电子式电流互感器输出信号，不允许出现通信终端、丢包、品质位改变、输出异常信号等故障	对核心部件或主体进行解体性检修之后，或必要时，进行本项试验。包括相对地（隔离断路器合闸状态）和断口间（隔离断路器分闸状态，接地开关分闸状态）两种耐压试验，对于隔离断路器集成电子式电流互感器结构，交流耐压试验与隔离断路器本体同时进行。试验在额定充气压力下进行，试验电压为出厂试验值的 80%，耐压时间为 60s，试验方法参考 GB/T 11022—2011《高压开关设备和控制设备标准的共用技术要求》
接地开关回路电阻	≤制造商规定值（注意值）	下列情形之一，测量接地开关回路电阻： 自上次测量之后又进行了 100 次以上分、合闸操作； 对核心部件或主体进行解体检修之后； 测量电流可取 100A 到额定电流之间的任一值，测量方法参考 GB/T 11022—2011《高压开关设备和控制设备标准的共用技术要求》
电流比校核及误差试验	满足 GB/T 20840.8—2007《互感器　第 8 部分：电子式电流互感器》中测量、保护要求	对电子式电流互感器进行解体性检修之后，或需要确认电流比时，进行本项试验。在 5%～100%额定电流范围内，从一次侧注入任一电流值，测量二次侧电流，校核电流比，测量电子式电流互感器误差。试验方法参考 GB/T 20840.8—2007《互感器　第 8 部分：电子式电流互感器》

续表

试验项目	要求	说明条款
一次部件与隔离断路器机械耦联时的操作期间振动试验	满足 GB/T 20840.8—2007《互感器　第 8 部分：电子式电流互感器》要求	当电子式电流互感器数据存在异常时，可选择性的进行该项试验。隔离断路器应作无电流操作一个工作循环（分—合—分）。在断路器最后一次分闸经 5ms 后，在额定频率一个周期计算出的电子式电流互感器二次输出信号方均根值，理论上应该是“0”，实际上应不超过额定二次输出的 3%。试验方法参考 GB/T 20840.8—2007《互感器　第 8 部分：电子式电流互感器》
SF_6气体成分分析（带电）	满足 Q/GDW 1168—2013《输变电设备状态检修试验规程》中表 103 要求	怀疑 SF_6气体质量存在问题，或者配合事故、异常分析时，可选择性地进行 SF_6气体成分分析。测量方法可参考 Q/GDW 1168—2013《输变电设备状态检修试验规程》
机械状态监测 IED 性能试验	（1）分合闸线圈电流峰值误差≤5%； （2）分合闸时间误差≤1ms； （3）行程测量误差≤1%； （4）储能时间测量误差≤0.5s	机械状态监测 IED 数据比对出现异常，怀疑机械状态监测 IED 数据准确度，或达到厂家推荐性能试验周期时，进行本项试验。利用准确的机械特性仪与机械特性 IED 同时监测设备操作，操作顺序为 1 次分—合—分、1 次合、1 次分。该项试验可与机械特性试验同步进行
SF_6气体状态监测 IED 性能试验	气体压力误差≤2.5%	SF_6气体状态监测 IED 数据比对出现异常，怀疑 SF_6气体状态监测 IED 数据准确度，或达到厂家推荐性能试验周期时，进行本项试验。利用标准的 SF_6密度测试仪与 SF_6气体状态 IED 同时监测 SF_6气体状态，充入额定气体压力稳定后开始测试，每个传感器检测 1 次

2.5 集成式隔离断路器运维与检修

集成式隔离断路器的运行维护包括设备的操作，设备的巡视、检查与验收，事故及缺陷处理等。由于集成式隔离断路器取消了隔离开关，集成了接地开关、电子互感器、智能组件等设备，因此运行维护及状态评价与常规断路器差异明显，有其特殊之处。

2.5.1 与传统运维的区别

应用集成式隔离断路器对运行维护的影响主要包括对停电安排的影响、对检修模式的影响、冷备用重新定义、对倒闸操作的影响。

（1）对停电安排的影响。

集成式隔离断路器检修，需要母线陪停或拆解设备与母线之间的引线，相应的操作及停电范围会扩大：当不拆解母线引线时，与所在母线及与其相连的其他线路、主变压器以及对侧线路均需要停电；当不带电拆解母线引线时，拆除与恢复母线引线时，与所在母线及与其相连的其他线路、主变压器以及对侧线路均需要停电，操作量较大；当带电拆解母线引线时，母线不需要陪停，停电范围与传统断路器的情况基本一致，但需采用专用带电作业工器具。

（2）对检修模式的影响。

集成式隔离断路器间隔内无明显断开点，解决方案一是通过分闸位置的电气及机械闭锁装置乃至就地手动加装挂锁，在分闸位置时给运维人员明显的指示；二是严格执行“停电、验电、接地”及“五防”等有效安全措施，被检修设备两侧接地，是比明显断开点更为直接、可靠的安全措施。

继电保护装置定期检验时，部分检验项目要求隔离断路器在合位进行实际传动试验，当拆解设备与母线之间的引线时，可采用实际传动试验，但试验前需拉开集成的接地开关，即相当于变更安全措施，按现有两票管理规定应重新履行工作许可、终结手续；当不拆解设备与母线之间的引线时，不建议采用实际传动试验，如确需试验，应做好相应的安全措施。

（3）冷备用重新定义。

常规断路器的冷备用定义为断路器和隔离开关处于分闸位置。集成式隔离断路器的冷备用重新定义为集成式隔离断路器的主断口处于分闸位置，同时主断口的闭锁装置处于“锁定”位置。

（4）对倒闸操作影响。

单母线接线和 3/2 接线时，间隔内倒闸操作过程中无隔离开关操作，增加闭锁、解锁步骤。电网运行中，间隔内设备的检修导致母线陪停并不是应用集成式隔离断路器后的特有现象，常规接线方式中的母线侧隔离开关故障或检修也一直存在该问题，且因隔离开关的故障率比断路器更高，维护周期更短，该问题更加突出。

（5）对电力安全工作规程影响。

我国现有标准 GB 26860—2016《电力安全工作规程——发电厂和变电站电气部分》（以下简称“安规”）对隔离开关及断路器的运维规定如下：

第 5.3.6.1 条对倒闸操作顺序规定为：停电拉闸操作应按照断路器（开关）—负荷侧隔离开关（刀闸）—电源侧隔离开关（刀闸）的顺序依次进行，送电合闸操作应按与上述相反的顺序进行，禁止带负荷拉合隔离开关（刀闸）。

第 7.1.2 条对于停电检修规定为：检修设备停电，应把各方面的电源完全断开。禁止在只经断路器断开电源的设备上工作。隔离开关应拉开，手车开关应拉至“试验”或“检修”位置，使各方面有一个明显的断开点，若无法观察到停电设备的断开点，应有能够反映设备运行状态的电气和机械等指示。

集成式隔离断路器间隔由于不再配置常规隔离开关，改变了以往的运行、操作和检修模式，集成式隔离断路器物理上的断口仍为断路器断口，外部不可见，与安规的要求存在一定差异。针对该情况，一是设计了隔离闭锁装置，制定相应的倒闸操作顺序，增加了闭锁装置“闭锁”与“解锁”的步骤；二是没有明显断开点，当线路检修时，在仅经集成式隔离断路器断开电源的设备上工作，但集成式隔离断路器及其闭锁装置的电气和机械的指示能够反映设备运行状态，可通过分闸位置的电气及机械锁定指示甚至加装挂锁，在分闸位置时给运维人员明显的指示；三是严格执行“停电、验电、接地”及“五防”等有效安全措施，并参照 GIS 及国外成熟的运行经验尽快制定适用的安全规程，实际上两侧接地也同样能保障人员安全。

2.5.2　倒闸操作

1. 集成式隔离断路器停电检修的四种停电作业方式

集成式隔离断路器需要停电检修时，一般有以下四种停电作业方式：

（1）不拆接母线引线检修方式。母线及母线上所连接的进、出线均需要全程配合停电，一般适用于集成式隔离断路器停电检修时间较短的场景。

（2）停电拆接母线引线作业方式。母线及母线上所连接的进、出线需要在对应检修间隔的母线引线拆除和恢复两个时间配合停电，一般适用于集成式隔离断路器停电检修时间较长的场景。

（3）快速接头技术。实现带电拆接母线引线作业方式，ABB 拥有该项技术，出于现场安全作业考虑，仅适用于 110kV 电压等级，且需要经培训的人员执行操作，具有一定的局限性。

（4）带电自动化检修平台作业方式。国家电网有限公司于 2015 年初立项，自主研发隔离断路器自动化检修平台关键技术，提出采用自动化设备代替人工实现带电拆接引线，成功应用后可解决母线陪停问题，进一步提升集成式隔离断路器的适用性。

2. 集成式隔离断路器停电检修的倒闸操作顺序

集成式隔离断路器设备检修状态下的两侧隔离可以通过两种方式实现：一是通过一侧母线停电接地来实现设备隔离；二是可以通过在传统隔离开关位置预留接头，在检修时断开对应的接头，从而实现设备两侧具有明显断开点，实现安全规范的操作要求。

以单母线分段为例，对 A 站某间隔集成式隔离断路器进行停电检修操作的倒闸操作顺序，如图 2－48 所示。

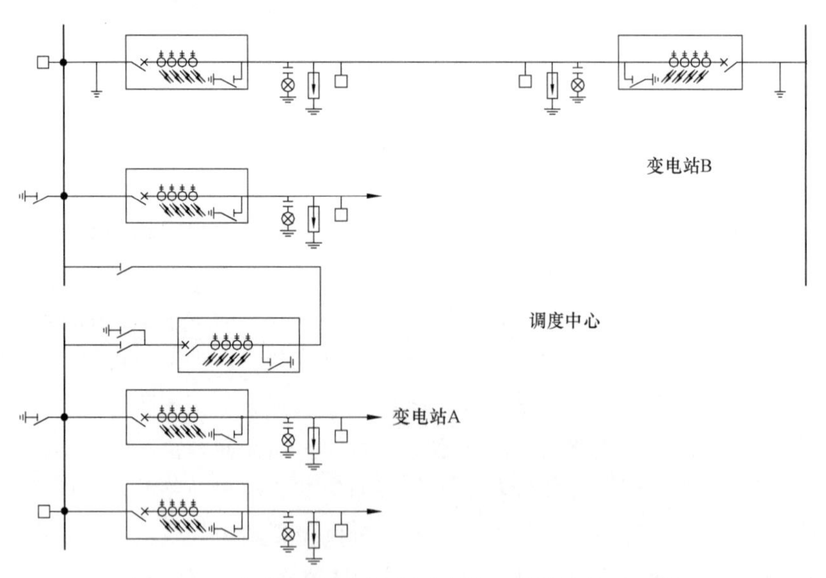

图 2－48　集成式隔离断路器进行停电检修操作示意图

（1）不拆接母线引线方式，同一母线的其他间隔需全程配合停电。

1）控制中心遥控分开 A 站检修间隔内集成式隔离断路器，以及对侧 B 站集成式隔离断路器；

2）控制中心遥控投入 A 站、B 站相关集成式隔离断路器闭锁装置；

3）控制中心遥控关合 A 站、B 站相关接地开关（就地手动关合接地开关）；

4）A 站和 B 站运维人员进入设备区，对相关集成式隔离断路器闭锁机构和接地开关挂锁；

5）A 站和 B 站运维人员对相关设备进行验电，挂设临时接地线（如需要）；

6）检修的集成式隔离断路器已经完全隔离出来后可以进行检修；

7）A 站运维人员分开维护集成式隔离断路器接地开关，退出闭锁装置（此步骤可以在维护工作开始前进行，建议维护后进行）；

8）A 站运维人员进行所维护检修的集成式隔离断路器投入前的相关测试，并在测试完成后投入闭锁装置，合上接地开关；

9）A 站运维人员带电恢复母线连接，解除线路侧临时地线；

10）A 站运维人员解除相关集成式隔离断路器闭锁机构和接地开关挂锁；

11）控制中心分开接地开关；

12）控制中心退出闭锁；

13）控制中心合上相关集成式隔离断路器；

14）母线和线路重新投入运行。

（2）停电拆接母线引线方式，同一母线的其他间隔需短时配合停电。

倒闸操作顺序参考“不拆接母线引线方式”中 1）、2）、3）、4）、5）、7）、8）、10）、11）、12）、13）、14），仅仅 6）、9）不同，6）、9）如下所示。

6)：A 站运维人员解开检修间隔内母线上预设接头，断开连接，并在线路侧挂设临时地线。这时需要检修的集成式隔离断路器完全隔离出来，可以进行检修，母线上的其他线路和主变压器可再次投入运行（此处其他线路与主变压器的操作略）。

9)：A 站同母线的其他线路与主变压器停电、验电、接地（此处操作略），运维人员恢复母线连接，解除线路侧临时地线。

关于机械闭锁对恢复运行前传动试验的影响：由于集成式隔离断路器和集成的接地开关之间设置有机械闭锁，接地开关处于合闸接地位置时，集成式隔离断路器被接地开关和闭锁装置闭锁在分闸位置，因而无法进行投运前的集成式隔离断路器传动。此时在检修完毕进行传动实验以前应该通过挂设临时地线来替代线路侧接地，分开线路侧接地开关，满足集成式隔离断路器传动试验条件。

（3）利用专用工具实现带电拆接母线引线方式，包括快速分接头和带电自动化检修平台方式。

目前国内外均未进行过现场的实际操作，理论上操作顺序如下：

倒闸操作顺序参考“不拆接母线引线方式”中 1）、2）、3）、4）、5）、7）、10）、11）、12）、13）、14），仅仅 6）、8）、9）不同，6）、8）、9）如下所示。

6)：这时需要检修的集成式隔离断路器线路侧已经断开，母线侧仍然与母线连接，且母线仍带电，此时 A 站经过特殊培训的维护人员使用专用工具或平台将母线侧接头解开，并将解下的接头接地，将待检修集成式隔离断路器从母线上解开，此时待检修集成式隔离断路器完全隔离出来，可以进行检修。

8)：A 站运维人员进行所维护检修的集成式隔离断路器投入前的相关测试，并在测试完成后投入闭锁装置，合上接地开关，解除线路侧临时接地线。

9)：A 站运维人员使用特殊工具恢复母线侧接头连接。

3. 集成式隔离断路器对应线路检修的倒闸操作顺序

倒闸操作 1)、2)、3)、4)、5) 顺序参考“不拆接母线引线方式”，6)、7)、8)、9)、10) 如下所示。

6)：这时需要检修的线路已经完全隔离出来，可以进行检修。

7)：线路检修完毕后，A、B 站运维人员解除相关集成式隔离断路器闭锁机构和接地开关挂锁。

8)：控制中心分开接地开关。

9)：控制中心退出闭锁。

10)：控制中心合上相关集成式隔离断路器。

4. 集成式隔离断路器操作注意事项

由于集成式隔离断路器接线方式，没有了常规的隔离开关，在操作中应注意：

(1) 线路停电检修时，在断开集成式隔离断路器后，应将集成式隔离断路器闭锁装置切至闭锁状态（无法合闸）后，方可进行线路侧验电接地操作。

(2) 集成式隔离断路器检修及相关附件停电检修工作前，必须在本间隔对侧设备停电接地、本间隔所接母线停电接地及同母线其他集成式隔离断路器停电接地的情况下，方可开展。

2.5.3 设备巡视与维护

1. 设备巡视

集成式隔离断路器巡视检查分为例行巡视、全面巡视、熄灯巡视和特殊巡视四种情况。

(1) 例行巡视。

例行巡视一般仅做常规的观察和检查。在集成式隔离断路器巡视操作中，例行巡视是主要内容之一，其具体要求如下：

1) 断路器、接地开关的位置指示正确，并与当时实际运行工况相符；检查断路器和接地开关的动作指示正常，记录其累计动作次数；检查智能组件外观正常、无异常发热、电源及各种指示灯正常，压板位置正确、无告警，各间隔电压切换运行方式指示与实际一致。

2) 集成式隔离断路器无异常声音；接地端子无发热现象；可见的绝缘件无老化、剥落，无裂纹；各类管道及阀门无损伤、锈蚀，阀门的开闭位置正确，管道的绝缘法兰与绝缘支架良好；所有设备清洁，标志清晰、完善。

3) 检查电子式互感器外观无损伤、无闪络、本体及附件无异常发热、无锈蚀、无异响、无异味；各引线无脱落、接地良好。采集器无告警、无积尘，光缆无脱落，箱内无进水、无潮湿、无过热等现象；有源式电子互感器应重点检查供电电源工作无明显异常。

4）检查在线监测系统设备外观正常、电源指示、监测数据正常，避雷器的动作计数器指示值正常，在线监测泄漏电流指示值正常。油气管路接口无渗漏，光缆的连接无脱落。在线监测系统主机后台、变电站监控系统主机监测数据正常。与上级系统的通信功能正常。

（2）全面巡视。

全面巡视是在例行巡视的基础上增加了机构箱、智能控制柜及二次回路等设备的检查。全面巡视应在例行巡视的基础上增加以下项目。

1）机构箱。

液压、气动操动机构压力表指示正常，SF_6 气体管道阀门及液压、气动操动机构管道阀门位置正确。液压操动机构油位、油色正常，无渗漏，油泵及各储压元件无锈蚀。气动操动机构空压机运转正常、无异音，油位、油色正常；气水分离器工作正常，无渗漏油、无锈蚀。弹簧储能机构储能正常，弹簧无锈蚀、裂纹或断裂。电磁操动机构合闸保险完好。断路器动作计数器指示正常。端子排无锈蚀、裂纹、放电痕迹；二次接线无松动、脱落，绝缘无破损、老化现象；备用芯绝缘护套完备；电缆孔洞封堵完好。照明、加热驱潮装置工作正常。加热驱潮装置线缆的隔热护套完好，附近线缆无过热灼烧现象。加热驱潮装置投退正确。机构箱透气口滤网无破损，箱内清洁无异物，无凝露、积水现象。箱门开启灵活，关闭严密，密封条无脱落、老化现象。高寒地区还应检查气动机构及其连接管路加热带工作正常。

2）智能控制柜及二次回路。

检查智能控制柜密封良好，锁具及防雨设施良好，无进水受潮，通风顺畅；柜内各设备运行正常无告警，柜内连接线无异常；控制开关、五防联锁把手的位置正确；柜内加热器、工业空调、风扇等温湿度调控装置工作正常，柜内温（湿）度满足设备现场运行要求；设备的操动机构和控制箱等的防护门、盖是否关严；加热器的工作状态是否按规定投入或切除；裸露在外的接线端子有无过热情况，有无异常声音、异味。二次接线压接良好，无过热、变色、松动，接线端子无锈蚀，电缆备用芯绝缘护套完好。二次电缆绝缘层无变色、老化或损坏，电缆标牌齐全。光纤完好，端子清洁，无灰尘电缆孔洞封堵严密牢固，无漏光、漏风，裂缝和脱漏现象，表面光洁平整。照明装置正常，指示灯、光字牌指示正常。

（3）熄灯巡视。

引线连接部位、线夹无放电、发红迹象，套管、支柱绝缘子等部件无闪络、放电。

（4）特殊巡视。

遇有下列情况，在保证人员安全的前提下，应对集成式隔离断路器进行特殊巡视，特殊巡视项目和内容如表 2－44 所示。

表 2－44　　特殊巡视项目和内容

巡视项目	巡视内容
设备变动后的巡视	设备新投入运行，设备经过检修、改造或长期停运后重新投入系统运行后，按照例行巡视内容，进行外观、位置、压力和信号检查

续表

巡视项目	巡视内容
异常气象条件下的巡视	（1）大风、沙尘暴前后，检查引线摆动情况及有无搭挂杂物； （2）雷雨后，检查集成式隔离断路器套管、支柱绝缘子、光纤绝缘子有无放电闪络现象； （3）冰雪、冰雹天气，根据积雪融化情况，检查接头是否存在发热部分，检查有无悬冰； （4）雾天，检查集成式隔离断路器套管、支柱绝缘子、光纤绝缘子有无放电现象，重点监视污秽部分； （5）地震，检查设备和基础是否受损
异常运行状况时的巡视	（1）过负荷或负荷剧增、超温、设备发热：结合红外检测，检查设备本体、接头是否存在发热； （2）设备缺陷有发展时，对缺陷进行跟踪检查； （3）开断故障电流后，按照例行巡视内容，进行外观、位置、压力和信号检查
重要保供电任务时的巡视	按照保供电任务和例行巡视内容，进行外观、位置、压力和信号检查

2. 设备维护

（1）本体维护。

1）定期对集成式隔离断路器、接地开关操动机构箱内部进行清扫。

2）维修项目包括：集成式隔离断路器构架、基础防锈和除锈；机构箱箱体消缺；机构箱内驱潮、防潮防凝露模块和回路消缺；机构箱内照明回路维护消缺；机构箱内二次电缆封堵修补；机构箱内指示灯、储能空开更换。

（2）电子式互感器维护。

电子互感器投运一年后应进行停电试验，停电试验项目及标准应符合制造厂有关规定和要求；电子互感器检修维护应同时兼顾合并单元、交换机、测控装置、系统通信等相关二次系统设备的校验；电子互感器检修维护时，应做好与其相关联保护测控设备的安全措施；电子式电压互感器在进行工频耐压试验时，应防止内部电子元器件损坏；纯光学电流互感器根据其设备特点不进行绕组的绝缘电阻测试。电子式互感器检修维护时，应做好与其相关联的保护测控设备的安全措施。

（3）智能控制柜的维护。

智能控制柜内单一设备检修维护时，应做好柜内其他运行设备的安全防护措施，防止误碰；定期检测智能控制柜温、温度调控装置运行及上传数据正确性；定期对智能柜通风系统进行检查和清扫，确保通风顺畅。

（4）在线监测系统的维护。

在线监测设备检修维护时，应做好安全措施，且不影响主设备正常运行；在线监测设备报警值由监测设备对象的维护单位负责管理，报警值一经设定不应随意修改。

2.5.4 状态评价

1. 状态评价标准

集成式隔离断路器的状态评价主要依据 Q/GDW 11507—2015《隔离断路器状态评价导则》开展，该方法体现组合化的思想，将集成式隔离断路器作为一种新型组合电器进行管理，根据集成式隔离断路器各部件和功能的相对独立性，将集成式隔离断路器整体分为集成式隔离断路器本体、断路器操动机构（目前国内外产品主要为弹簧机构）、接地开关、电子式电流互感器几个部分进行评价。

分析集成式隔离断路器本体、断路器操动机构、接地开关、电子式电流互感器等各部件对于集成式隔离断路器设备整体运行状态的影响，合理评估和有针对性地制定各状态量的权重与劣化程度。

集成式隔离断路器的状态评价分为部件评价和整体评价两部分。当所有部件评价为正常状态时，整体评价为正常状态；当任一部件状态为注意状态、异常状态或严重状态时，整体评价应为其中最严重的状态。集成式隔离断路器设备部件总体评价标准如表 2－45 所示。

表 2－45　　集成式隔离断路器设备部件总体评价标准

部件	评价标准					
	正常状态		注意状态		异常状态	严重状态
	合计扣分	单项扣分	合计扣分	单项扣分	单项扣分	单项扣分
隔离断路器本体	<30	<12	≥30	12～16	20～24	≥30
断路器操作机构	<20	<12	≥20	12～16	20～24	≥30
接地开关	<20	<12	≥20	12～16	20～24	≥30
电子式电流互感器	<12	<12	≥12	12～16	20～24	≥30
状态监测 IED	<20	<12	≥20	12～16	—	—

隔离断路器本体、断路器操动机构、接地开关、电子式电流互感器、状态监测 IED 五个部件的评价办法详见 Q/GDW 11507—2015《隔离断路器状态评价导则》，各部件的单项扣分值为基本扣分与权重系数的乘积，合计扣分为各单项扣分之和。

2. 状态检修策略

集成式隔离断路器状态检修策略的制定主要依据 Q/GDW 11508—2015《隔离断路器状态检修导则》。根据最近一次设备状态评价结果，考虑设备风险评估因数，并参考厂家的要求，确定下一次停电检修时间和检修类别。C 类检修正常周期宜与例行试验周期一致，不停电的维护、试验、检修根据实际情况安排。检修策略如表 2－46 所示。

表 2－46　　集成式隔离断路器检修策略表

设备状态	推荐策略			
	正常状态	注意状态	异常状态	严重状态
推荐周期	正常周期或延长 1 年	不大于正常周期	适时安排	尽快安排

被评价为“正常状态”的集成式隔离断路器，执行 C 类检修。C 类检修可按照正常周期或延长 1 年并结合例行试验安排。在 C 类检修之前，应根据检修周期和实际需要适当安排 D 类检修。

被评价为“注意状态”的集成式隔离断路器，执行 C 类检修。如果单项状态量扣分导致评价结果为“注意状态”时，应根据实际情况提前安排C类检修。如果仅由多项状态量合计扣分导致评价结果为“注意状态”时，可按正常周期执行，并根据设备的实际状况，增加必要的检修或试验内容。在C类检修之前，可根据实际需要适当加强D类检修。

被评价为“异常状态”的集成式隔离断路器，根据评价结果确定检修类型，并适时安排检修。实施检修前应加强D类检修。

被评价为“严重状态”的集成式隔离断路器，根据评价结果确定检修类型，并尽快安排检修。实施检修前应加强D类检修。

2.5.5 设备检修

1. 检修分类及周期

按工作性质内容及工作涉及范围，将集成式隔离断路器检修工作分为四类：A类检修、B类检修、C类检修、D类检修。其中A、B、C类是停电检修，D类是不停电检修。A类检修是指集成式隔离断路器的整体解体性检查、维修、更换和试验；B类检修是指集成式隔离断路器局部性的检修，部件的解体检查、维修、更换和试验，其中关于灭弧室的解体检修一般建议返厂检修；C类检修是对集成式隔离断路器常规性检查、维护和试验；D类检修是对集成式隔离断路器在不停电状态下进行的带电测试、外观检查和维修。

目前各运维单位对于集成式隔离断路器检修周期确定主要依据Q/GDW 11506—2015《隔离断路器状态检修试验规程》、Q/GDW 11508—2015《隔离断路器状态检修导则》，可依据设备状态、地域环境、电网结构等特点，在基准周期的基础上酌情延长或缩短检修周期。

集成式隔离断路器的检修分类、检修项目、检修周期如表2－47所示。

表2－47 隔离断路器检修分类及检修项目

检修分类	检修内容	检修周期
A类检修	A.1 现场全面解体检修 A.2 返厂检修 A.3 整体更换	按照设备状态评价决策进行，应符合厂家说明书要求
B类检修	B.1 断路器检修或更换 B.1.1 极柱 B.1.2 灭弧室 B.1.2 SF_6 气体 B.1.3 密封件 B.1.4 导电部件 B.1.5 传动部件 B.1.6 复合套管 B.2 电子式电流互感器检修或更换 B.3 接地开关检修或更换 B.3.1 接地导电部件 B.3.2 传动部件 B.3.3 操作机构 B.4 光纤绝缘子检修或更换 B.5 智能组件检修或更换 B.5.1 智能终端 B.5.2 状态监测 IED B.6 其他部件检修或更换 B.7 相关试验	按照设备状态评价决策进行，应符合厂家说明书要求

续表

检修分类	检修内容	检修周期
C 类检修	C.1 按照隔离断路器状态检修试验规程规定进行例行试验 C.2 清扫、检查和维护	基准检修周期：110kV 及以上设备 3 年。可依据设备状态、地域环境、电网结构等特点，在基准周期的基础上酌情延长或缩短检修周期，调整后的检修周期一般不小于 1 年，也不大于基准周期的 2 倍。对于未开展带电检测设备，检修周期不大于基准周期的 1.4 倍；未开展带电检测老旧设备（大于 20 年运龄），检修周期不大于基准周期。110kV 及以上新设备投运满 1～2 年，以及连续停运 6 个月以上重新投运前的设备，应进行检修。现场备用设备应视同运行设备进行检修；备用设备投运前应进行检修
D 类检修	D.1 带电检测项目 D.2 对有自封式阀门的充气口进行带电补气 D.3 对有自封式阀门的密度继电器/压力表进行校验或更换 D.4 检修人员专业检查巡视 D.5 其他不停电的部件维护和处理	依据设备运行工况，及时安排，保证设备正常功能

2. 检修周期相关建议

在检修安排上，建议充分考虑集成式隔离断路器“高可靠性、轻维护”性能，在现行的主设备基准检修周期的基础上适当延长。集成式隔离断路器目前均装设有气体状态及机械状态在线监测装置，可对设备状态进行实时监测，且设备可靠性较高，设计检修周期可达到 15～20 年。按变电站设计周期 40 年进行估算，在整个变电站运行期内，在设备状态满足连续运行的条件下，每台集成式隔离断路器仅需检修 2～3 次。

3. 带电检修技术

为解决直接与母线相连的集成式隔离断路器停电检修操作时母线陪停问题，以尽量减少停电范围及停电时间为目的，相关设备厂家和运行单位分别开发了带电快速分接头、带电自动化检修平台两种针对集成式隔离断路器的运维工器具。

（1）带电快速分接头技术。

某设备厂家提出一种采用快速接头的检修方法，采用特殊的接头金具，以便于通过使用特殊的绝缘操作工具，在安全距离外实施带电作业，拆除和恢复集成式隔离断路器与母线间的引线接头。采用这种带电检修模式时，母线类型、接头金具形式、使用工具均需按照操作要求定制。操作人员则需经过专门的带电作业培训，取得相应的操作资格。快速接头带电操作图和结构示意图如图 2－49 和图 2－50 所示。

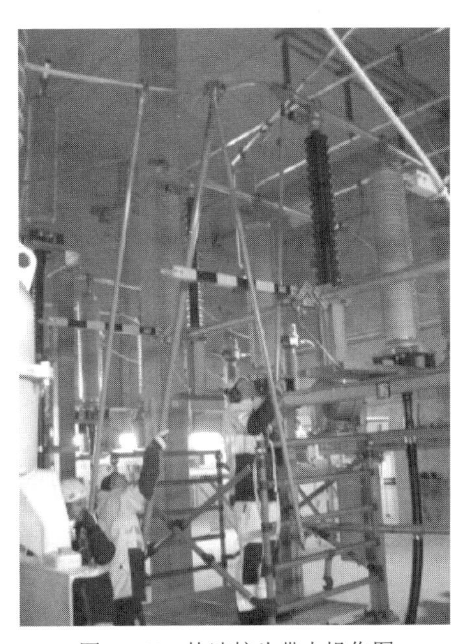

图 2－49　快速接头带电操作图

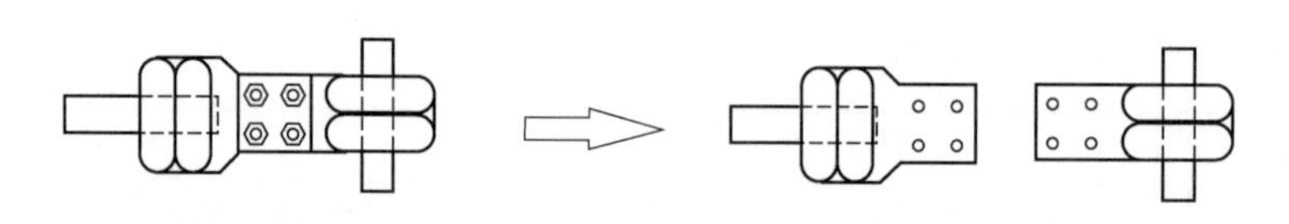

图 2-50　快速接头结构示意图

采用此种方式，在连接和断开过程中，会击穿空气，产生剧烈电弧放电，如图 2-51 所示。特殊绝缘操作工具包括带电作业绝缘套筒操作杆和带电作业绝缘鹰嘴钳操作杆，工具如图 2-52 所示。

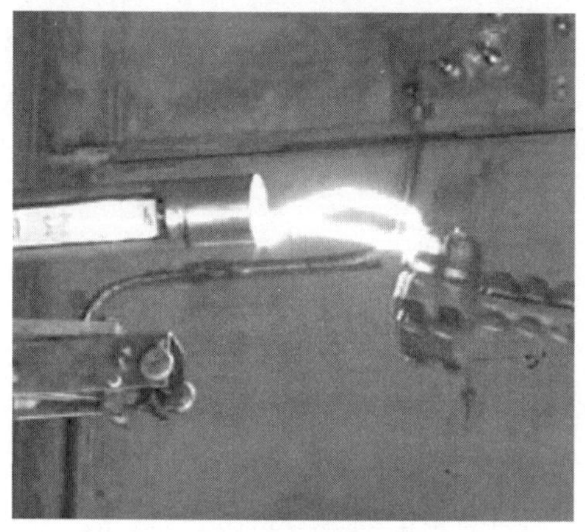
图 2-51　带电操作时放电现象

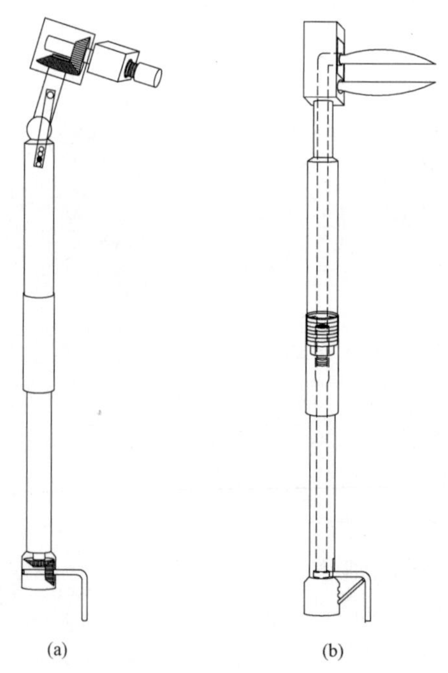

图 2-52　绝缘操作工具

（a）带电作业绝缘套筒操作杆；（b）带电作业绝缘鹰嘴钳操作杆

（2）带电自动化检修平台。

针对应用集成式隔离断路器可能造成的母线陪停问题，国家电网有限公司组织研制带电自动化检修平台，开展集成式隔离断路器与母线连接标准化设计、适合机器臂自动操作的插拔式金具研发、带电拆装集成式隔离断路器的工器具研发，从设计、装备选型、工器具研制三个方面解决检修需求，实现带电情况下自动拆接集成式隔离断路器与母线之间连接线接头，实现母线不停电检修，进一步提高供电可靠性。

带电自动化检修平台主要由作业平台、移动升降平台组成。作业平台主要包括机器人控制器、电源和两机械臂。移动升降平台由升降系统、移动基座及自调平机构组成，负责将作业平台运载至工作位置，并保证其位置精确稳定。

1）结构及原理。

检修平台替代基于绝缘操作杆的人工作业方式，可实现对配套新型连接金具的集成式隔离断路器进行带电检修作业。将视觉辅助远程快速定位技术与机械臂结合，使用强电磁场环境下的无线遥控与通信技术，实现远程控制机械臂带电操作。其结构示意图如图 2-53 所示。

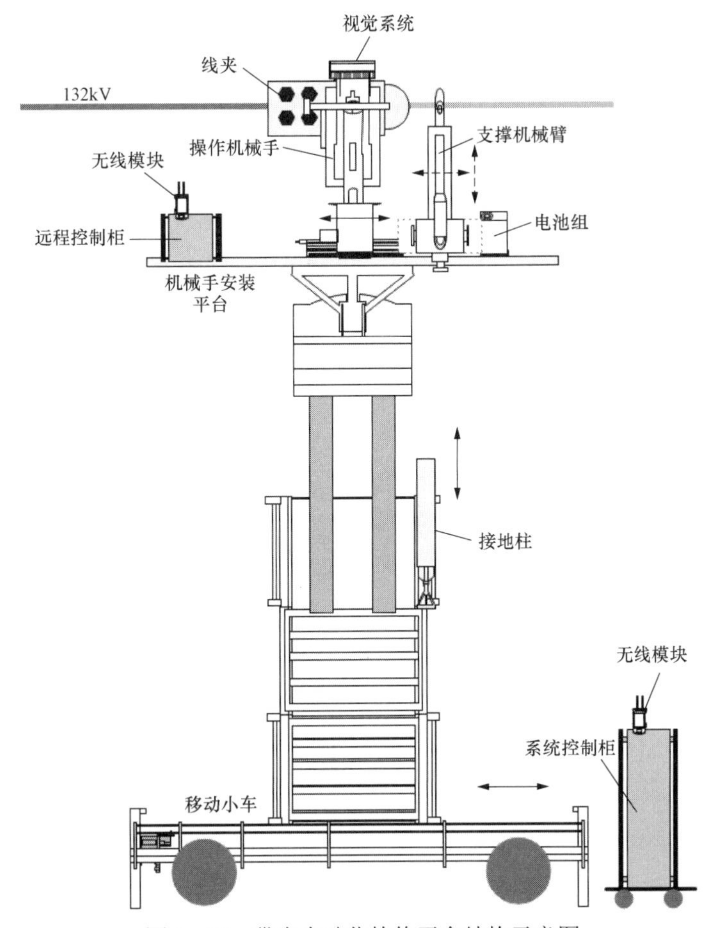

图 2-53　带电自动化检修平台结构示意图

带电自动化检修平台现场模拟图如图 2－54 所示。

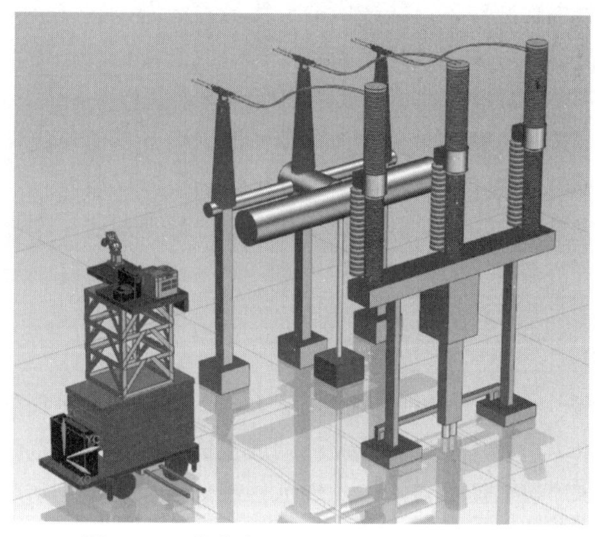

图 2－54　带电自动化检修平台现场模拟图

2）关键技术。

（a）标准化连接金具。目前适合机械臂自动操作的标准化插拔式金具已形成初步方案。金具参照真空断路器触头结构进行设计改进，采用动静弧触头＋梅花触指，触头顶端使用耐强电弧灼烧的铜钨材料，配套防脱闸装置和拆接消弧技术，耐弧能力优良、通流可靠稳定、防污秽性能好。

（b）强电磁场环境下电磁兼容及无线遥控通信技术。检修平台采用特定频率无线通信方式，避免空间强电磁场对无线通信信号、控制信号及视觉系统传回的视频信号的影响，并综合考虑强电磁场下电气元件的电磁兼容问题，合理优化元器件形状、大小以及布局。

（c）绝缘防护性能。

检修平台采用两级升降结构，综合考虑顶部作业平台的稳定性需求以及绝缘材料的强度与刚度，保证了充足的安全工作绝缘裕度。

3）操作。

出于操作人员安全性考虑，所有操作任务由检修平台遥控或光纤信号传输实现控制。原来每次操作任务需要 3～4 人同时配合完成，本检修平台仅需要 1 人即可完成全部操作任务。

4）带电自动化检修平台控制系统。

带电自动化检修平台系统主要分为三个系统：检测系统、子控制系统和主控制系统。

（a）检测系统。负责信号的采集，主要包括行程开关、机器视觉系统中的摄像头系统，与子控制系统之间的通信为有线通信，摄像头与主控制系统之间使用无线通信方式。

（b）子控制系统：负责主要的运算控制，包括机器视觉的计算、运动轨迹规划、控制以及与主控制系统的无线通信。

（c）主控制系统：主要负责平台的引导入场、离场以及监视工作状态和紧急人工干预的作用。

控制流程图如图 2－55 所示。

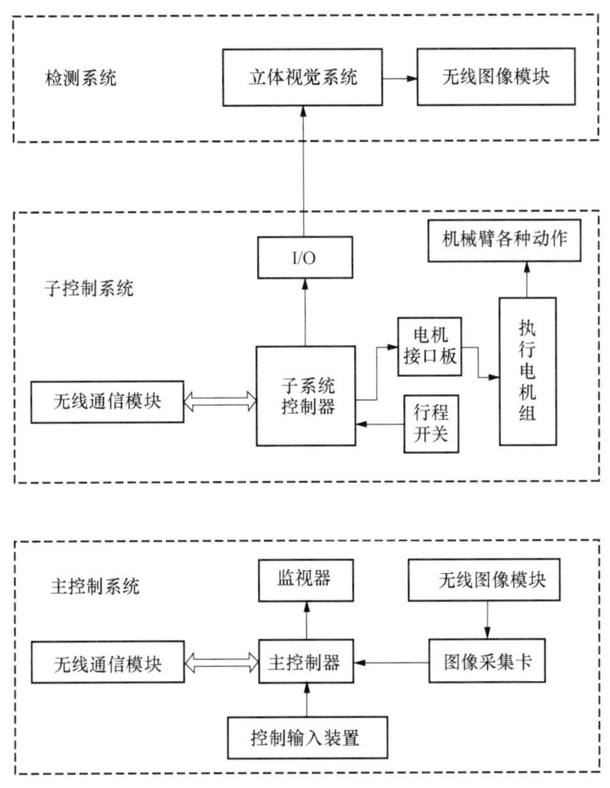

图 2－55　带电自动化检修平台系统控制流程图

第3章

智 能 GIS

3.1 智能GIS的简介

3.1.1 发展历史

气体绝缘金属封闭开关设备（Gas-insulated Metal-enclosed Switchgear，GIS）是由断路器、隔离开关、接地开关、电流互感器、电压互感器、避雷器、母线、套管或电缆终端等电气元件组合而成的成套开关设备和控制设备，除外部连接之外，它们密封在以 SF_6 气体作为绝缘介质的接地金属外壳内。GIS 是一次设备的大组合，具有体积小、占地面积少、不受外界环境影响、运行安全可靠、维护简单和检修周期长等优点，被广泛地应用在用地紧张的市区、狭小的地下变电站、重污染地区、沿海高盐雾地区以及各电网的重要变电站。

目前，GIS 已广泛应用于 66～1000kV 电压等级的电力系统中。我国自行研制生产的第一套 126kV GIS 于 1973 年在湖北丹江口水电站正式投入运行，第一套 252kV GIS 于 1982 年在江西南昌斗门变电站正式投入运行。从 20 世纪 80 年代起，国内高压开关制造企业通过引进国外 SF_6 GIS 制造技术以及合资合作生产，迅速大幅度提升了 GIS 的生产制造水平。我国电力电网的建设和运行管理部门，自 20 世纪 90 年代开始选用 GIS，特别是三峡电力及外送工程建设，开始大量选用 550kV GIS 产品。2000 年以来，我国的 GIS 制造技术得到了长足的发展，GIS 产品得到了广泛应用。特别是 2006 年以来，在中国西北地区 750kV 交流电网的建设中，我国高压开关制造企业研制生产了 800kV GIS。2009 年 1 月 6 日，世界上第一条商业化运行的特高压输电线路，1000kV 晋东南—南阳—荆门特高压交流试验示范工程在我国正式建成并投入使用，其中的 1100kV GIS 是目前世界上运行电压最高的 GIS 产品，为 GIS 技术在特高压领域的突破和发展做出了巨大的贡献。

但由于各种原因，相对于保护、中控设备的数字化和智能化发展，一次设备的数字化和智能化却较为滞后。非数字化的开关、互感器等一次设备，限制了变电站自动化技术的进一步发展。随着电子、数字和光电等新技术的快速发展，变电站完全数字化成为可能，发展以高可靠性、少维护和免维护为目标的数字化、智能化组合电器正逐步实现。

智能 GIS 是指将计算机技术、传感器技术以及数字处理技术同控制技术结合在一起，应用在 GIS 的一次和二次部分，建立以 IEC 61850 标准为基础的一次设备与智能组件的有机结合体。具有测量数字化、控制网络化、状态可视化、功能一体化、信息互动化特征的高压开关设备，是智能变电站过程层的重要组成部分。智能GIS用电子式互感器替代传统铁磁电流、电压互感器，新式电子元器件替代机电继电器，利用传感器采集GIS的状态数据，将GIS一次设备的模拟量、开关量等各种运行参数转换为数字信号，通过以太网上传至变电站监控系统，监控系统的控制命令也以同样的方式下传至GIS间隔，就地实现与安装在控制室的中心设备相连接，通过计算机技术实现数据的记录、运算和分析，并做出智能诊断，及早发现变电站设备的电气、机械等关键参数的异常，为供配电部门和设备运行管理部门了解各个设备运行状况提供可靠的数据参考，预防事故发生，从而实现GIS的智能运行，达到变电站的完全数字化智能控制。

1. 国外研究现状

当前，世界上的大型高压开关制造公司竞相改革GIS的二次技术，欧洲几大制造公司表现得尤为突出。西门子公司新型8DN9 GIS采用了在线监测系统，利用计算机辅助的电子控制和监视单元进行连续控制和监测，用传感器取代传统电流、电压互感器，带间隔处理能力的数字间隔控制系统用于监测和记录所有基本运行参数，这样可以进行系统发展趋势分析，实现“状态检修”；ALSTOM公司在就地控制柜中配置计算机控制二次功能，用密度计、光电传感器、电流传感器和局放测量传感器对GIS进行周期性或永久性的状态监测，用光纤或屏蔽电缆传送信号，数字技术和计算方法不仅将所有信息用于间隔的自动控制，也用于监测整个设备；ABB公司早在1984年就开始更新高压电器设备的二次系统控制技术，逐渐将一次技术和二次技术融合在一起，技术发展大致经历了3个发展阶段：传统技术、现代技术和智能技术。ABB GIS产品分为EXK型和ELK型，其中EXK为智能技术产品，有72.5kV与123kV两个电压等级，在EXK—01型Smart—GIS中体现了先进一次设备制造技术、新型传感器技术和现代计算机技术的交叉应用。EXK—01型GIS方案如图3-1所示。

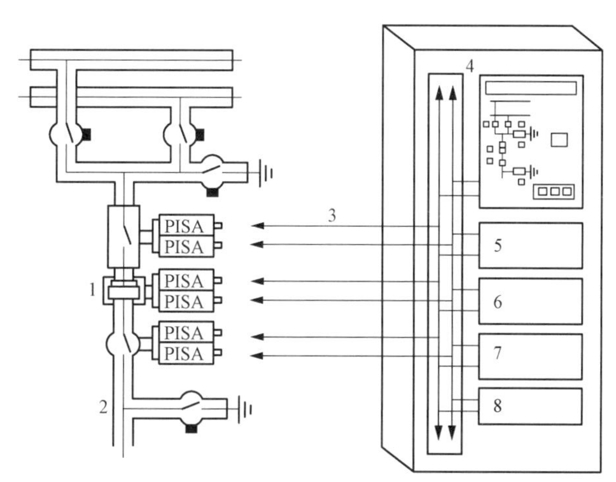

图3-1　国外EKX—01型GIS方案（PISA为电子接口）

1—电流、电压传感器；2—GIS一次装置；3—串行光纤总线；4—就地控制柜；
5—后备保护控制；6—主保护；7—测量系统；8—同其他系统的接口

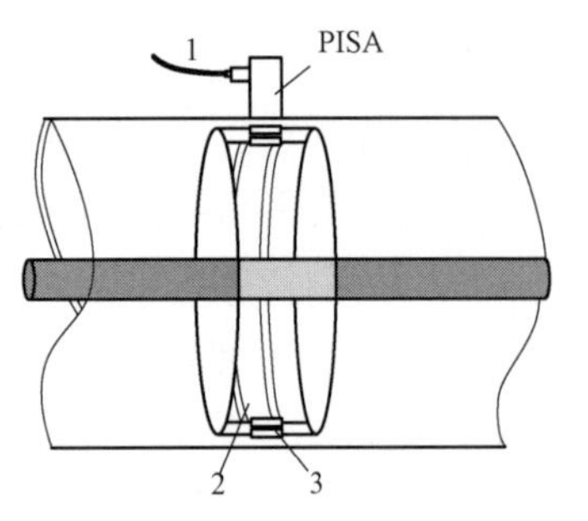

图 3-2　带有 PISA 的 GIS 组合式电流电压传感器

1—串行光纤连接线；2—电压传感器；3—罗氏线圈

ABB Smart—GIS 利用新型传感器和电子元器件代替了感应式互感器和电磁继电器及辅助开关，其中电流和电压传感器采用组合式电流/电压传感器，体积小、测量精度高，电流测量采用罗氏线圈，电压测量采用同轴电容分压（见图 3-2）；所有一次元件通过串行光纤总线接到间隔的就地控制柜，间隔与间隔之间、间隔与变电站监控系统之间的通信联络均采用总线方式。

2. 国内研究现状

国内厂商也在智能 GIS 方面开展了大量的研究，并取得了一定成果。特别是自 2009 年开始，国内智能 GIS 的研究成果尤为显著。目前，国内已有数千座智能变电站建成投运，其中大多数变电站采用了国产的智能 GIS，通过采用先进的传感器技术及电子互感器技术，完成过程层数据的采集和处理，然后基于 IEC 61850 标准，通过面向对象的变电站事件，利用光纤传输技术，完成与间隔层及过程层设备的信息交互，最终实现对一次设备的智能保护和控制功能，图 3-3 为国内智能 GIS 设计的典型方案。

智能 GIS 在测量和控制方面，采用电子式电流（有源或无源）互感器、电压互感器实现了数字化测量，通过智能终端实现了数字化控制。智能 GIS 一种典型的设计方案如图 3-3 所示，主要包括一体化设计植入各种智能传感器的高压开关设备本体、数据采集装置、IEC 61850 标准变电站光纤通信网络、变电站就地分析中心、远程通信网络、远程诊断中心和移动终端。基于物联网技术实现了运行关键参数的实时在线采集合并，对简单数据进行了实时就地分析并对异常数据进行了告警提醒；对于可开放的数据通过互联网技术将变电站的运行数据远程传送回工厂数据诊断中心，数据诊断中心建立了开关设备全寿命周期模型，基于数据融合和模糊神经网络算法等技术对开关设备状况进行实时自我诊断，故障自动识别；最后通过移动互联网将诊断结果报送给运维人员，保证设备运维人员实时掌握开关设备的状态。

目前我国智能变电站覆盖范围主要集中在 110～500kV 的电压等级，500kV 长春南变电站是我国首座 500kV 电压等级 GIS/HGIS 智能变电站，该站于 2009 年建成投运，电子式互感器在投运初期运行不够稳定，主要存在操作干扰等问题，经过技术攻关，现已成功解决了所出现的问题。在 2012 年开始研究建设的 110～220kV 新一代户内 GIS 智能变电站中，应用了集成电子互感器和在线监测装置的智能 GIS 设备。

3.1.2　设备特点

智能 GIS 将计算机技术引入控制、保护、计量模块中，取代传统的电磁式元件，形成数字化控制、保护、计量系统，适应现代智能电网发展需求。智能 GIS 具有以下技术特点：

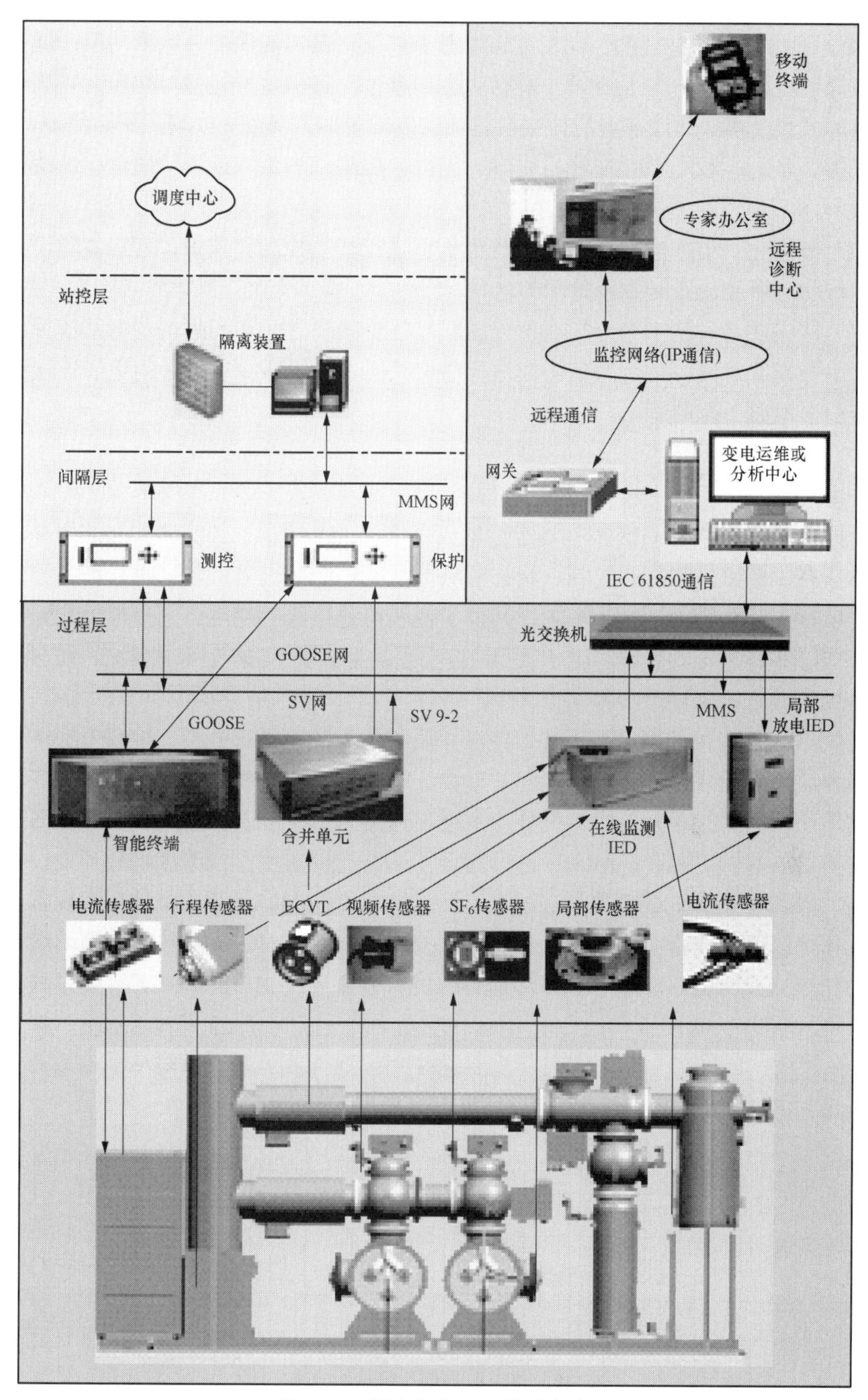

图 3–3　国内智能 GIS 设计方案

（1）集成化。常规的 GIS 中一次和二次元件分开，其中一次部分包括各种高压元件，用来完成变电站的一次功能，如分合操作、测量、绝缘、隔离等，而二次部分包括控制、保护和计量的各个元件。智能 GIS 将通过电子式互感器实现保护、测量功能；通过智能终端与操动机构结合，实现控制、采集功能；通过合并单元与互感器结合，实现电压电流信号的采集功能；通过在智能控制柜就地安装保护测控装置，实现保护、测控、计量、录波功能。总之，智能 GIS 能够将采集、保护、控制、测量、计量、通信、录波诸多功能集成一体。

（2）智能化。根据电网和 GIS 的运行状态进行智能控制和保护，真正做到设备自诊断、运行状态可控，及时发现故障的前兆。

（3）网络化。一次部分与二次部分之间，各个间隔之间和间隔与变电站计算机之间均通过串行光纤总线，按照通信协议进行通信联络，大大减少它们之间电缆连接线的数量，减少了电磁干扰问题。

3.1.3 设备分类

智能 GIS 是在常规 GIS 的基础上，集成了电子式互感器、传感器和智能组件，使设备整体具有了保护、测量、控制、状态监测、故障诊断等功能，与二次回路之间的连接均通过串行光纤总线接到控制箱中，减少了传统电缆接线的使用。每只电子式互感器均配备了传感器和执行器处理的电子接口，其任务就是实现 A/D 转换、测量信号的预处理，通过串行光纤总线执行控制和保护命令。

常规 GIS 一般可按照结构形式、绝缘介质和使用环境进行分类。按照内部结构的不同可分为三相共箱式、三相分箱式和主母线三相共箱其余元件为三相分箱式等。按主回路元件采用不同的绝缘介质组合可分为两类，一类为所有主回路元件全部采用 SF_6 气体绝缘的 GIS，另一类则是将 GIS 中的一部分主回路元件采用空气绝缘的敞开式设备，而断路器、隔离开关、接地开关、电流互感器等仍为 SF_6 气体绝缘的金属封闭设备，即复合式气体绝缘组合电器（Hybrid Gas Insulated Switchgear，HGIS）。按照使用环境可分为户内式和户外式两类。智能 GIS 与常规 GIS 的区别主要在二次元件，其分类方式与常规 GIS 相同，如图 3－4 所示。

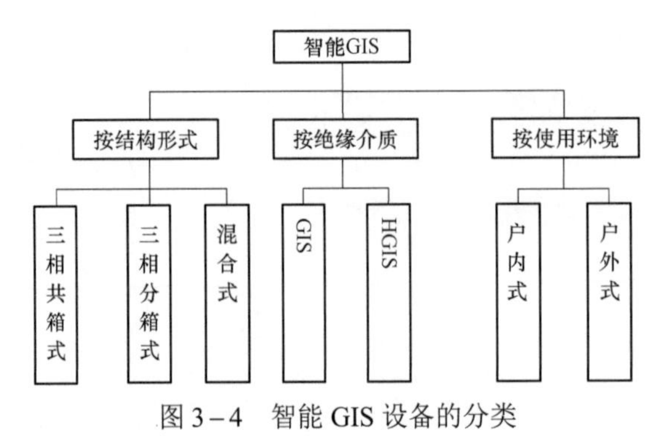

图 3－4　智能 GIS 设备的分类

3.1.4 应用效果

智能 GIS 可实现控制、保护、隔离、在线监测等功能，具有集成化、智能化、网络化技术特点，可缩短变电站建设周期及投运调试时间，实现少维护或免维护。

智能 GIS 应用效果包括：① 对设备的运行状态进行实时监测，通过故障诊断技术可实现设备的状态检修，为设备的全寿命周期管理创造了条件。② 应用 GIS 智能控制柜使保护控制装置下放，节约了保护小室及主控室等的占地面积和投资，对需要尽量减少变电站占地的城市变电站和地下变电站有明显效益。③ 现场调试工作量减少，联调在出厂前完成，缩短了建设周期。常规 GIS 一次设备和二次设备的电缆连接和调试只能在现场完成，调试周期比较长，智能 GIS 一、二次设备联调在厂内完成，能够显著地缩短建设周期。④ 采用电子互感器后重量比常规 GIS 有所减轻，其中 110kV 较常规 GIS 可减轻约 10%，220kV 较常规 GIS 约减轻 14%，对于安装在户内二层 GIS 变电站的楼板承重设计优化及节材效果显著。

3.2 智能 GIS 的结构与关键技术

3.2.1 元件组成与结构

智能 GIS 设备的基本功能组成元件包括断路器、隔离开关、接地开关、电子式互感器、避雷器、终端元件、盆式绝缘子、母线及其伸缩节、智能控制柜等，如图 3－5 所示。

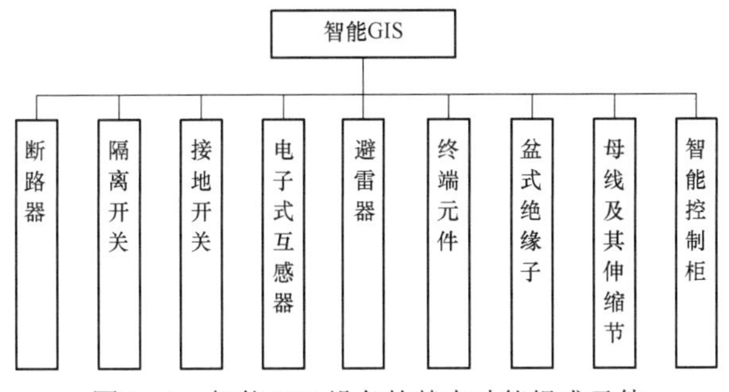

图 3－5 智能 GIS 设备的基本功能组成元件

3.2.2 断路器

断路器是 GIS 的核心元件，由灭弧室、操动机构、支撑绝缘件、机械传动杆、壳体等部分组成。它的作用是对电力系统和设备进行控制与保护，既可切合空载线路和设备，也可合分和承载正常的负荷电流，能在规定的时间内承载、关合及开断一定大小的短路电流以使电网正常运行。

按照结构形式的不同，断路器可分为共箱式单断口断路器、分箱式单断口断路器和分箱式多断口断路器，一般单断口可呈立式布置或卧式布置，多断口一般为卧式布置。

1. 共箱式单断口断路器

共箱式单断口断路器每相灭弧室封闭在独立的绝缘筒内，三相断路器安装在同一个金属筒内，由一台弹簧操动机构进行三相机械联动，操动机构拐臂盒中的连接机构与三相灭弧室的绝缘拉杆相连，绝缘拉杆带动滑动动触头进行分、合闸操作，如图 3－6 所示。

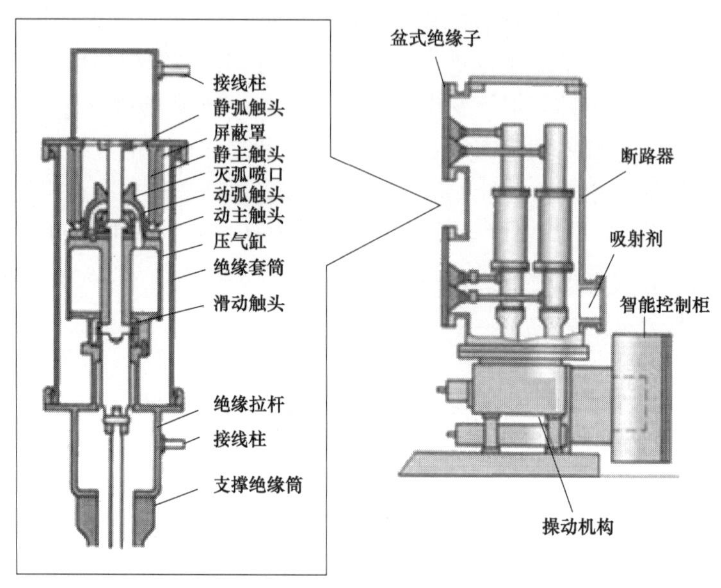

图 3－6　126kV 共箱式单断口断路器结构示意图

2. 分箱式单断口断路器

分箱式单断口断路器三相分装卧式布置，每相断路器安装在一个金属筒内，操动机构位于本体的一侧，可以三相机械联动，也可以分相操作。断路器的出线布置方式有两种：一种是两侧出线 Z 形布置，另一种是同侧出线 U 形布置，具体形式由工程总体布置确定，图 3－7 中为两侧出线方式。

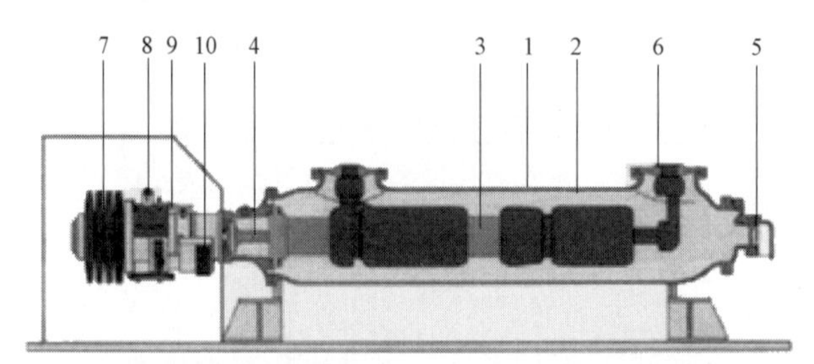

图 3－7　分箱式单断口断路器结构示意图

1—壳体；2—六氟化硫气体；3—灭弧室；4—操作杆；5—防爆装置；6—隔离绝缘子；7—碟形弹簧；8—行程开关；9—电源；10—辅助开关

3. 分箱式多断口断路器

分箱式双断口断路器由 3 个可以独立操作的单相断路器组成，每相断路器配备一台独立的操动机构，该机构安装在罐体的一端，通过绝缘拉杆直接带动灭弧室中的压气缸及动触头，实现断路器的分、合闸操作。每个单相断路器罐内有两个串联的灭弧断口，断口上装有并联电容器，保证两个断口的电压分布均匀，如图 3－8 所示。断路器备有可供选择合闸电阻。合闸时，合闸电阻提前接通，防止产生操作过电压。

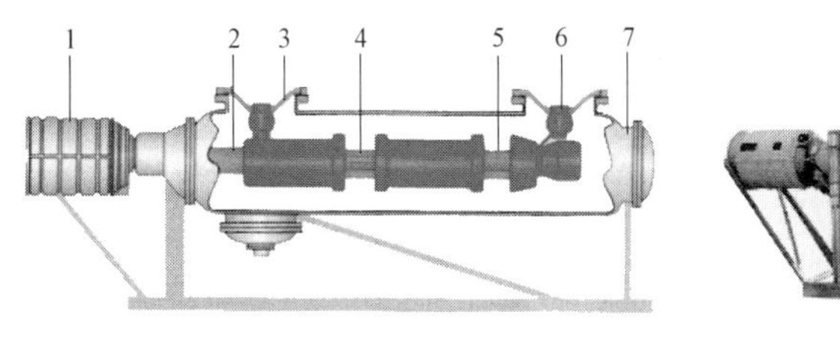

(a) (b)

图 3-8 550kV 分箱式多断口断路器结构及外形示意图

（a）结构图；（b）外形示意图

1—操动机构；2—支持绝缘子；3—盆式绝缘子；4—绝缘拉杆；5—灭弧室；6—连接触头；7—罐体

每相断路器都装有防爆装置，从而可以在气室内压力过大时释放压力。单相断路器灭弧室的装配如图 3-9 所示，灭弧室单元结构如图 3-10 所示。

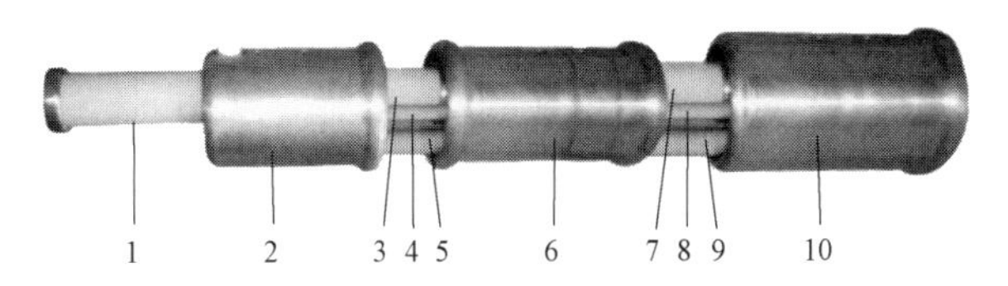

图 3-9 灭弧室装配示意图

1—支撑绝缘筒；2、6、10—屏蔽罩；3、7—灭弧室单元；4、8—绝缘拉杆；5、9—并联电容器

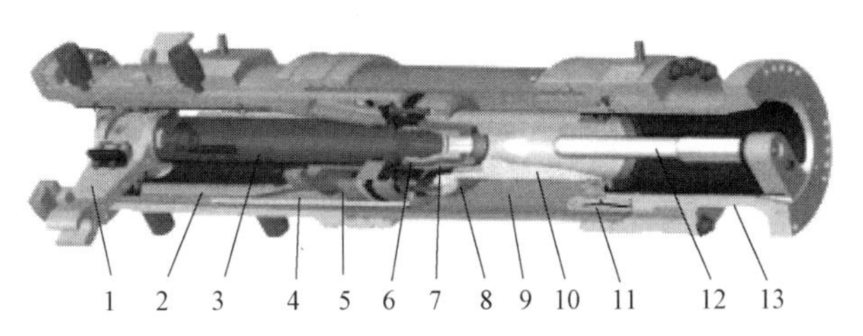

图 3-10 灭弧室单元结构示意图

1—传动臂；2—支持筒；3—导气管；4—压气缸；5—压气活塞；6—动弧触头；7—辅助喷口；8—动主触头；9—支撑绝缘筒；10—灭弧喷口；11—静主触头；12—静弧触头；13—静触头底座

4. 操动机构

操动机构是断路器非常重要的部件，它的首要功能是为触头分、合闸提供操作功，此外，还应为一次设备的控制和保护系统提供接口。GIS 的操动机构分为弹簧操动机构、液压弹簧操动机构、氮气储能液压机构、电机驱动机构。其中弹簧操动机构、液压弹簧操动机构、电机驱动机构详细介绍可参见第 2 章集成式隔离断路器相关章节，其原理基本相同。本章重点介绍氮气储能液压机构。

氮气储能液压机构是利用压缩气体（氮气）作为动力源，其储能以后相当于一个强大的弹簧被拉伸或压缩，在短时间内向液压系统压缩高压油，推动活塞动作，使断路器合闸或分闸。CY3、CY5 型是较为常用的液压操动机构，CY5 型液压操动机构原理图和实物图分别如图 3-11 和图 3-12 所示。

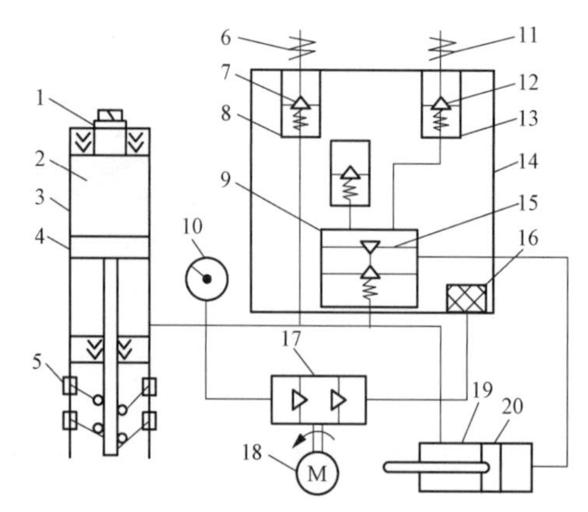

图 3－11　CY5 型氮气储能液压操动机构原理图

1—充气阀；2—氮气；3—储压筒；4—活塞；5—限位开关（1-6W）；6—合闸一级阀杆；7—合闸一级阀钢球；8—合闸一级阀；9—二级阀体；10—压力表；11—分闸一级阀杆；12—分闸一级阀钢球；13—分闸一级阀；14—油箱；15—一级锥阀；16—过滤器；17—液压泵；18—电动机；19—工作缸；20—活塞

图 3－12　氮气储能液压操动机构实物图

储能过程：当接通油泵电机电源时，电动机开始运作，油泵内的油经过滤器进入油泵，经油泵柱塞压缩后送至储压筒底部，推动活塞上升，压缩氮气，油压逐渐升高。当活塞杆上升至油泵停止接点时，限位开关动作，切除电机电源，油泵停止，高压油即被储存于储压筒之中。此时，若开关处于分闸状态位置，则二级锥阀以下油路（包括工作缸分闸腔）充满高压油，二级锥阀因受压而关闭。

合闸过程：合闸电磁铁线圈带电，电磁铁的动铁芯被吸合，压下合闸一级阀，钢球被打开，高压油由钢球下面 3mm 孔进入二级阀活塞顶部，活塞向下运动将二级阀钢球打开，与此同时活塞将合闸阀的 4 个排油孔封死，高压油由钢球下面 13mm 孔迅速进入工作缸，工作缸活塞在高油差的作用下迅速动作带动拉杆使开关合闸。

分闸过程：分闸电磁铁线圈带电，电磁铁动铁芯被吸合，压下分闸阀钢球，此时在二级阀活塞顶部的高压油，经分闸阀 3mm 孔泄掉，二级阀活塞返回原位，二级阀关闭，工作缸的合闸侧高压油被迅速泄掉，工作缸分闸侧在高压油的作用下动作，带动开关分闸。

氮气储能液压机构因其使用的材料、制造工艺等问题，经常出现机构不能建压、频繁打压、打压超时等缺陷。降低氮气储能液压机构缺陷的发生概率，要以预防为主，针对具体缺陷提出明确的防范措施尤为重要。

3.2.3 隔离开关和接地开关

隔离开关是一种没有专门灭弧装置的开关设备，在分闸位置时，触头间有符合规定要求的绝缘距离和明显的断开标志，在合闸位置时，能承载正常回路条件下的电流及在规定时间内异常条件（例如短路）下的电流。隔离开关能够开合母线转换电流和母线充电电流，但不能用其开断正常的工作电流和短路故障电流。

接地开关是用于将回路接地的一种机械式开关装置，在异常条件（如短路）下，可在规定时间内承载规定的异常电流；但在正常回路条件下，不要求承载电流。接地开关在某些工况下还需具有关合短路电流的能力。

接地开关按功能不同一般分为两种，一种是检修用接地开关，通常称为检修接地开关；一种是故障接地开关，通常称为快速接地开关。检修用接地开关主要用于检修时将主回路接地，以保证检修人员的人身安全。快速接地开关安装在线路侧入口，相对于检修用接地开关分合闸速度较快。快速接地开关除具有一般的检修用接地开关的功能外，还具备关合短路电流和开断线路电磁感应电流、静电感应电流的能力。两者结构基本相同，区别在于检修接地开关通常配电动机操动机构，快速接地开关配电动弹簧操动机构，另外，快速接地开关的动、静触头采用铜钨合金，增强了耐烧蚀性能。

按照结构形式的不同，隔离开关和接地开关可以分为三相共箱式和三相分箱式两种。

1. 三相共箱式隔离开关和接地开关

（1）独立的隔离开关和接地开关。

隔离开关和接地开关的零部件分别封装在两个独立的壳体内，每组隔离和接地开关分别配置一套操动机构，具体结构示意图如图 3－13～图 3－15 所示。

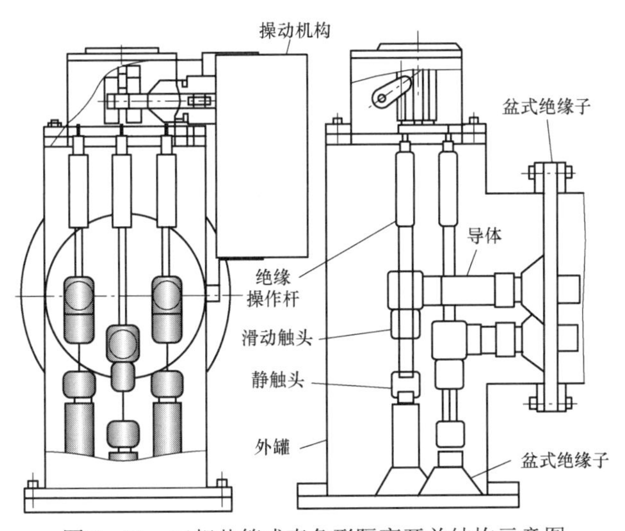

图 3－13　三相共箱式直角形隔离开关结构示意图

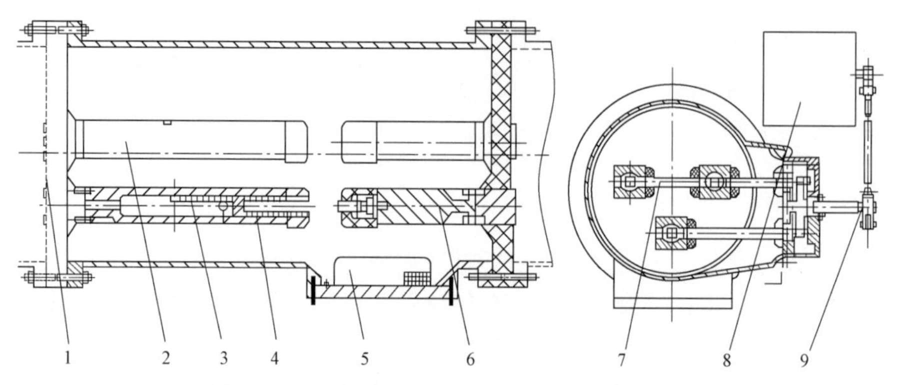

图 3－14　三相共箱式线形隔离开关结构示意图

1—绝缘子；2—动触头座；3—齿条；4—动触头；5—分子筛；6—静触头座；7—绝缘拉杆；8—电动机构；9—传动拐臂

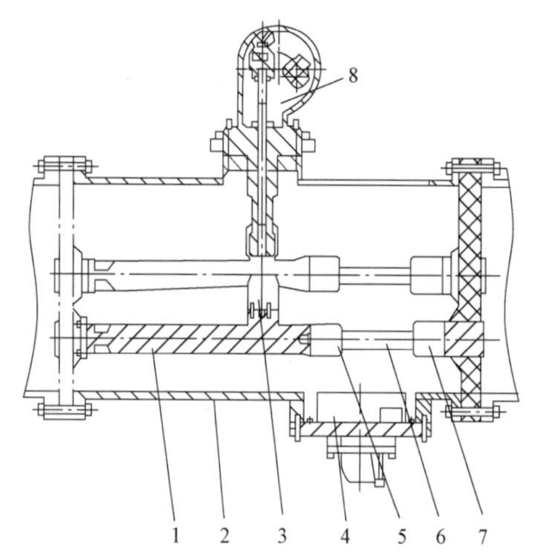

图 3－15　三相共箱式接地开关结构示意图

1—触头座；2—筒体；3、5、7—静触头；4—爆破片；6—导体；8—接地开关及动触头

（2）三工位隔离/接地开关。

目前 126（252）kV GIS 已普遍将以往 GIS 中隔离开关和接地开关合并为一个隔离/接地开关组合元件，它包含隔离开关合闸－接地开关分闸、隔离开关分闸－接地开关分闸和隔离开关分闸－接地开关合闸三种工作位置组合，因此称为三工位隔离/接地开关。目前，126kV GIS 已全部采用三工位隔离/接地开关，而 252kV GIS 部分采用了三工位隔离/接地开关，具体结构示意图如图 3－16 所示。

三工位隔离/接地开关具有以下优点：① 隔离开关和接地开关组合在一个气室内，大大缩小了 GIS 尺寸，有助于 GIS 小型化；② 减少了 GIS 操动机构数量，进而减少操作和维护工作量，方便运行和检修；③ 隔离开关和接地开关之间既实现电气联锁又实现机械联锁，有效避免了以往因电气联锁回路故障发生带地线关合隔离开关的事故，大大提高了 GIS 运行可靠性。

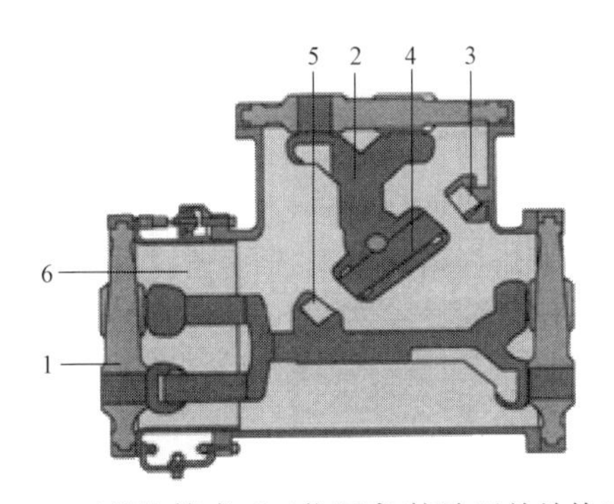

图 3－16　三相共箱式三工位隔离/接地开关结构示意图

1—隔离绝缘子；2—动触头支撑导体；3—接地开关静触头；4—动触头；5—隔离开关静触头；6—伸缩节

（3）隔离和接地组合开关。

隔离和接地组合开关是将隔离开关和接地开关的动触头、静触头等所有带电部件均安装在同一金属壳体中，与三工位开关不同的是，它的隔离开关和接地开关分别拥有各自独立的动触头。根据 GIS 布置的需要，可分为直角形和直线形两种结构形式。直角形隔离开关载流回路成 90°，图 3－17 给出了三相共箱式直角形隔离开关结构示意图。直线形隔离开关载流回路呈直线，图 3－18 给出了三相共箱式直线形隔离开关结构示意图。

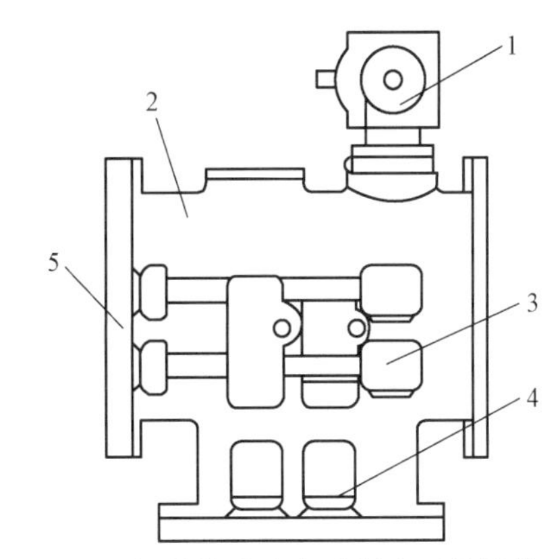

图 3－17　三相共箱式直角形隔离开关结构示意图

1—接地开关；2—外壳；3—隔离开关动侧触头；4—隔离开关静侧触头；5—绝缘子

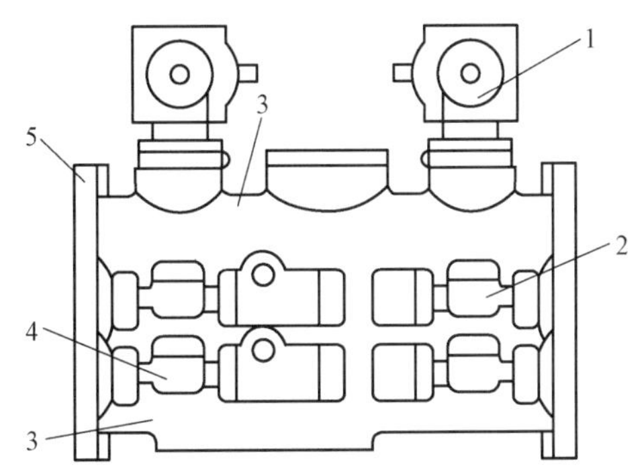

图 3－18　三相共箱式直线形隔离开关结构示意图

1—接地开关；2—隔离开关静侧触头；3—外壳；4—隔离开关动侧触头；5—绝缘子

2. 三相分箱式隔离开关和接地开关

（1）独立的隔离和接地开关。

隔离开关和接地开关的零部件分别封装在两个独立的壳体内，每组隔离和接地开关分别配置一台操动机构，采用三相机械联动操作，具体结构示意图如图 3－19、图 3－20 所示。

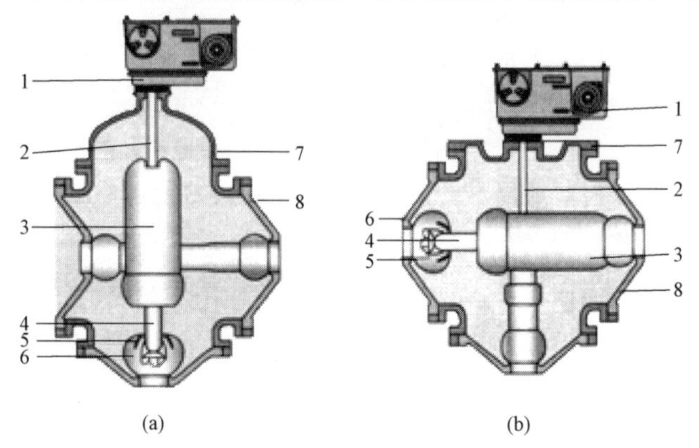

图 3－19　三相分箱式隔离开关结构示意图

（a）三相分箱式直角形隔离开关；（b）三相分箱式直线形隔离开关

1—电动机构；2—操作绝缘轴；3—触头支持件；4—动触头；5—静触头；6—屏蔽罩；7—外壳；8—盆式绝缘子

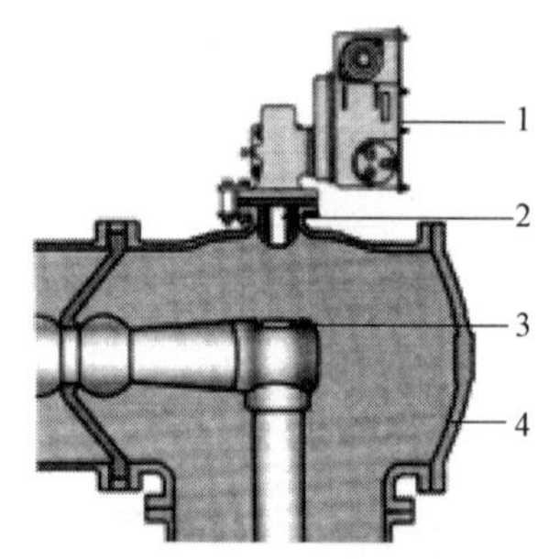

图 3－20　三相分箱式接地开关结构示意图

1—操动机构；2—接地触头；3—主触头；4—外壳

（2）三工位隔离/接地开关。

图 3－21 为分箱式隔离/接地开关三工位结构示意图，隔离开关和接地开关使用同一台电动操动机构，共用同一个动触头，三相机械联动。

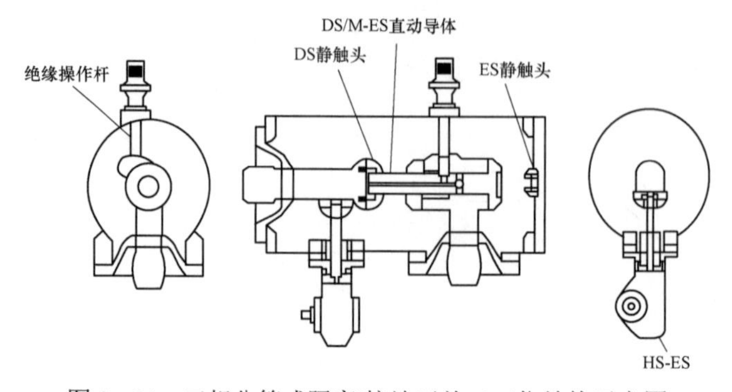

图 3－21　三相分箱式隔离/接地开关三工位结构示意图

（3）隔离和接地组合开关。

将隔离开关和接地开关元件封装在一个金属壳体内，分别由各自的操动机构进行操作，形成隔离和接地组合开关。由于额定电压高、额定电流和开断电流大，550kV 及以上电压等级的GIS体积较大，大多采用隔离和接地组合开关。其结构如图3－22和图3－23所示。

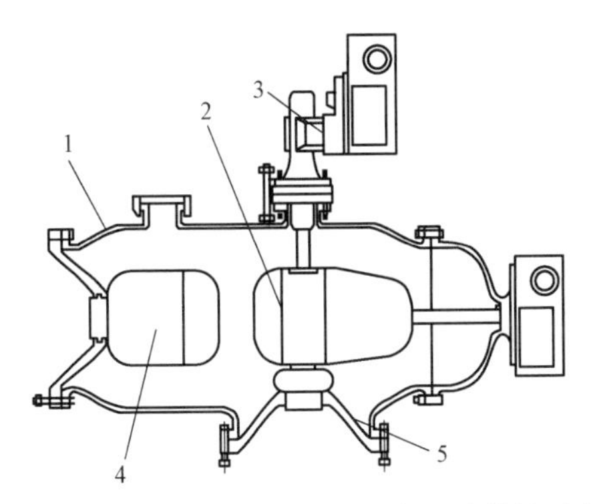

图3－22　三相分箱式直角形隔离开关结构示意图

1—外壳；2—隔离开关动侧触头；3—接地开关；4—隔离开关静侧触头；5—绝缘子

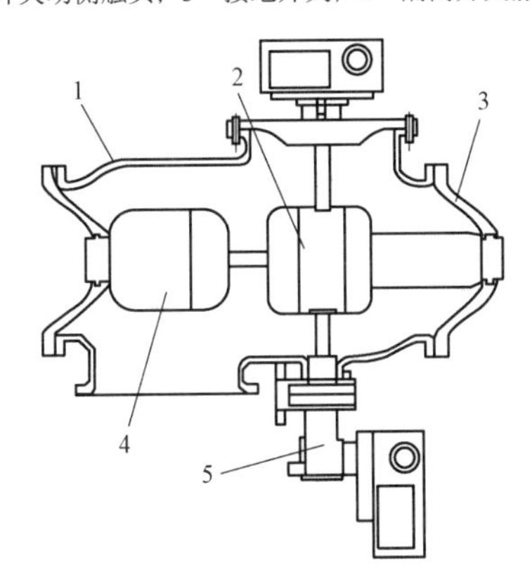

图3－23　三相分箱式直线形隔离开关结构示意图

1—外壳；2—隔离开关动侧触头；3—绝缘子；4—隔离开关静侧触头；5—接地开关

3. 操动机构

GIS 中的隔离开关和接地开关一般配用电动机操动机构和电动弹簧操动机构，其中检修接地开关和慢速隔离开关配用普通电动机操动机构，快速接地开关和快速隔离开关配用电动弹簧操动机构（三相共箱式和三相分箱式结构中独立的隔离、接地开关和隔离/接地组合开关均适用），三工位隔离/接地开关采用专门设计的电动机操动机构。

（1）电动机操动机构。

电动机操动机构由电动机、传动机构、微动开关、辅助开关等组成。它是由电动机带动蜗杆、蜗轮转动，与蜗轮同轴安装的输出拐臂通过连杆带动隔离或接地开关分合闸操作。电动机操动机构实物图及结构图分别如图3－24、图3－25所示。

图 3－24　电动机操动机构实物图

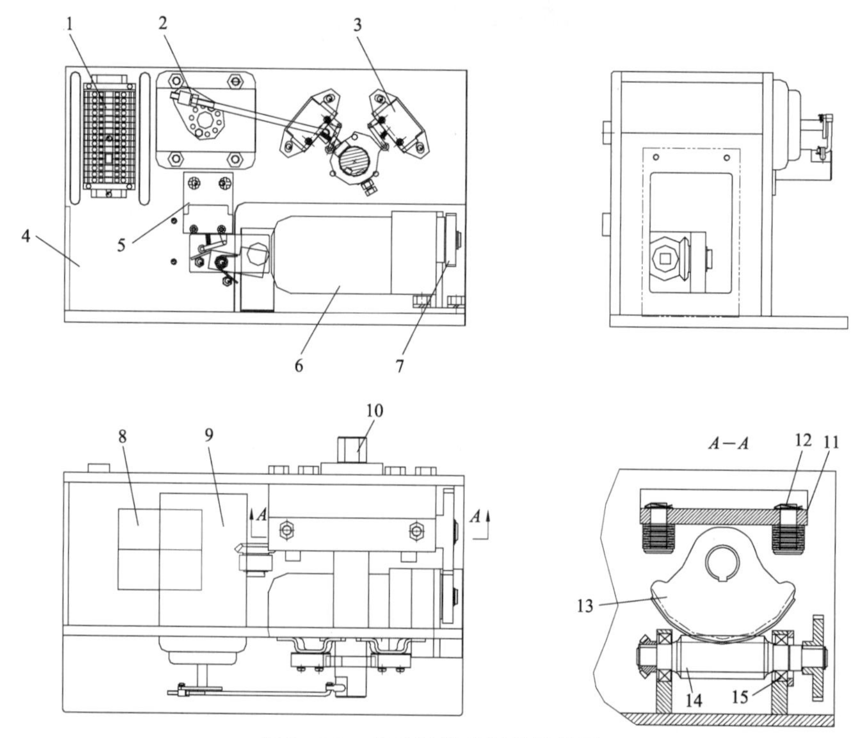

图 3－25　电动机操动机构结构图

1—接线端子；2—辅助开关；3—行程开关；4—机构架；5—手动闭锁弯板；6—电动机；7—直齿轮传动；8—直流继电器；9—辅助开关；10—输出轴；11—缓冲块；12—限位碟簧；13—蜗轮；14—蜗杆；15—锥轴承

电动机操动机构的动作原理为：

合闸时，电机正转，合闸到位前约 4～5° 时，合闸位置行程开关提前断开，切断电机回路，这时电机的惯性动能会带动传动件继续转动，当蜗轮顶到碟簧缓冲时，缓冲碟簧压缩，最终抵消这部分过冲能量，这时输出轴停转，分闸位置行程开关闭合，准备分闸。

分闸时，电机反转，分闸到位前约 4～5° 时，分闸位置行程开关提前断开，切断电机回路，这时电机的惯性动能会带动传动件继续转动，当蜗轮顶到碟簧缓冲时，缓冲碟簧压缩，最终抵消这部分过冲能量，这时输出轴停转，合闸位置行程开关闭合，准备合闸。

（2）电动弹簧操动机构。

电动弹簧操动机构由电动机、传动机构、储能弹簧、缓冲器、微动开关、辅助开关等组成。操作时，电动机带动蜗杆、蜗轮转动，蜗轮通过销轴带动弹簧拐臂压缩储能弹簧，当弹簧经过死点即压缩量达到最大时，储能弹簧自动释放能量，弹簧拐臂通过销轴带动从动拐臂快速旋转，与从动拐臂联动的输出拐臂通过连杆系统带动隔离接地开关实现快速分合闸。电动弹簧操动机构实物图及结构图分别如图 3－26、图 3－27 所示。

图 3－26　电动弹簧机构实物图

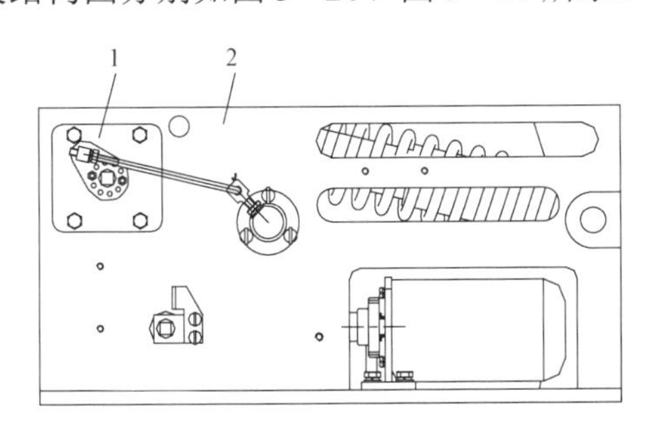

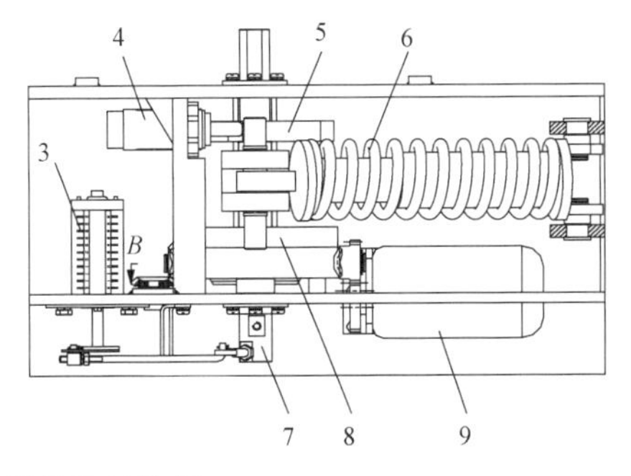

图 3－27　电动弹簧机构结构图

1—辅助开关；2—机构架；3—辅助开关；4—油缓冲；5—从动拐臂；6—储能弹簧；7—输出轴；8—蜗轮；9—电机

电动弹簧操动机构的动作原理为：

合闸时，电机正转，蜗杆驱动蜗轮顺时针转动从而带动拐臂压缩弹簧，弹簧到达中间位置刚刚过中时释放能量，带动从动拐臂与输出轴转动完成快速合闸。输出轴上固定的拉杆拐臂，通过拉杆带动辅助开关，使辅助开关的触点转换，其中两对控制电机回路的触点断开，切断电机回路。从动拐臂在转动的最后过程中压缩油缓冲抵消弹簧过冲能量，并最终将油缓冲压至死点完成定位。

分闸时，电机反转，蜗杆驱动蜗轮逆时针转动从而带动拐臂压缩弹簧，弹簧到达中间位置刚刚过中时释放能量，带动从动拐臂与输出轴转动完成快速分闸。输出轴上固定的拉杆拐臂，通过拉杆带动辅助开关，使辅助开关的触点转换，其中两对控制电机回路的触点断开，切断电机回路。从动拐臂在转动的最后过程中压缩油缓冲抵消弹簧过冲能量，并最终将油缓冲压至死点完成定位。

（3）三工位隔离/接地开关用电动机操动机构。

三工位隔离/接地开关用电动操动机构由电动机、传动机构、微动开关、辅助开关等组成，图 3－28 为安装在某 126kV 三相共箱式 GIS 中的三工位隔离/接地开关，其具体结构和各部分实物照片如图 3－29、图 3－30 所示。它是由电动机带动丝杆转动，丝杆正反转动使丝杆上的螺母前后移动，前后移动的螺母带动驱动板转动，与驱动板同轴的齿轮带动输出齿轮完成输出，实现隔离或接地开关分合闸操作。

图 3－28　安装在某 126kV 三相共箱式 GIS 中的三工位隔离/接地开关实物图

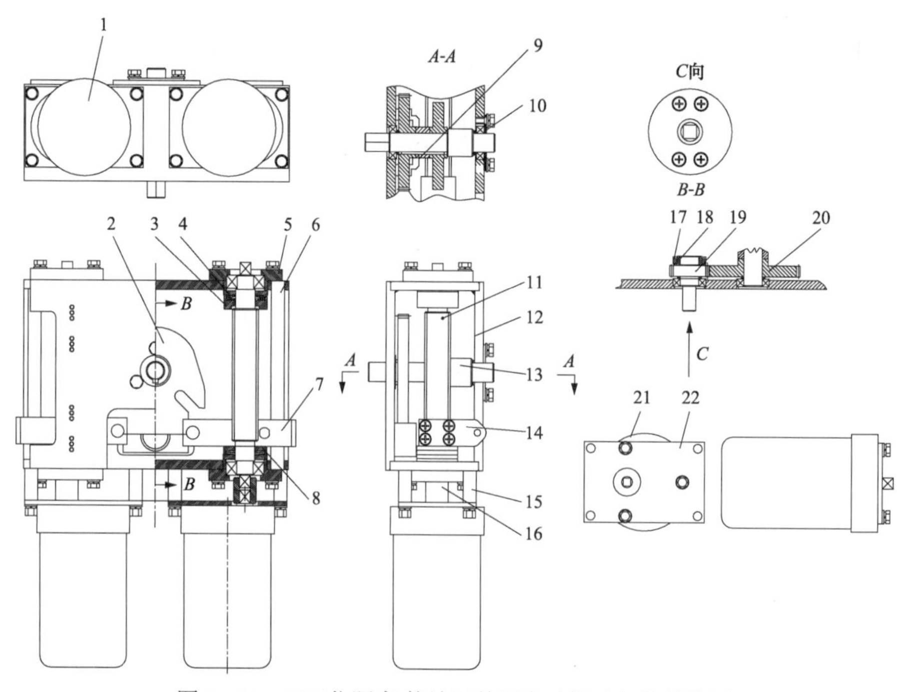

图 3－29　三工位隔离/接地开关用电动操动机构结构图

1—电动机装配；2—驱动板；3—挡圈；4—调整垫；5—轴承座装配；6—定位轴；7—螺母装配；8—挡圈；9—输出轴套；10—挡板；11—传动丝杠；12—机构架；13—输出轴；14—板；15—套；16—联轴器；17—支座；18—轴套；19—齿轮；20—输出齿轮；21—电动机；22—电机安装板

3.2.4　电子式互感器

与传统电磁式互感器相比，电子式互感器具有体积小、重量轻、频带响应宽、绝缘可靠、数字化输出、智能化集成等优点，目前在各电压等级智能变电站中已有一定规模的应用。智能 GIS 用的电子式互感器根据原理的不同，可分为有源电子式互感器和无源电子式互感器。有源电子式互感器一般指在高压侧需要电源供电的电子式互感器，无源电子式互感器高压侧一般不需要电源供电。根据组合形式的不同，电子式互感器又可分为电子式电流互感器、电子式电压互感器及电子式电流电压互感器。

图 3-30　三工位隔离/接地开关用电动机操动机构各部分实物图

1. 电子式电流互感器

GIS 用有源电子式电流互感器安装示意图如图 3-31 所示。采集器安装在 GIS 壳体外的采集箱中，GIS 壳体接地，因此采集器位于地电位。采集器采用直流供电方式，采集信息经光缆接至合并单元，合并单元布置于智能控制柜中。

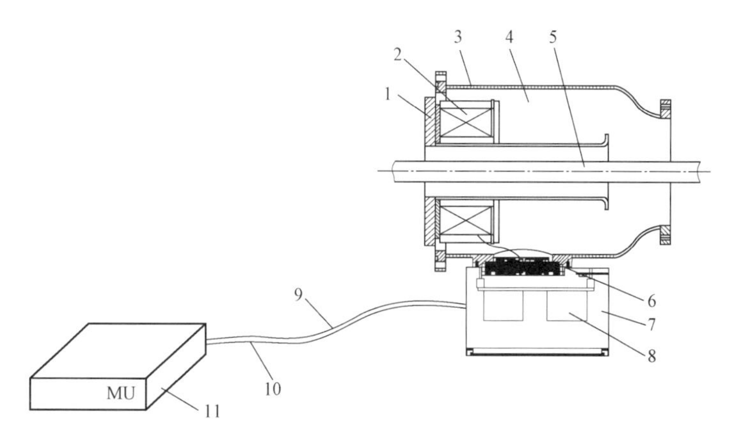

图 3-31　GIS 用有源电子式电流互感器的安装示意图

1—安装法兰；2—一次传感器；3—壳体；4—SF_6 气体；5—一次母线；6—密封端子板；7—采集箱；8—采集器；9—传输光缆；10—供电电缆；11—合并单元

图 3-32、图 3-33 分别为 GIS 用无源电子式电流互感器的连接示意图及安装示意

图。主要由主法兰、副法兰、绝缘环、密封圈、一次传感器、采集器及电气单元等组成，其中，一次传感器安装于 GIS 气室外主副法兰之间。与有源电子式电流互感器相比，使用无源电子式电流互感器可以使得 GIS 体积大幅度减小，另外 GIS 外部不需要采集箱，其采集器位于就地智能控制柜内。

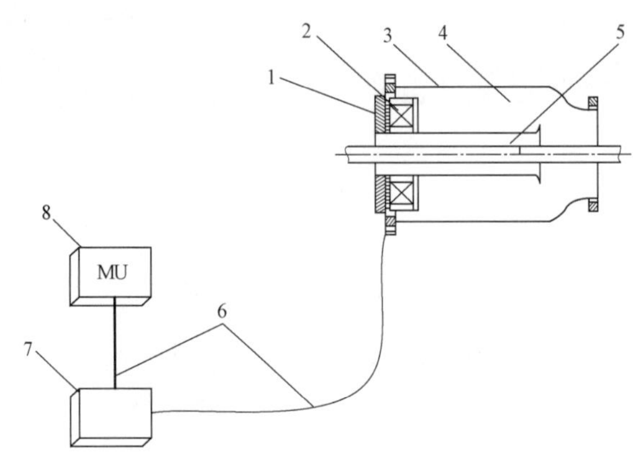

图 3-32　GIS 用无源电子式电流互感器的连接示意图

1—安装法兰；2—一次传感器；3—壳体；4—SF_6 气体；5—一次母线；6—传输光缆；7—采集器；8—合并单元

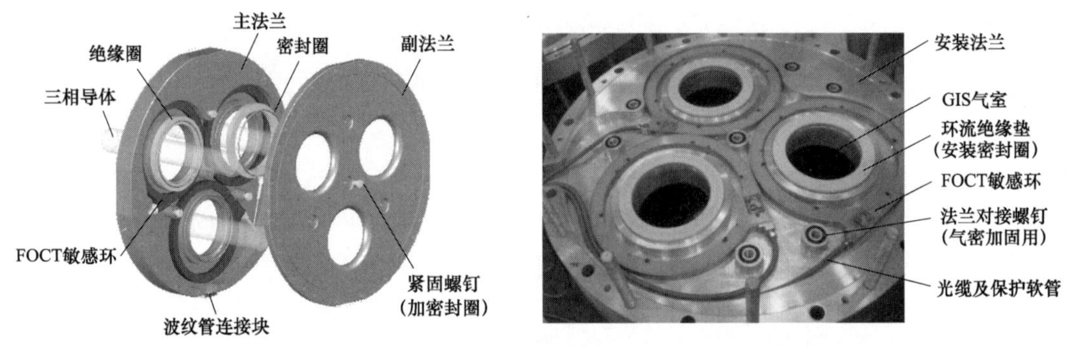

图 3-33　GIS 用无源电子式电流互感器的安装示意图

2. 电子式电压互感器

有源电子式电压互感器利用电容分压原理。GIS 用有源电子式电压互感器利用同轴电容分压器作为一次传感器，为提高电压测量的精度，改善电压测量的暂态特性，在低压侧并联精密电阻，因此需要积分处理后进行数字化光纤传输。GIS 用有源电子式电压互感器安装示意图如图 3-34 所示。

无源光学电压互感器原理大致可分为基于 Pockels 效应和基于逆压电效应两种。目前研究的光学电压互感器大多是基于 Pockels 效应，尚处于试验研究阶段，工程应用较少。无源光学电压互感器配 GIS 时，由绝缘盆、高压电极、SF_6 罐体、气密组件、一次传感器敏感单元及采集器等组成，一次部分高压电极通过绝缘盆引入罐体，其中电极与敏感单元在足够绝缘距离下非接触式安装，三相之间通过等势腔式屏蔽筒进行屏蔽抗干扰处理，绝缘可靠，安全稳定。安装示意图如图 3-35 所示。

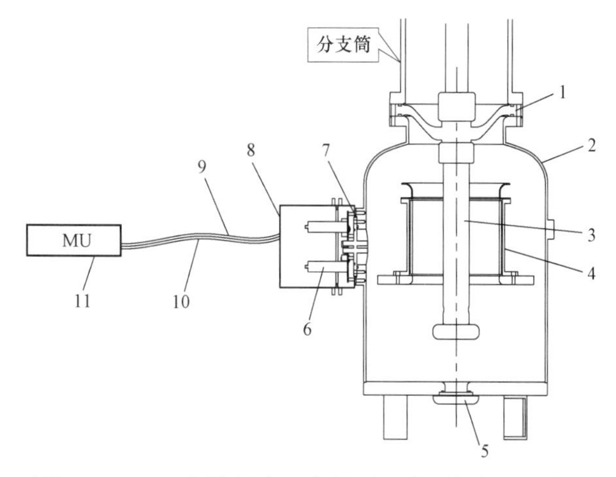

图 3-34　GIS 用有源电子式电压互感器的安装示意图

1—盆式绝缘子；2—壳体；3—一次导体；4—一次传感器（同轴电容分压器）；5—防爆装置；6—采集器；7—密封端子板；8—采集箱；9—传输光缆；10—供电电缆；11—合并单元

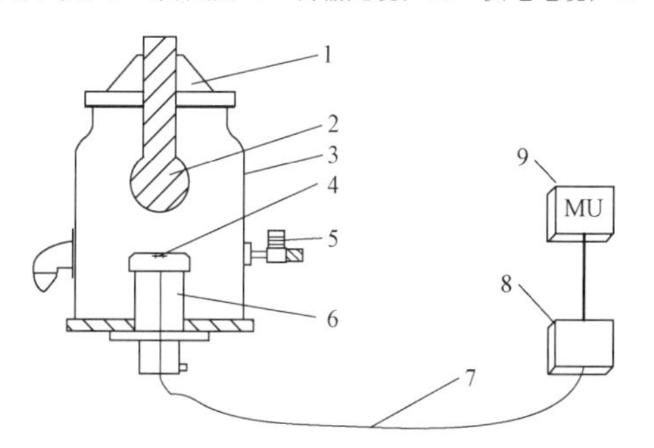

图 3-35　GIS 用无源光学电压互感器的安装示意图

1—盆式绝缘子；2—高压电极；3—壳体；4—一次传感器敏感元件；5—气阀；6—地电极；7—传输电缆；8—采集器；9—合并单元

3. 电子式电流电压互感器

电子式电流电压互感器又称为混合式互感器，主要为有源式。其结构紧凑，能够节约土地资源，在工程中有少量应用。本书以单相结构为例讲解其安装方式，如图 3-36

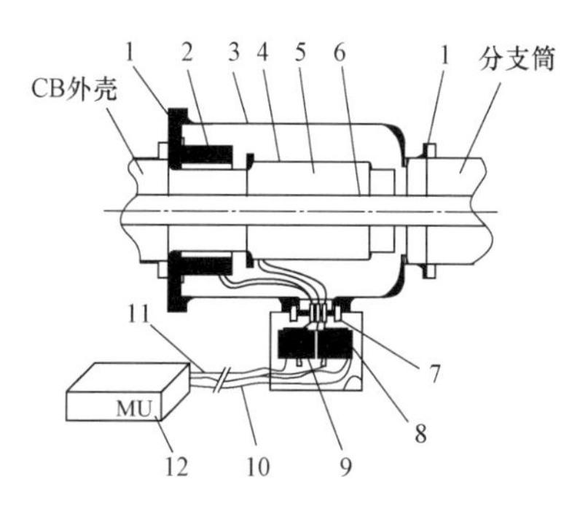

图 3-36　GIS 用电子式电流电压互感器的安装示意图

1—安装法兰；2—一次传感器罗氏线圈；3—壳体；4—一次传感器同轴电容分压器；5—SF_6 气体；6—一次母线；7—密封端子板；8—采集箱；9—采集器；10—传输光缆；11—供电电缆；12—合并单元

所示。电子式电流电压互感器整合了电子式电流互感器的一次传感器罗氏线圈和电子式电压互感器的一次传感器同轴电容分压器，位于采集箱中的采集器将一次传感器的电流、电压量转换为数字信号，并通过传输光缆送至合并单元。

GIS 用电子式电流电压互感器有三相一体式和单相结构，三相一体主要用在 126kV 电压等级的 GIS，252kV 以上电压等级的 GIS 一般使用单相结构。图 3－37、图 3－38 分别为两种电子式电流电压互感器实物图。

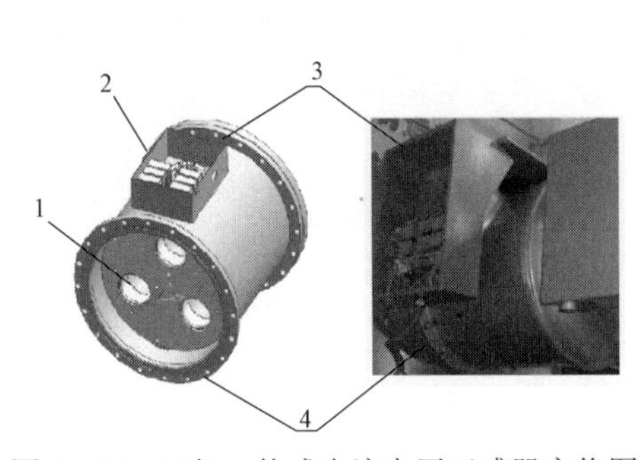

图 3－37 三相一体式电流电压互感器实物图

1—一次母线；2—采集器；3—采集箱；4—壳体

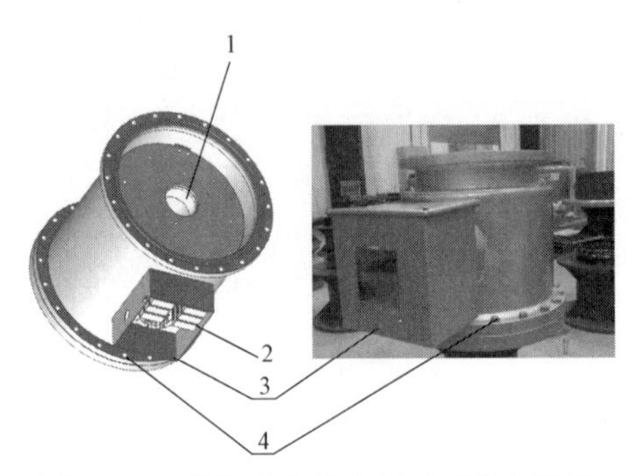

图 3－38 单相式电流电压互感器实物图

3.2.5 避雷器

避雷器的作用是当雷电入侵波或操作波超过某一电压值后，优先于与其并联的被保护电力设备放电，从而限制了过电压，使与其并联的电力设备得到保护。GIS 用避雷器为罐式氧化锌型封闭式结构，采用 SF_6 气体绝缘，它主要由罐体、盆式绝缘子、安装底座及芯体等部分组成，芯体的主要元件为氧化锌电阻片，它具有良好的伏安特性和较大的通流容量。三相共箱式避雷器的结构示意及实物图如图 3－39 所示，三相分箱式如图 3－40 所示。

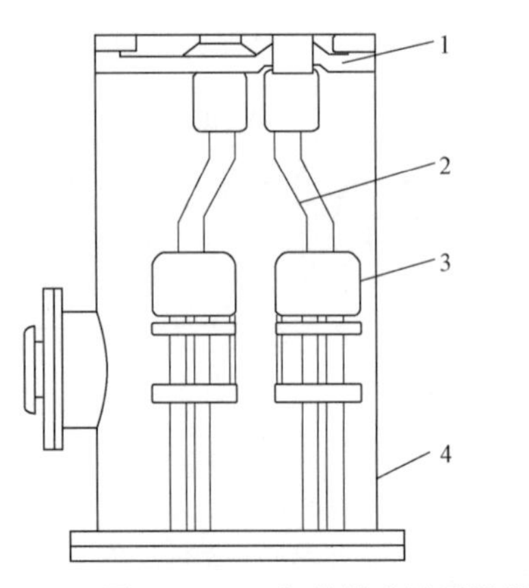

图 3－39 三相共箱式避雷器结构示意图及实物图

1—绝缘子；2—连接导体；3—氧化锌组件；4—外壳

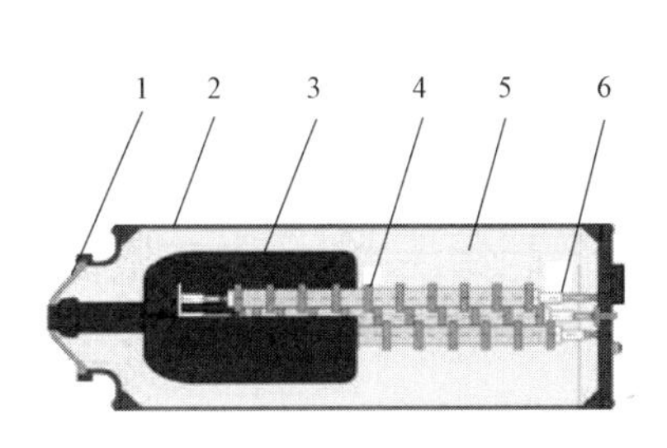

图 3-40　三相分箱式避雷器结构示意图及实物图

1—盆式绝缘子；2—外壳；3—屏蔽罩；4—电阻片；5—SF_6气体；6—绝缘杆

3.2.6　终端元件

GIS 的终端元件按照 GIS 设备与其他设备之间的不同连接方式分为 SF_6—空气套管、油气套管及电缆终端。SF_6—空气套管用于连接架空线路与 GIS 设备，油气套管用于连接变压器与 GIS 设备，电缆终端则是将 GIS 设备与电力电缆进行连接。

1. SF_6—空气套管

GIS 用 SF_6—空气套管与架空出线相连接。该套管可采用瓷套管，也可采用复合套管，如图 3-41 所示。采用均压环和屏蔽罩使套管的内外部电场保持均匀。

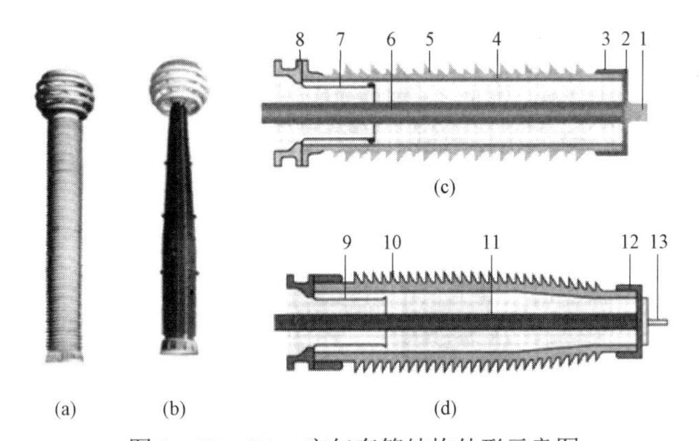

图 3-41　SF_6-空气套管结构外形示意图

（a）复合套管外形；（b）瓷套管外形；（c）复合套管结构；（d）瓷套管结构

1—导线接头；2—端盖；3—上法兰；4—纤维加固环氧树脂管；5—硅橡胶；6—导体；7—屏蔽罩；8—下法兰；9—屏蔽罩；10—瓷套管；11—导电杆；12—顶板；13—出线端子

2. 油气套管

GIS 与变压器直接连接时需采用油气套管，以确保 SF_6 气体与绝缘油有效分离。油气套管外壳上部设置有安装调节用的伸缩节，接口处设置有可靠的隔离断口，可以使 GIS 与变压器投运前或检修后，独立进行相应试验。SF_6—油气套管结构示意如图 3-42 所示。

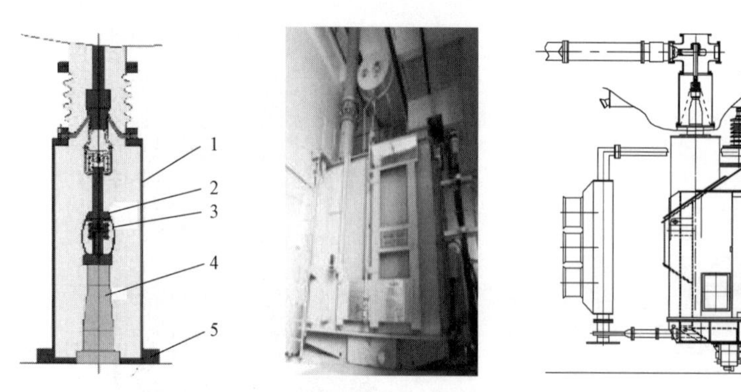

图 3-42　SF_6-油气套管结构示意图

1—壳体；2—电连接；3—屏蔽罩；4—变压器套管；5—连接法兰

3. 电缆终端

电缆终端也可称为电缆连接装置，大致分为三相共箱式和三相分箱式两种结构，如图 3-43 所示。电缆终端大多用于 252kV 及以下电压等级的 GIS 户内变电站，作为 GIS 的引出线装置与安装于户内不同楼层的变压器或电缆出线连接。

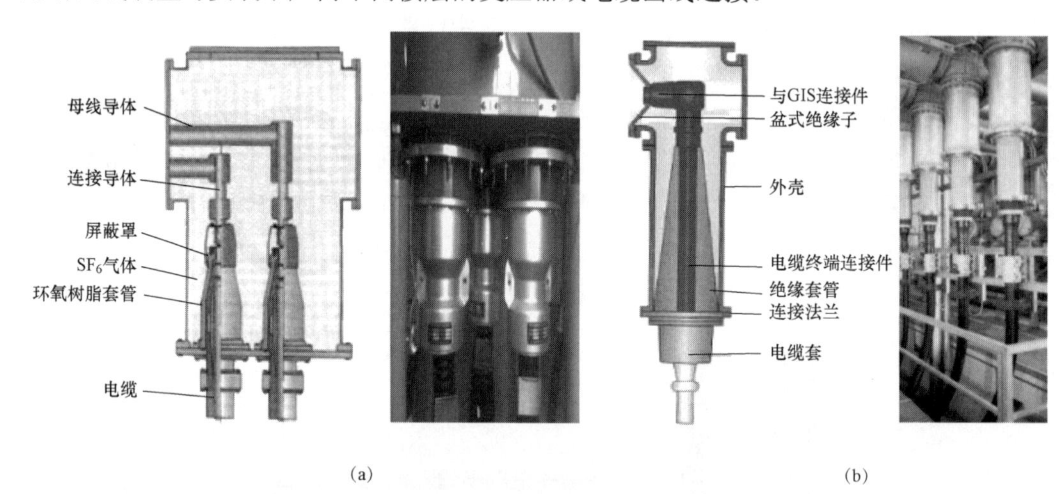

图 3-43　电缆终端与 GIS 连接结构示意图和实物图

（a）三相共箱式电缆终端结构示意图和实物图；（b）三相分箱式电缆终端结构示意图和实物图

各种类型的高压电缆均可通过电缆厂提供的电缆终端连至 GIS，它包括带连接法兰的电缆终端套管、壳体及带有插接头的间隔绝缘子。电缆终端与电缆的连接采用滑动插入触头，现场安装和调整很方便，并且利用连接导体可以很方便地实现 GIS 与电缆头的分离，形成一个隔离断口，以解决 GIS 与高压电缆分别进行试验的问题。

3.2.7　盆式绝缘子

GIS 设备盆式绝缘子的作用有：① 支撑固定 GIS 的导体；② 使 GIS 的导体对外壳和其他元件保持一定距离；③ 将 GIS 设备分成若干个气室。

盆式绝缘子可分为气隔绝缘子和非气隔绝缘子两种，如图 3-44 所示。非气隔绝缘子两端气室是连通的，主要起固定和连接通流导体的作用。气隔绝缘子两侧的气体完全隔开，对气密性要求高，两侧分属不同的气室，即使是在极限压力差下，气体也不会泄漏到相邻的气室中，气隔绝缘子还要具有足够的强度，能承受母线外壳内部因接地故障电弧所引起的压力升高。

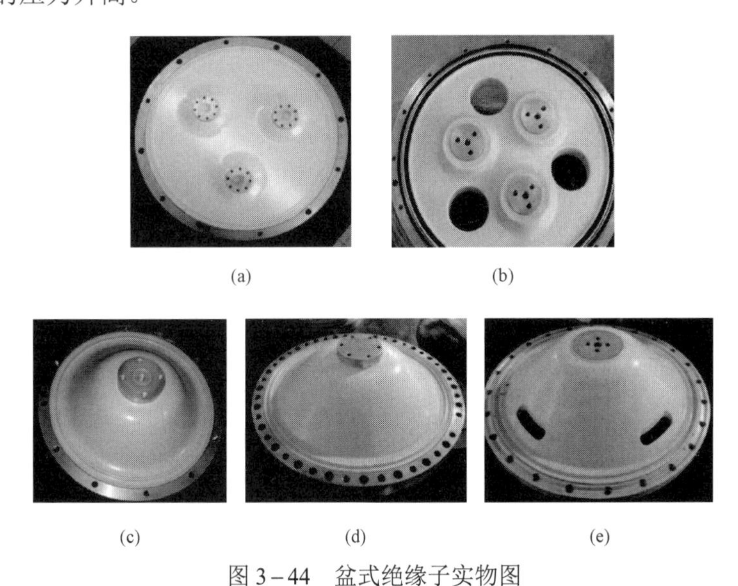

图 3－44　盆式绝缘子实物图

（a）126kV 气隔绝缘子；（b）126kV 非气隔绝缘子；（c）252kV 气隔盆式绝缘子；（d）550kV 气隔绝缘子；（e）550kV 非气隔绝缘子

GIS 设备的安全净距远比常规设备小。这是因为 GIS 的绝缘介质采用 SF_6 气体，它的绝缘性能和灭弧性能都比空气高很多，故此安全净距可以减少。除此之外，提高安全净距的另一个方法是调整场强分布，一般均匀电场的击穿场强是普通非均匀电场的约 30 倍，GIS 设备内部的场强设计是稍不均匀结构，也能够显著提升 GIS 内部击穿场强约 10 倍。

3.2.8　母线及其伸缩节

母线是 GIS 中汇集和分配电能的重要组成元件。母线管道用于连接其他的模块，管道内部直导体的连接形式是刚性的。根据不同的配置，可以有不同的管道长度，安装的方式可以是水平或者垂直布置。如果所需的管道长度超过最大的长度，则可以用几段管道进行拼接。

GIS 母线设备，按其所处的位置可分为主母线和分支母线，习惯上把 GIS 设备中承担电流汇集的母线称为主母线，把承担电流送出或送入的母线称为分支母线；按其结构形式可分为共箱式和分箱式。

GIS 母线一般用盆式绝缘子或支持绝缘子做支撑元件。导体之间的过渡采用插接式结构，插入触头多采用弹簧触头、表带触头、梅花触头等形式，插接式结构能够补偿导体组装的尺寸偏差及热胀冷缩变形。当母线较长时，为补偿壳体的尺寸偏差、基础沉降和温度变化引起的热胀冷缩变形，在适当的位置还加装有伸缩节，作为母线外壳的一部分。

1. 主母线

110kV 及以下的 GIS 设备的主母线一般采用三相共箱式结构，如图 3－45 所示，三相导体封装在一个金属壳体内，壳体内充以额定压力的 SF_6 气体，作为三相导体之间和三相导体对地的绝缘，三相导体采用支撑或悬挂导体结构固定于母线间绝缘子上。

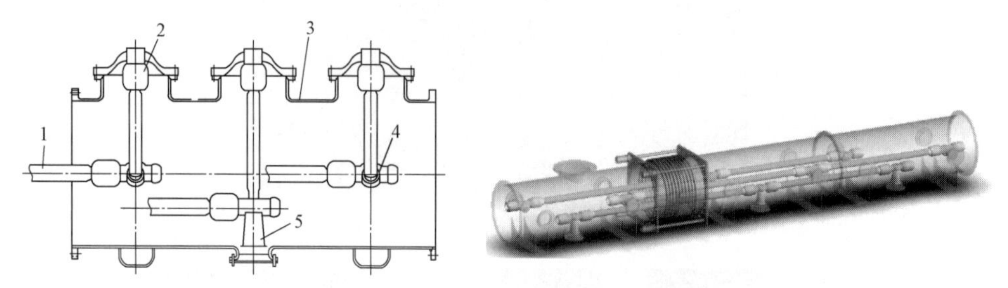

图 3－45 三相共箱式主母线结构示意图

1—导电杆；2—触头；3—外壳；4—触座；5—支撑绝缘子

550kV 及以上 GIS 设备的主母线多采用三相分箱式结构，如图 3－46 所示。252kV GIS 可以采用三相共箱式和分箱式两种。

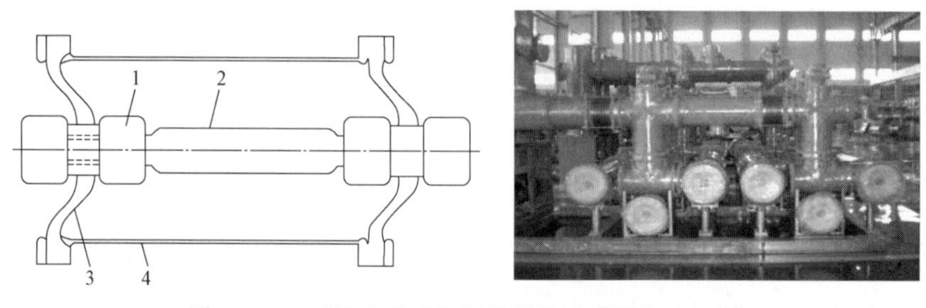

图 3－46 三相分箱式主母线结构示意图与实物图

1—触座；2—导电杆；3—盆式绝缘子；4—壳体

2. 分支母线

126kV 及以下 GIS 设备的分支母线一般采用三相共箱式结构。252kV 及以上 GIS 设备的分支母线一般采用三相分箱式结构，每相导体独立封装在一个壳体内，导体通过两侧绝缘子进行支撑，电气连接通过导电杆与触头间可靠接触实现。气隔绝缘子除应保证气密性外，还应具有足够的强度，能够承受其两侧 SF_6 气体的压力差（一侧额定气压、一侧真空状态）。

3. 伸缩节

（1）伸缩节的作用。

GIS 设备是由各个元件组合而成，若全部都是刚性连接，则元件将受到破坏。因为各个元件的材料不同，其膨胀系数不一样，各个元件的伸长和缩短不一样，当温度变化时，元件的温度应力就不相同，当应力超过某一允许值时，GIS 的元件会受到损伤。例如，母线管的法兰与胶垫之间会出现缝隙，引起 GIS 设备漏气。应力大时，还将使支持点发生位移。因此 GIS 设备连接时要用一部分软连接，以补偿温度的变化。在母线管中间安装几处温度补偿装置，这种装置叫作母线伸缩节。另外，在GIS设备安装过程中，必然会有误差，必须用母线伸缩节进行调整。在运行期间，温度相差太大时也要用母线伸缩节来调整。因此母线伸缩节是GIS设备中不可缺少的元件。

伸缩节作用主要有：① 用于装配调整，吸收 GIS 制造上的尺寸误差和安装误差；② 用于吸收热胀冷缩的伸缩量；③ 用于吸收基础间的相对位移；④ 用于吸收地震时的过渡位移量。

（2）伸缩节的分类。

伸缩节是GIS中的一个重要部件，它利用波纹管的弹性变形补偿安装时或热胀冷缩等原因引起的GIS母线尺寸的变化，主要有普通型伸缩节、碟簧平衡型伸缩节、自平衡型伸缩节和径向补偿型伸缩节等几种。

普通型伸缩节在轴向和径向均具有一定补偿作用，但补偿量小，被广泛用于产品安装尺寸偏差的补偿，可以作为GIS设备检修时的解体单元，也可以用在母线长度较短、环境温差变化不大的GIS设备中吸收壳体的变形。其结构示意图如图3－47所示。

碟簧平衡型伸缩节是在普通型伸缩节的基础上再增加几组碟形弹簧，依靠碟形弹簧的预压缩作用平衡内部气体压力对母线轴向的推力，具有较大的轴向尺寸补偿作用，主要用于周围空气温度变化较大、母线较长的 GIS 设备中。其结构示意图如图 3－48所示。

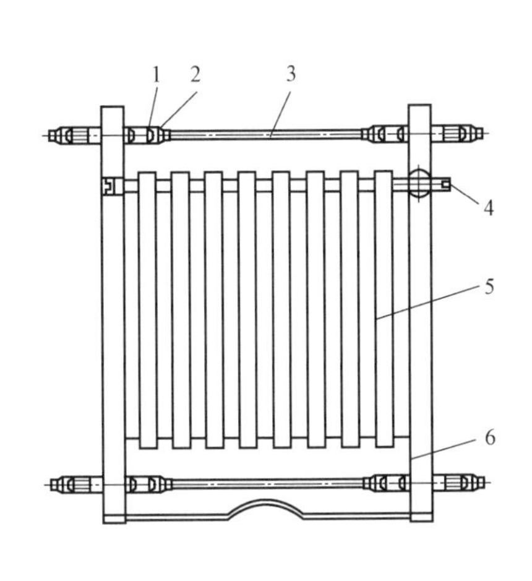

图3－47　普通型伸缩节结构示意图

1—螺母；2—薄螺母；3—拉杆；4—刻度尺；5—波纹管；6—法兰

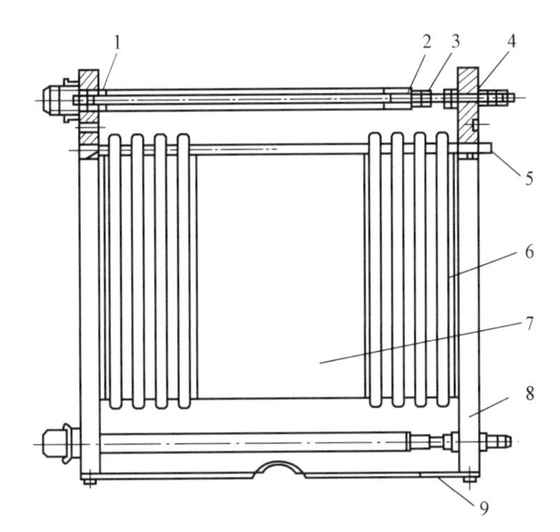

图3－48　碟簧平衡型伸缩节结构示意图

1—碟簧组；2—螺母；3—薄螺母；4—拉杆；5—刻度尺；6—波纹管；7—接管；8—法兰；9—接地连线

自平衡型伸缩节采用多个不同规格的波纹管进行组合，达到内部壳体机械应力与气体压力的平衡，作用与碟簧平衡型伸缩节相同，具有较大的轴向补偿作用，主要用于温度变化较大、母线较长的GIS设备中。其结构示意图如图3－49所示。

径向补偿型伸缩节利用两端波纹管有限的角位移与中间直连壳体相配合，实现径向较大尺寸的补偿。其结构示意图如图3－50所示。

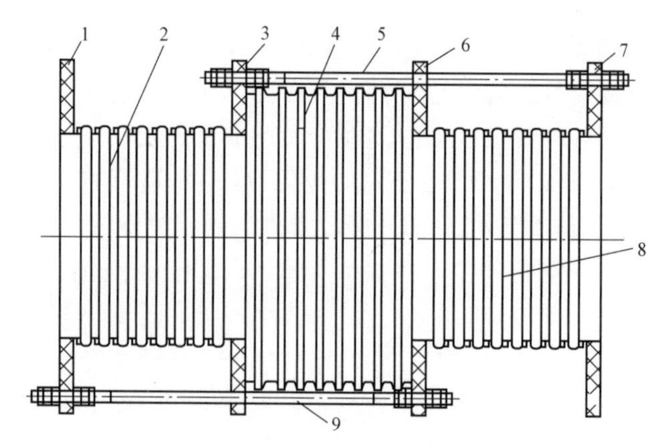

图 3-49　自平衡型伸缩节结构示意图

1—法兰 A；2—波纹管 A；3—法兰 B；4—波纹管 B；5—拉杆 A；6—法兰 C；7—法兰 D；8—波纹管 C；9—拉杆 B

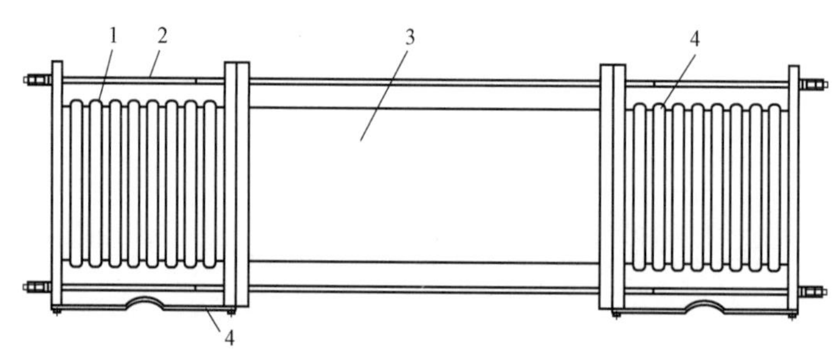

图 3-50　径向补偿型伸缩节结构示意图

1—普通型伸缩节；2—拉杆；3—壳体；4—接地连线

工程中径向补偿型伸缩节与母线壳体轴向呈垂直布置。在许多大型 GIS 工程中，还经常利用两组径向补偿型伸缩节进行配合，形成具有更大轴向尺寸补偿的补偿单元。其工程布置示意图如图 3-51 所示。

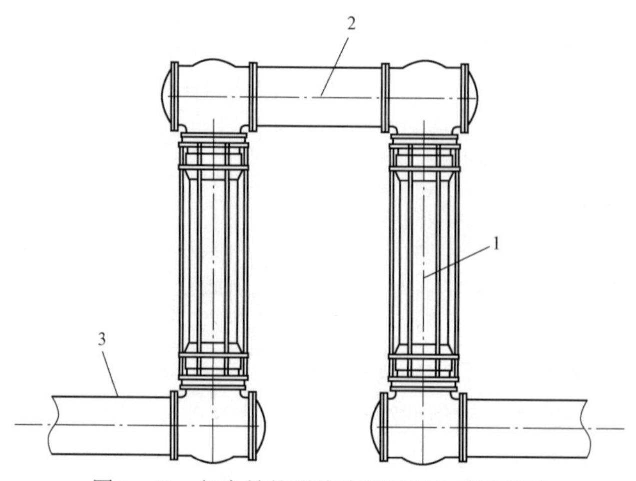

图 3-51　径向补偿型伸缩节工程布置示意图

1—径向补偿型伸缩节；2—连接壳体；3—母线壳体

（3）伸缩节的设置原则。

伸缩节一般布置在：① 长母线上；② 母线基础伸缩缝处；③GIS 配电装置与变压器、电抗器等元件的连接处。

由于 GIS 设备的电压等级不同，负荷电流大小不一样，因此母线伸缩节有不同的规格。在同一温度下其补偿值也不相同。在分段母线之间，在长母线管道、变压器和电缆终端的连接，需采用横向装、卸单元；轴向补偿件用作调节母线由于温度而引起的长度变化，也可作为横向装、卸单元；并联补偿件用来抵消特别大的线膨胀和角度误差，它由一段连接母线和两段波纹管组成。

3.2.9 智能控制柜

GIS 智能控制柜内元器件可实现 GIS 的测量、控制和监测等功能，包括智能终端、电子式电流/电压互感器的合并单元、机械状态监测 IED、局部放电监测 IED 等设备，可根据不同工程需求，配置不同设备。GIS 智能控制柜主要由下列设备组成：

（1）智能终端、合并单元。其中智能终端接收控制指令，发出开关操作命令，同时接收开关设备报警闭锁等状态信息并上传。合并单元接收电子式电流/电压互感器的数字信号，整合电流/电压数据并上传。智能终端、合并单元可以独立配置，也可以实现一体化集成。

（2）测控装置。具有遥控、遥测、遥信等主要功能，可将遥测信号上传至主控室，并根据主控室下达的遥控指令，向智能终端传递断路器、隔离开关、接地开关的动作信号。

（3）机械状态监测 IED。采集、处理及分析开关机械状态传感器的上传数据，并评估开关设备的健康状态。

（4）局部放电监测 IED。采集、处理和分析 GIS 局部放电信号，监视/检测 GIS 的局放量值和放电形式，评估 GIS 的绝缘状态。

（5）交换机。根据 IEC 61850 标准通信规约，与外部通信系统组网。

图 3－52 为实际设计的智能控制柜，其左侧部分为智能控制柜，右侧部分为保留的原汇控柜。

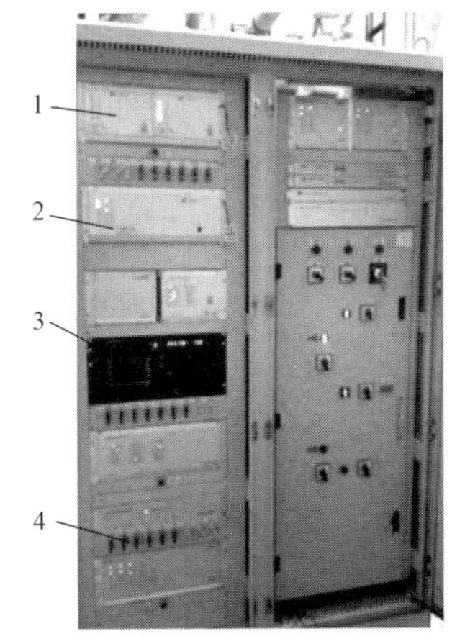

图 3－52　智能控制柜实物图

1—合并单元；2—智能终端；3—测控装置；4—状态监测 IED

GIS 智能控制柜工作环境一般在开关设备场所，其智能控制柜也必须具备较强的温度调节、湿度调节及抗电磁辐射能力，详细介绍可参见第 2 章集成式隔离断路器相关章节，其原理基本相同。

3.2.10 智能 GIS 的关键技术

1. 技术性能

智能 GIS 是由各种不同技术性能的元件组合而成的高压开关成套设备，运行中的

GIS 需要完成电力的输送、保护和控制任务，还要做好过电压防护、计量等工作。因此，GIS 在运行时应能够保证开关设备动作准确可靠、计量精确，避雷器保护可靠。这要求 GIS 必须具备良好的机械性能、绝缘性能、热性能、密封性能、开合性能和内部故障的防护性能，以确保在其使用寿命周期内安全可靠运行。

（1）绝缘性能。

绝缘性能是 GIS 最为重要的性能指标，尤其是内绝缘性能对 GIS 设备的影响更大。GIS 内绝缘故障将会导致设备损坏或停运，并威胁到系统的运行安全。GIS 应能长期耐受额定电压，新出厂的产品还应能承受额定短时工频耐受电压、额定雷电冲击耐受电压及额定操作冲击耐受电压（363kV 及以上设备）。

GIS 内的主绝缘由绝缘气体（以 SF_6 气体为主）及固体绝缘件组成，固体绝缘件包括盆式绝缘子、支撑绝缘子、绝缘台或筒、绝缘拉杆或绝缘传动杆等。

SF_6 气体具有稳定的绝缘性能，在额定充气压力和水分含量不超标的前提下，能够长期保证 GIS 产品的绝缘水平。GIS 的充气压力可以通过压力表（密度表）或传感器来监控。SF_6 气体压力应至少设置三个数值，即额定充气压力、报警压力及最低功能压力，三个数值之间应有足够的差值。例如，额定充气压力为 0.5MPa，报警压力为 0.45MPa，最低功能压力为 0.4MPa。根据标准规定，GIS 的型式试验和出厂试验，凡与充气压力相关的性能试验均应在最低功能压力下进行。

GIS 中固体绝缘件在长期运行过程中会发生绝缘性能下降，存在一定的绝缘性能失效的概率。

运行中的 GIS 长期受到电场应力、机械应力以及导体发热的影响。如果产品存在电场设计缺陷，绝缘件存在自身缺陷或在制造过程中、现场安装过程中以及 GIS 开关动作中产生异物和金属微粒等，都会造成绝缘性能失效事故。

由于绝缘体故障的时效性和概率分布的性质，绝缘故障往往要经过一段时间的运行（几年或更长时间）和运行产品数达到一定量时才可能发生。即使严格的型式试验、出厂试验和现场试验也不能完全排除 GIS 发生内部绝缘故障的隐患。

GIS 电场优化设计对于保证绝缘件的可靠性是至关重要的。电场设计应保证绝缘件表面电场强度的均匀，特别是绝缘件与导体、壳体连接处，应避免楔形气隙的存在，防止电场畸变。

消除绝缘件内部缺陷是保证绝缘可靠性的重要措施，可以通过 X 光透视和局部放电检测来排除，GIS 中使用的绝缘件要求局部放电量在规定的电压下不大于 3pC。

GIS 内部异物的存在可能会极大损害绝缘强度。异物的产生，一部分可能是由工厂内的装配过程或在现场安装过程中的不洁净所致，而另一部分可能会在开关设备动作过程中产生，有些可能是在充气过程中通过充气管路进入。防止异物的危害，一方面要从 GIS 产品的生产工艺入手防止微粒的产生；另一方面要从 GIS 产品的结构设计入手，防止微粒落到绝缘件表面，还可以设置“微粒捕获装置”或“微粒陷阱”。保证 GIS 的现场安装条件和洁净度也是防止异物带入或产生异物的重要而有效的技术措施。

从运行维护的角度，保证 GIS 的绝缘可靠性主要是通过对绝缘气体（如 SF_6）和绝缘件的监控来完成。SF_6 气体的监控主要是对压力（密度）的监测和对水分含量的定期监测，实施起来比较简单可行。而对绝缘件的监控，在有条件的现场可通过局部放电测试来发现和查找可能存在的缺陷。

对于容易产生微粒的气室，如断路器和隔离开关气室，在出厂进行操作试验或现场进行操作试验后，以及在经过长时间运行和多次操作后，在有条件的情况下要对气室进行清理，特别是盆式绝缘子为水平布置的气室，应认真清洁绝缘体的表面。

GIS 的绝缘性能决定了 GIS 的运行可靠性，而决定绝缘性能的关键是绝缘结构的电磁场强设计和制造质量，特别是固体环氧绝缘件的设计和制造质量控制。生产厂家必须要精心设计、慎重选材、严格执行工艺管理和性能检验，要确保装配过程的清洁度，严格执行出厂绝缘试验。

（2）气密性。

GIS 的气密性对保证其运行时的绝缘及开断性能是至关重要的。构成 GIS 本体的外壳、动密封、静密封、盆式绝缘子、进出线套管以及充气阀门、连接气管等都会对产品的气密性产生不同程度的影响。按照 GIS 出厂控制要求，GIS 产品的年泄漏率一般低于 0.5%或 0.1%。若产品保持这一泄漏标准，则至少能够运行 20 年不用补充气体。但实际运行的产品往往会发生泄漏率超标的现象，说明 GIS 的密封性能具有时效性，要保证 GIS 长期的气密性，需从产品的设计和生产过程的控制入手。例如，密封结构和密封件的设计，密封材料的选择及质量控制，耐高、低温的性能，铸件壳体内部缺陷控制，焊接壳体的焊缝控制等。

GIS 在运行中需关注其充气压力（密度）的变化，当发现压力（密度）变化异常时应及时补足充气压力并查找泄漏点，根据泄漏点的位置与生产厂家一起分析泄漏的原因，确定需更换的元器件并及时更换。需要注意的是，环境温度突然升高或压力（密度）表在阳光直射时，压力（密度）显示会有所下降，这是由压力（密度）表局部温度升高而产生的热补偿所致，而非产品充气压力（密度）的损失。当局部温度与产品温度趋于一致时，压力（密度）显示就会恢复正常。

（3）热性能。

运行中的 GIS 要长期承载工作电流和短时通过短路电流。正常运行时 GIS 应能长期承载额定电流，导电回路和外壳的温升应在标准规定的范围内。GIS 的载流系统和触头要能够承载短路故障电流，直至额定短路电流，而不应发生过热和触头熔焊。

GIS 产品的发热主要是由焦耳发热（I^2R）产生的，对钢制外壳特别是钢制三相分箱式外壳，还应考虑涡流发热，发热功率与主回路电阻成正比，主回路导体产生的热量通过热辐射、传导（主要通过 SF_6 介质）和对流的方式传递到产品外壳，再由外壳向周围空气中传递热量。在长期通流的情况下，随着主回路导体和外壳温升到达一定程度，发热功率与散热功率相等时，产品温升将趋于稳定。

运行中 GIS 内部导体的温升（温度）是很难测量的，一般只能通过检测外壳的温升（温度）间接判断内部导体的发热情况。产品的载流能力一般是通过温升试验来验证的，而温升试验属于型式试验，这就要求型式试验的样机与产品有高度的一致性，从而保证产品的热性能。

运行中的GIS发生载流故障主要是由主回路导体的电接触不良所致，如固定连接螺栓松动、活动连接镀层质量问题等。电接触不良会导致局部电阻增大并使局部温度升高，过高的温度会使电阻进一步增大，最终导致接触部位烧毁并可能扩大为短路事故。

引起GIS产品外部发热的另一个原因是外壳和汇流导体。运行中GIS产品的外壳和汇流导体中通过的电流可能达到主回路电流的60%以上，这就要求外壳和汇流导体具备一定的通流能力，特别应关注的是波纹管上的跨接导体及汇流母排的截面。

（4）机械性能。

GIS在运行中会受到操动机构动作时产生的作用力、充气压力产生的应力、短路故障产生的电动力，以及热胀冷缩及安装基础变形而产生的应力等。GIS的各种机械部件和支撑件应具备一定的机械强度和刚度，在各种机械负荷的作用下不会变形和损坏，并能够确保开关设备动作的准确性、稳定性和可靠性，从而确保GIS的电气可靠性。

GIS中的各种操动机构，无论是断路器还是隔离开关或接地开关，其动作可靠性对于GIS的运行都是至关重要的。由于开关操动机构的动作特点，即平时大部分时间处于静止状态，而一旦动作则需要准确无误，这类结构的机械隐患在机构不动作时很难发现，只有当机构动作时问题才会暴露出来，但这时已造成了GIS的机械故障。

操动机构及其传动装置的误动、拒动及分、合不到位是引起GIS故障的主要因素之一。运行中的GIS其操动机构很容易受到环境的影响，特别对于户外运行的产品。因此GIS产品在设计阶段就应当充分考虑环境对操动机构性能的影响，一方面要做好机构本身的防护，如防雨、防潮、防沙尘，低温环境下的加热和保温措施；另一方面应选择防锈的材质作为零件的材料。

GIS由于其封闭的特点，一般开关的分合位置状态难以直接观察到，而需要从开关的外部分合指示和辅助开关发出的分合位置信号来判断。这些外部指示或信号的准确性都会影响运行人员对于运行中开关分合状态的判断。开关的分合指示装置及位置信号装置在产品设计和制造阶段应特别给予重视，其准确性将直接关系到开关运行的可靠性。

运行中的GIS产品应当按照产品使用说明书的要求做好平时维护工作，以保证其机械性能。很大一部分机械性能上的缺陷往往可以通过平时的巡视和定期检修来发现并得到解决。

（5）开断和关合性能。

1）断路器的开合性能。

GIS中的断路器需要满足断路器本体应具备的技术性能：开断和关合短路电流的性能、开合容性电流的性能、开合感性电流的性能等，可具体参考《电气设备运行及维护保养丛书高压交流断路器》一书中的详细描述。

2）隔离开关的开合性能。

GIS中的隔离开关应具备开合母线转换电流的功能，即将运行中变电站的负荷电流从一个母线系统转换到另一个母线系统。隔离开关应具有的关合和开断转换电流的能力取决于转换的负荷电流值、母线的连接位置与被操作隔离开关之间的环路距离。标准中规定，额定母线转换电流不超过1600A。但是对于大容量变电站，当母线电流很大，如

4000A 及以上时，应根据接线情况进行核算，验证 1600A 是否能满足要求。

GIS 中的隔离开关还应具备开合母线充电电流的能力，即接通或断开部分母线系统或类似的容性负载时，隔离开关应能开合的电流。不同电压等级母线充电电流（有效值）为：72.5kV 设备为 0.2A，126kV 设备为 0.5A，252kV 设备为 1.0A，大于等于 363kV 时为 2.0A。运行经验发现，用气体绝缘封闭开关设备的隔离开关开合小的容性电流时，由于隔离开关开断过程中触头间的多次击穿，以及电压波在很短的空载母线段上和 GIS 中来回反射，会产生快速瞬态过电压（Very Fast Transient Overvoltage，VFTO），可能损坏 GIS 和变压器的绝缘或造成对地破坏性放电，并会干扰二次设备工作，这种现象在 330kV 和更高电压等级的系统中更为突出。因此为了避免这种操作产生 VFTO 而发生破坏性的对地放电和设备损坏，隔离开关在设计时应考虑适当技术措施，如加装投切电阻或在隔离开关附近的中心导体上加装高频磁环等其他措施。

GIS 中的快速接地开关（Fast Earthing Switch，FES）应具备关合短路电流的能力和开合感应电流的能力，具有额定短路关合能力的接地开关，应能在额定电压下关合额定峰值耐受电流。E1 级接地开关应能完成至少两次关合。

对于同塔多回路架设的线路或平行近距离架设的线路，其线路侧的接地开关应具备开合停电线路的感应电流的能力，即应能够开断和关合电磁感应（当线路的一端开路，接地开关在线路的另一端操作时）和静电感应（当线路的一端接地，接地开关在线路的另一端操作时）产生的电流。

（6）内部故障的防护性能。

当运行中的 GIS 发生内部相间或对地短路时即为内部故障产生。由内部故障电弧产生的能量将会引起 GIS 罐体内部压力增高和局部过热，如果没有有效的防护措施，可能会发生壳体烧穿，严重时还可能发生罐体爆炸，产生极为严重的事故后果。因此 GIS 必须具有安全可靠的内部故障防护性能。GIS 内部故障的防护性能对 GIS 外壳的设计或压力释放装置的设置提出了具体要求，应使电弧的外部效应受到一定的限制，防止周边人员受到伤害。在内部故障情况下，压力释放装置可防止 GIS 内部过高压力的产生，尤其对于一些小的气室，如电压互感器、避雷器等。压力释放装置气体逸出方向应在设计时给予控制，应使运行人员在正常可触及的位置工作时没有危险。对于不设置压力释放装置的大的气室，如容积较大的主母线气室，应在设计时通过计算验证，保证内部电弧产生的过压力能够自身限制到不超过型式试验的压力。

内部故障对外壳产生的效应主要取决于系统短路电流、电弧持续时间和隔室容积的大小，确定外壳防护性能的判断依据如表 3－1 所示。

表 3－1　　确定外壳防护性能的判据

额定短路电流（kA，有效值）	保护段	电流持续时间（s）	性能判据
＜40	1	0.2	除了适当的压力释放装置动作外没有外部效应
	2	≤0.5	对钢外壳不允许烧穿 铝合金外壳允许烧穿，但不能有碎片喷出

续表

额定短路电流（kA，有效值）	保护段	电流持续时间（s）	性能判据
≥40	1	0.1	除了适当的压力释放装置动作外没有外部效应
	2	≤0.3	对钢外壳不允许烧穿 铝合金外壳允许烧穿，但不能有碎片喷出

2. 防止快速暂态过电压及过电流技术

（1）快速暂态过电压及过电流产生机理。

GIS 中隔离开关操作过程中，由于其动触头移动速度较慢，会引起触头间的多次预击穿或重击穿。合闸过程中，两触头靠近会产生预击穿。由于操作速度慢，首先击穿必然在工频电压峰值时发生。击穿电流给容性负荷（短线）充电至电源电压，加在触头间的电位差下降，火花放电熄灭，残余电荷留在短线上，随后的击穿类似于重合闸，可导致较高幅值的快速瞬态过电压。分闸过程中 VFTO 的形成机理也基本一致，其差别在于：合闸操作时动静触头距离逐渐变小，VFTO 过电压波形呈现出先疏后密的特点：而分闸操作时与之相反，由于动、静触头距离逐渐变大，VFTO 波形呈现先密后疏的特征。

隔离开关在一次关合操作过程中重击穿或预击穿现象会发生几十次甚至数百次。触头重击穿会产生上升时间为纳秒级的过电压行波，行波沿 GIS 管道传播，传到与 GIS 连接的外部电气设备上。行波的幅值取决于击穿母线的波阻抗及触头间的电位差。这些高频冲击波在传播过程中衰减很小。同时，由于行波在 GIS 节点的折射与反射，整个 GIS 内部都会产生 VFTO 过电压，差别仅在于过电压幅值和陡度有所不同。因此，VFTO 过电压是 GIS 隔离开关关合时间以及隔离开关节点在 GIS 装置中位置的函数，而且与 GIS 的运行接线方式直接相关。

图 3－53（a）所示为某 252kV GIS 中隔离开关在合闸过程中负载侧 VFTO 的波形，分闸波形为合闸波形在时间上的反演。由于隔离开关的分合闸速度较慢，间隙在分合闸过程中发生了多次重复击穿，使得负载侧波形表现为阶梯状，其中每个阶梯代表一次击穿。将分合闸重复击穿波形中单次击穿幅值最高的阶段展开，得到单次击穿 VFTO 的典型波形，如图 3－53（b）所示。

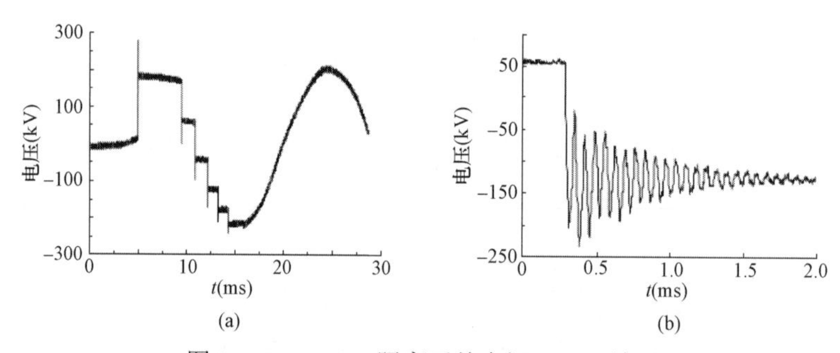

图 3－53　252kV 隔离开关合闸 VFTO 波形

（a）合闸过程；（b）单次击穿展开

GIS 中隔离开关分合闸操作引起 VFTO 的同时也伴随着快速瞬态电流（Very Fast

Transient Current，VFTC）的产生，VFTC 过程比较迅速，具有电流幅值大、频率成分复杂等暂态特征。快速瞬态过电流 VFTC 对电子式互感器的传感部分有很大的影响，分析 VFTC 的内在特性具有重要意义。

图 3－54 为隔离开关放电击穿时流过隔离开关的电流波形，也就是一次侧高压导体的电流信号波形。由图 3－54（a）可知，在隔离开关操作过程中，断口间隙会产生多次击穿。合闸初始阶段脉冲较少，但脉冲幅值较大；合闸后半段，脉冲较为密集，但幅值较小。这主要是因为：击穿电压和幅值均与电弧击穿时触头之间的间隙距离有关，而电弧电阻在隔离开关闭合过程中变化不大。在开关闭合初期，隔离开关击穿电压大，造成较大的 VFTC 幅值，触头间电压恢复到击穿电压所用的时间也较长，所以脉冲较少。在开关闭合后期击穿电压小，触头电压恢复时间短，所以脉冲电流密集，脉冲幅值小。图 3－54（b）为合闸过程中单次击穿电流波形，在隔离开关闭合过程中，开关电流通过电弧不断振荡，振荡频率由电路中的分布参数确定，高频振荡电流在系统中逐渐衰减，当能量消耗完毕时，电弧熄灭，放电过程结束，波形变化的特征时间达到了纳秒级。

隔离开关操作时，流过隔离开关的过电流主要频率范围为 1～10MHz。其中，频率为 10MHz 数量级的过电流幅值较大。

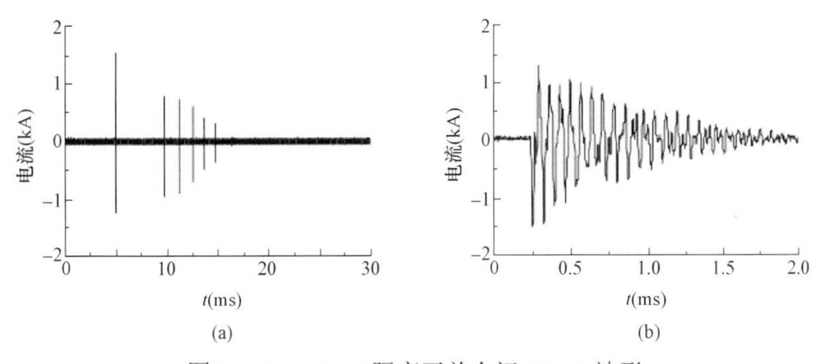

图 3－54　252kV 隔离开关合闸 VFTC 波形

（a）合闸全过程；（b）单次击穿展开

（2）VFTO 和 VFTC 对 GIS 的危害。

1）VFTO 对 GIS 的危害。

VFTO 对 GIS 造成的危害有以下几个方面：

（a）较高的过电压会对 GIS 自身绝缘造成损害。VFTO 会造成 GIS 内的绝缘子闪络或 SF_6 气隙击穿，尤其是对支持绝缘子的绝缘威胁较大，因为支持绝缘子通常是 GIS 绝缘中最薄弱的环节。

（b）引起 GIS 瞬态地电位升高（Transient Ground Potential Rise，TGPR），可能造成与壳体相连的监测、控制和保护设备损坏。

（c）VFTO 对二次设备的危害。VFTO 具有非常高的幅值和频率，当发生 VFTO 时，与之相关的外部瞬态电磁场从 GIS 壳体和架空线向四周辐射，任何电子设备都会受到瞬态电磁场的影响。根据 IEC 发布的报告，当 GIS 内产生 VFTO 时，GIS 周围的空间暂态电场强度约为 1～10kV/m，场强变化率约为 103～105kV/（m • s）。这种高幅值瞬态电磁场会对 GIS 外壳周围的电子设备（包括二次设备）产生影响。

（d）VFTO 的累积效应。隔离开关操作一次，就可能产生一次 VFTO 过电压，并造成一次对电气设备绝缘的破坏。由于隔离开关的操作十分频繁，VFTO 过电压对电气设备绝缘的破坏作用就会不断地累积。破坏的积累会加速绝缘的老化，绝缘的老化反过来会加重累积效应的破坏程度，最终可能造成绝缘的严重损坏。

2）VFTC 对 GIS 的危害。

VFTC 对 GIS 设备的危害主要体现在：

（a）VFTC 具有热效应，电压等级越高的 GIS 设备，产生 VFTC 的幅值也可能越高，在电弧多次重燃的条件下，VFTC 大电流的热效应对 GIS 内部设备绝缘而言是致命的。

（b）稳态条件下，GIS 母线长期通流产生损耗，温度升高进而导致 SF_6 因流动而分布不均，而 SF_6 气体的这种分布不均匀最终导致 GIS 内部绝缘不均衡，VFTC 的产生会进一步加剧这种不平衡，最终使 GIS 内部绝缘最薄弱区域被击穿。

（c）内部快速瞬态过程（Very Fast Transient，VFT）在传播过程中遇到节点时，会产生折反射现象，因此内部 VFT 是外部 VFT 产生的根源，而 VFTC 在高频条件下具有强烈的集肤效应，这种集肤效应势必会对外部 VFT 产生重要影响。

（d）内部 VFTC 不但会通过折射在壳体表面产生外部 VFT，还会通过 GIS 中的充气套管、绝缘法兰等结构将其在内部传输过程中产生的高达兆赫的电流波泄露到外部环境中，在外部设备中产生电磁耦合干扰；同时 GIS 母线中少量的 VFTC 也会直接耦合到控制电缆中，对（与 GIS 相连接）二次继电保护装置或数据采集等设备造成严重的危害，影响其正常稳定的运行。

（3）VFTO 和 VFTC 的影响因素及抑制措施。

VFTO 过电压的幅值、频率、作用时间及衰减情况与 GIS 的电压等级、接线方式、结构尺寸、内部设备参数和外接设备特性有关，这里仅分析几种典型影响因素。

1）残余电荷电压。

GIS 的母线开断以后，在开断的空载线段上会留有残余电荷，残余电荷电压与 VFTO 幅值倍数之间呈正比关系。可采用接地开关来泄放残余电荷，研究表明，接地开关动作能把 VFTO 峰值有效限制在 2p.u.左右。

2）GIS 支路长度。

VFTO 在支路中折反射的不断叠加会造成幅值的变化，有时支路长度的很小变化都会引起 VFTO 幅值的巨大变化。

3）变压器入口电容。

VFTO 的幅值随变压器入口电容的增大而增大。图 3－55 为变压器入口电容为 1000pF 和 3000pF 时的 VFTO 波形对比，由图中可知，后者的 VFTO 幅值明显大于前者。其主要原因是在分合母线充电电流过程中，隔离开关动静触头间电弧发生重燃之前，变压器的等值电容存储了一定的能量，触头击穿后电容放电。

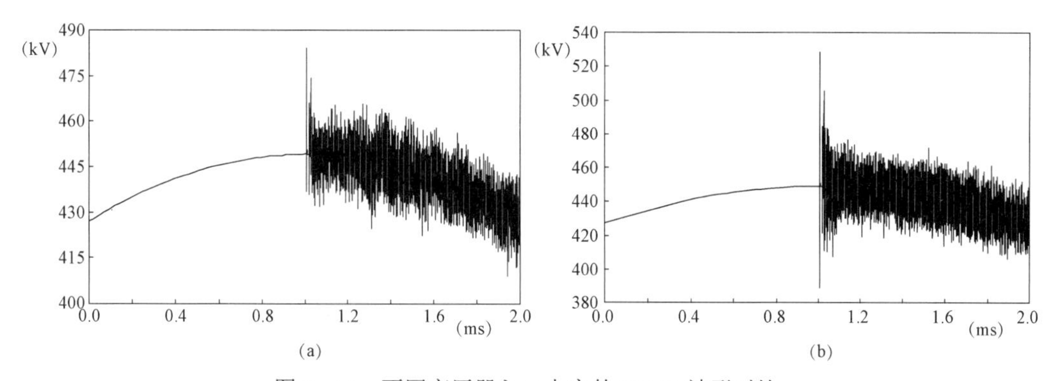

图 3－55　不同变压器入口电容的 VFTO 波形对比

（a）变压器入口电容为 1000pF；（b）变压器入口电容为 3000pF

4）避雷器特性。

由于 VFTO 波头很陡，带间隙的碳化硅避雷器不可能可靠保护，只有采用无间隙氧化锌避雷器进行限制才比较有效。要注意每个避雷器对 VFTO 的保护距离有限，可能需要几个避雷器相互配合才能保护整体 GIS。

5）隔离开关本身因素。

隔离开关分闸速度较慢是产生 VFTO 的根本原因，提高隔离开关触头的分合闸速度，可以减少重燃次数、缩短燃弧时间，使出现 VFT 的几率减少，也可以在一定程度上降低过电压幅值。

此外，通过在隔离开关断口并联合闸电阻，即在隔离开关操作时先串入电阻，一方面可以使 GIS 支路上的残余电荷通过并联电阻向电源释放，减小隔离开关发生重燃的概率；另一方面在隔离开关发生重燃时，可以起到阻尼作用，吸收 VFTO 的能量，减小过电压的幅值。目前在抑制 GIS 中产生的 VFTO 的方法中此方法效果最为明显、应用最为广泛。另外，在隔离开关母线端安装铁氧体磁环也可有效抑制 VFTO。铁氧体是一种高频导磁材料，具有较好的高频特性和非线性特性，广泛应用在高频电路中，不影响正常的工作电流，并对隔离开关操作所产生的 VFTO 的陡度和幅值具有抑制作用。

对于 VFTC，目前主要通过在隔离开关上加装合闸电阻的方法进行抑制。其接线原理图如图 3－56 所示，其操作次序是：当需要断开隔离开关时，先断开主触头，再断开辅助触头；闭合隔离开关时，先闭合辅助触头，将合闸电阻投入，再闭合主触头。图 3－57 和图 3－58 分别为某特高压 GIS 隔离开关加装合闸电阻前后的 VFTC 波形对比。

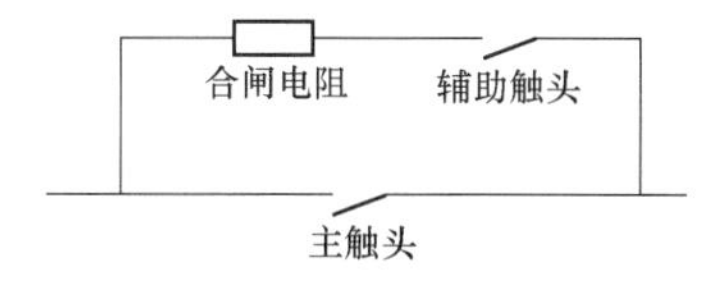

图 3－56　加装合闸电阻的隔离开关接线原理图

从图中可以看出，隔离开关加装合闸电阻后，VFTC 衰减速率明显加快，最大幅值也受到了一定限制，但主频分布并无明显的变化。

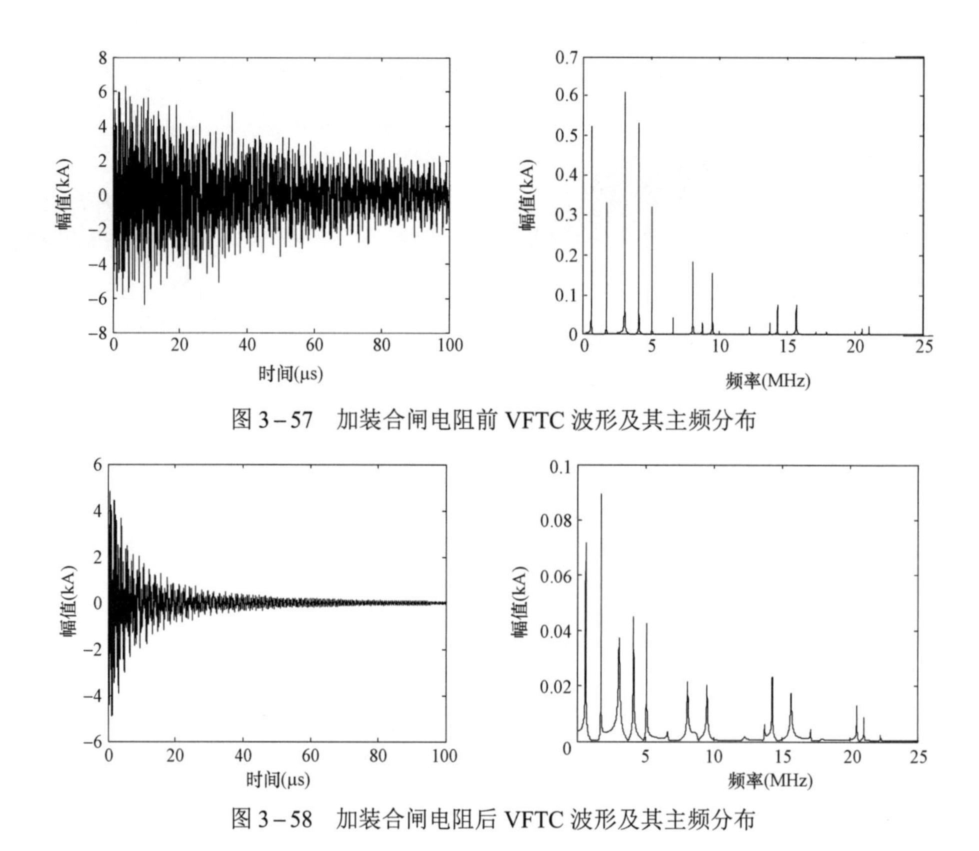

图 3－57　加装合闸电阻前 VFTC 波形及其主频分布

图 3－58　加装合闸电阻后 VFTC 波形及其主频分布

3. 抑制壳体涡流损耗技术

（1）涡流损耗的产生。

涡流是由电磁感应引起的，由于交流电的大小不断变化，在铁磁物质的端面产生的磁场不断变化，由楞次定律判定可知，在铁磁物质的端面会产生感应电流，即涡流。如图 3－59 所示，在导电杆 1 中通过交流电流 I 时，圆环 2 内将产生交流磁通$\boldsymbol{\Phi}$。交流磁通$\boldsymbol{\Phi}$在铁磁材料中将产生涡流损耗和磁滞损耗。在一般情况下，铁磁零件的横截面积较大，涡流损耗占了大部分，约 80%以上，而磁滞损耗很小。

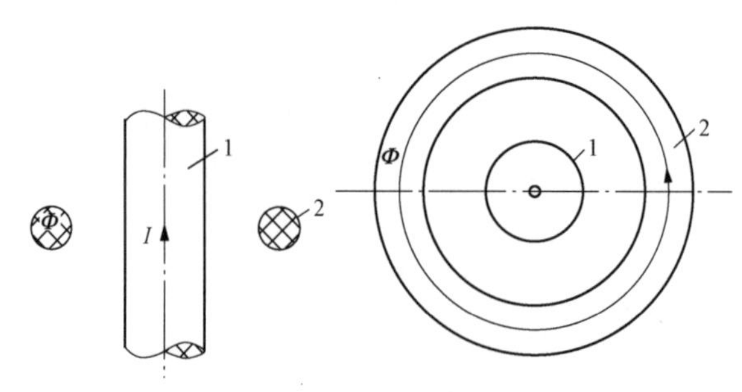

图 3－59　通过交流电流的导体 1 及附近的铁圆环 2

1—导电杆；2—圆环

（2）涡流对 GIS 的危害。

1）GIS 外壳瞬态感应电压对人身安全的影响。

GIS 的金属外壳都是工作人员可以触及的，若 GIS 接地回路电阻偏大，电流无法向地网泄放，会威胁到人身安全。

2）损耗发热的影响。

涡流损耗过大或分布过度集中造成温升过高，会使绝缘材料提前老化或击穿，缩短使用寿命，进而影响 GIS 设备的效率和正常运行。其次，涡流发热要损耗额外的能量，使变压器和电动机的效率降低。

3）电磁力的影响。

外壳上的涡流与外壳上的切向磁场相互作用在外壳上产生法向电动力，外壳上的环流与外壳上的法向磁场相互作用在外壳上产生切向电动力。由于法向磁场很小，因此切向电动力很小，工程上可以忽略不计。在瞬态过程中，由于外壳电流和外壳上的磁场沿外壳圆周的分布是不均匀的，它们在时间和空间分布上都是变化和衰减的。因此，在外壳上产生的法向电动力可分解成 0 次、1 次、2 次……到 n 次谐波分量，阶次越高，量值越小且衰减很快。对工程有意义的是 0 次谐波和基波，即检验外壳的强度和稳定度，主要计算基波电动力，因为其幅值最大。为了平衡法向的电动力，通常可以采用增大盆式绝缘子间距的方法。

（3）抑制涡流损耗的常用措施。

涡流损耗与铁磁零件中的磁感应强度有关，减少铁磁损耗的途径就是减少铁磁零件中的磁通，或者干脆不用铁磁件，常用的措施有：

1）改用非磁性材料：如无磁钢、无磁性铸铁、黄铜、硅铝合金等。

2）采用非磁性间隙：在围绕导电杆的环形铁件上开槽，在槽内填充黄铜或无磁钢等非磁性材料，如图 3－60 所示。铁件开槽后，在磁通的通路中出现非磁性间隙，磁阻加大，铁件内磁通$\boldsymbol{\Phi}$因此损耗减小。非磁性间隙宽度Δ越大，铁件内磁通$\boldsymbol{\Phi}$就越小，因此损耗也越小。

3）采用短路圈：在围绕导电体的铁筒上绕以高电导率（如铜）制成的短路圈，如图 3－61 所示。在交流磁通通过铁筒时，就会在短路圈内感应出涡流，涡流使铁筒内的磁通减小，从而使铁筒中的涡流磁滞损耗 P_1 下降。此时，在短路圈内虽有电阻损耗 P_2，但总损耗 $P=P_1+P_2$ 仍比未加短路圈时小。

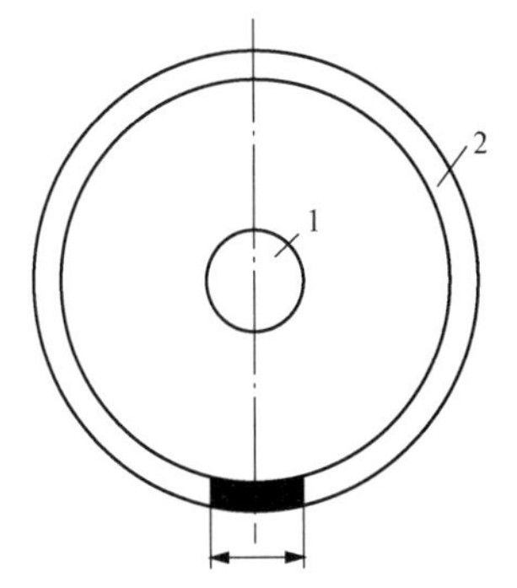

图 3－60　环形铁件开槽以减少铁磁损耗

1—导电杆；2—钢筒；3—非磁性间隙

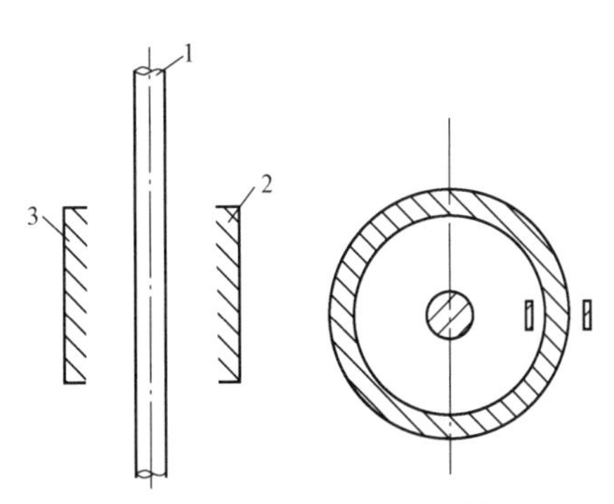

图 3－61　短路圈的结构

1—导电体；2—铜筒；3—短路圈

图 3－62 表示出不同短路圈截面 S 时的总损耗 P 的实验曲线。由图可见，短路圈截面 S 加大，总损耗不断减小，但过分加大 S 的尺寸效果也不明显。

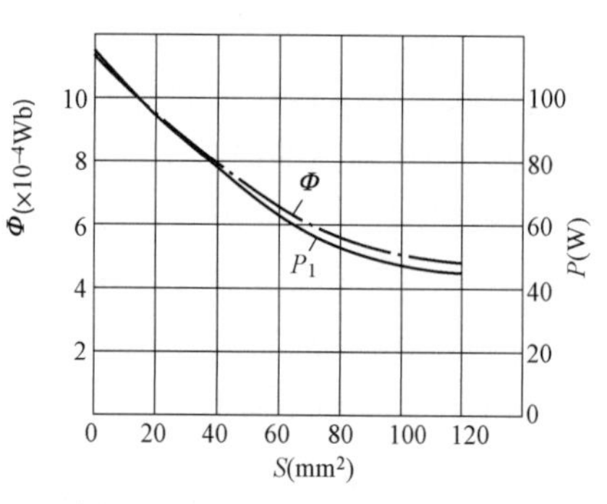

图 3－62　总损耗 P、磁通 Φ 与短路圈截面 S 的关系

4. 在线监测技术

尽管 GIS 设备的可靠性较高，但由于 GIS 内部不可避免存在各种缺陷，这些缺陷仍可能会引发故障并逐步扩大，这经常会导致重大事故的发生。GIS 电压等级越高，停电造成的损失越大，维修成本也越高。由于 GIS 是全封闭组合设备，设备完全封闭在金属外壳中，其早期故障比常规变电站更不容易发现。因此，有必要通过在线监测技术检测 GIS 运行中的关键参数，以及时发现设备运行异常和故障的先兆，预防事故发生。

GIS 中需要测量的参数主要有如下几种：① 气室 SF_6 气体湿度、压力、密度监测；② 局部放电监测；③ 断路器电寿命监测，包括开断电流加权值监测、静态和动态电阻监测；④ 断路器机械特性监测，包括合、分闸线圈电流监测，行程、速度监测，空气压力监测等；⑤ 隔离开关行程监测。

GIS 的在线监测项目比较多，这里主要介绍 SF_6 气体湿度在线监测、断路器机械特性在线监测、隔离开关行程监测和局部放电在线监测，SF_6 气体密度在线监测已在 DCB 相关章节中介绍，本章不再赘述。

（1）SF_6 气体湿度在线监测。

GIS 中的 SF_6 气体具有良好的电气特性，是电力设备最理想的绝缘和灭弧介质。但是 SF_6 气体并不是完全纯净的，其中会掺杂着少量的水分，即微水。GIS 内 SF_6 气体中微水的含量达到一定程度时，就会对 GIS 设备的机械性能和电气性能产生严重的影响，导致电气设备故障，因此必须对 SF_6 气体内的微水含量进行监测。

1）常用微水监测方法。

重量法被国际电工委员会 IEC－376 号文件列为仲裁法。该方法的主要原理是用恒重的无水高氯酸镁吸收一定体积 SF_6 气体中的水分，并测定其增加的重量，由此计算 SF_6 气体的湿度。其优点是测量准确，操作严密；缺点是操作烦琐，耗气量大，而且只能进行离线监测。

电解法是国际电工委员会 IEC－376 号文件中列为日常分析方法而推荐的微水含量测量方法。这种方法采用 GB/T 5832.1 中的原理，气样流经一个具有特殊机构的电解池时，其中的水蒸气被池内作为吸湿剂的 P_2O_5 膜层吸收、电解。这种方法的优点是测定 SF_6 气体时精度较好，操作简单；缺点是使用前需要对电解池气路进行长时间干燥，且要求气样清洁，不能带腐蚀性杂质。

露点法利用露点进行水蒸气湿度的测量。其原理是：在气体流经的测定室中安装镜面及其附件，通过测定在单位时间内离开和返回镜面的水分子数达到动态平衡时的镜面温度来确定气体的露点。测定气体的露点温度就可以测定气体的水分含量。由露点值可以计算出气体中微量水分含量，由露点和所测气体的温度可以得到气体的相对水分含量。该方法的优点是数据稳定、测量速度快，但是对于低温低湿的测量，测量数据不稳定，无法精确读数。

常用微水监测方法比较如表 3－2 所示。

表 3－2　　常用微水监测方法比较

监测方法	重量法	电解法	露点法
优点	测量准确，操作严密	精度较好，操作简单	数据稳定，测量速度快
缺点	操作烦琐，耗气量大，只能离线监测	需要长时间干燥，气样清洁，不能带腐蚀性杂质	低温低湿测量数据不稳定，无法精确读数

以上所述三种方法均属于离线监测，在大气压下进行。没有考虑温度、压力对 GIS 内微水含量的影响，因此测得的微水值与真实值有一定偏差。有必要建立 GIS 内微水的在线监测系统，真实、准确地反映 GIS 内微水值的变化情况。

2）GIS 中微水的在线监测。

目前比较常见的一种在线监测方法是以采集 GIS 的湿度、温度、压力三个特征量信号为基础，根据温度、压力对气体水分含量的影响解决气体计算及湿度修正等问题，达到准确在线监测的目的，具有这几个量监测功能的传感器定义为 SF_6 气体传感器。

（a）温度对湿度的影响。

国标中对于微水的规定值是 20℃时的测量值，但是实际测量时环境温度不一定是 20℃，而 SF_6 气体的湿度又与应用温度有关，因此讨论 GIS 中水分含量时就要考虑温度的影响。

此外，当 GIS 腔内 SF_6 气体的温度低于其水汽的露点温度时，部分水汽就会变成液态或者固态，SF_6 气体中的水汽就会减少，但饱和气压仍和温度相适应，处于饱和状态。此时我们测得的仅仅是 SF_6 气体中水汽的含量，不包括以水或者冰的形式存在的水分。当温度升高，水和冰变成水汽时，气体水分又会增加。所以，低温时微水的测量值不能准确地反映 SF_6 气体中的水分含量，测量时我们必须要求 SF_6 气体中水蒸气不能饱和，否则测量无效。

（b）压力对湿度的影响。

GIS 内 SF_6 气体的微水含量取决于气体压力的大小。充气压力不同时，相同微水含量的 SF_6 气体可能结露，也可能是气态。

以上可知，SF_6 气体湿度与温度、压力均有直接关系。因此在线监测 SF_6 气体微水含量时，要想办法剔除温度和压力对气体湿度的影响，使测得的数据客观反映气体湿度情况。

（c）微水判据修正。

对于 GIS 设备中 SF_6 气体，为防止凝露，在 20℃环境中要求露点温度不高于－5℃，基于此条件下再判别 SF_6 体积浓度要求。因此，在其他温度下测量时必须做适当的修正，修正到20℃的 SF_6 体积浓度、露点温度。

这样利用传感器采集到三个特征量后，按照上述修正方法进行处理、计算，即可实现对 GIS 内微水的实时监测、显示、分析功能，如图 3-63 和图 3-64 所示。

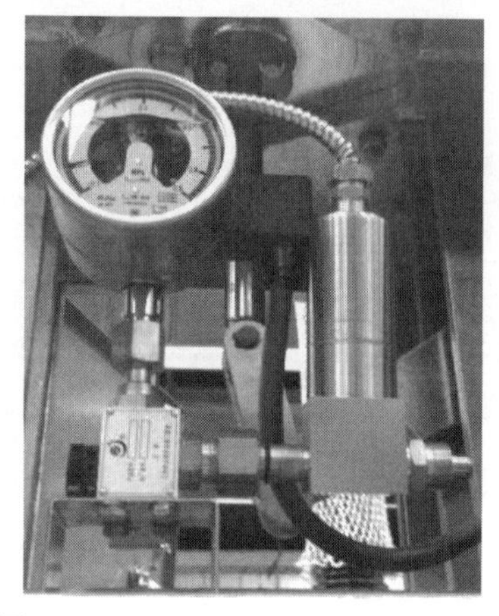

图 3-63　SF_6 气体传感器安装位置

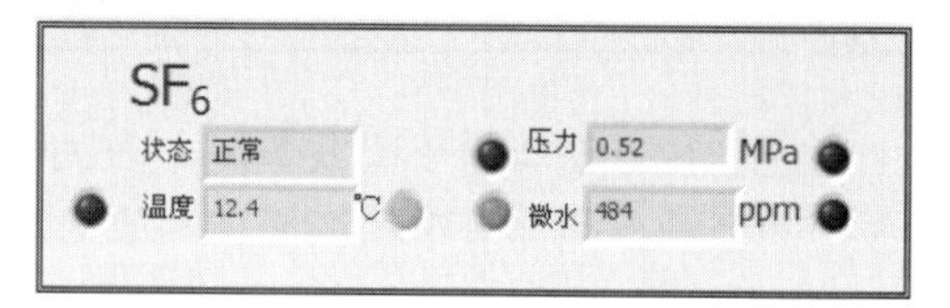

图 3-64　SF_6 气体传感器在线监测数据

（2）断路器机械特性在线监测。

国际大电网会议（CIGRE）13.06 工作组曾对 22 个国家的 102 个电力部门 1978 年后安装的 72.5kV 以上单压式 SF_6 断路器事故做过一次调查。统计表明：实施 GIS 中断路器的机械特性在线监测，及时了解其运行状况，掌握其运行特性变化对提高 GIS 设备和电网运行可靠性具有重要意义。

智能 GIS 断路器的机械特性监测详细介绍可参见第 2 章集成式隔离断路器相关章节，其监测对象、监测方法、原理基本相同。

（3）隔离开关行程观察监测。

作为气体绝缘金属封闭开关设备中的主要元件，隔离开关的作用为：在分位置时，在触头间有符合要求的绝缘距离和明显的断开标志，比如用在检修时可隔断有电回路和无电回路，保护人员及设备安全；在合位置时，能承载正常回路条件下的电流及在规定时间内异常条件下的电流。如果隔离开关的动触头分合不到位，处在半分半合的位置就可能造成绝缘失效或接触不良从而引发事故，对人员或者设备造成严重伤害，因此，GIS 内隔离开关的位置在线监测技术受到国内外的广泛关注。

气体绝缘金属封闭开关设备中的内导体和触头封闭在金属外壳中，难以直接进行目测判断或者用装置直接进行测量。目前各主流厂家产品的位置指示装置通常设置在机构上，而且仅能指示分、合状态，无法指示隔离开关动触头具体位置，对于分（合）不到位的状态不能指示。

安装角位移（行程）传感器和视频在线监测系统能够明确给出气体绝缘金属封闭开关设备的隔离开关动触头分、合位置，对隔离开关整个操作行程进行实时监测并上传实时监测数据。在线监测系统可通过软件对测量结果进行分析，及时发现隔离开关操作故障，通过发出报警信号提醒操作人员注意，通过人为干预规避事故，从而提高气体绝缘金属封闭开关设备运行的可靠性。

以角位移传感器为主要监测手段的气体绝缘金属封闭开关设备中隔离开关动触头位置监测系统是间接判断高压隔离开关的动触头位置的一种方法，该系统架构如图 3－65 所示，高压隔离开关的动触头的位置情况通过角位移传感器进行测量，然后经电缆传输给智能控制柜内的监测装置。监测装置通过数据处理可得出开关位置信号，为开关控制系统提供逻辑状态信号，并可通过光缆传输至主控室的在线监测系统，工作人员可通过后台软件数据及图形信息判断开关位置信息。

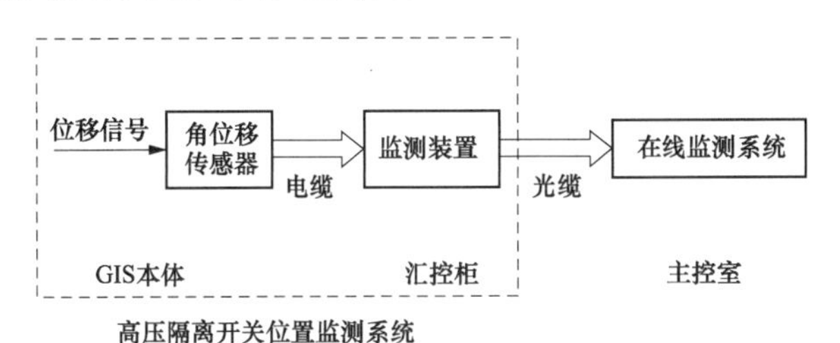

图 3－65　角位移传感器在线监测系统架构图

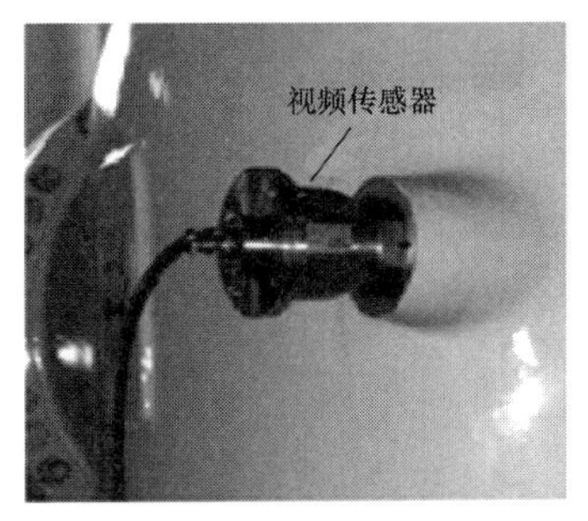

图 3－66　ZF9 系列 GIS 三工位视频传感器安装方式

另一方面，也可以在 GIS 内植入视频传感器实现隔离开关和/或接地开关的分、合闸状态智能视频监测。监测摄像头安装于 GIS 壳体上如图 3－66 所示，上述摄像头与智能视频编码器连接，摄像头上安装有发光装置。由摄像头对隔离开关和接地开关触头位置状态图像数据进行采集，所采集的图像可由视频分析控制中心进行多方位的对照分析，使分析结果更加准确，防止误判断的情况出现，同时实现了 GIS 内开关分、合闸状态的远程监控。

（4）局部放电在线监测。

1）GIS 局部放电产生因素。

通常 GIS 的电气故障特征是在绝缘发生完全击穿或闪络前产生局部放电（Partial Discharge，PD）。GIS 事故主要是由绝缘故障所引起的，绝缘故障的早期主要表现形式是局部放电，局部放电一方面是引起 GIS 绝缘劣化的重要原因，另一方面也是表征 GIS 绝缘健康状况的特征量。

导致 GIS 内发生局部放电的绝缘缺陷主要有自由金属微粒、导体表面金属突起、绝缘子表面金属微粒、绝缘子内部缺陷、导体之间电气或机械接触不良和严重的装配错误等几类，如图 3－67 所示。

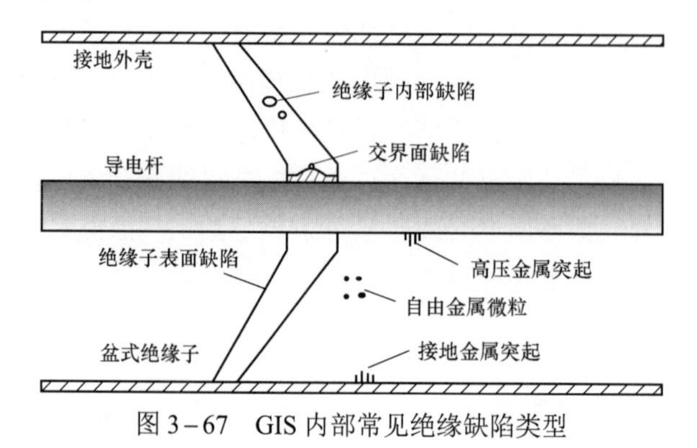

图 3－67　GIS 内部常见绝缘缺陷类型

2）GIS 局部放电检测方法。

GIS 内部的局部放电在空间产生电磁波，在接地线上流过高频电流，使外壳对地呈高频电压。同时所产生的机械效应使管道内压力骤增，产生声波和超声波，并传到金属外壳上，使外壳产生机械振动。另外，局部放电产生光效应和热效应可使绝缘介质分解。

总之，这些伴随局部放电而产生的各种物理和化学变化可以为监测电力设备内部绝缘状态提供检测信号。通过测量局部放电过程中所产生的电荷交换、发出的声和光、发射的电磁波以及气体生成物等信息，来表征 GIS 内部局部放电的状态，相应的局部放电检测方法有脉冲电流法、超声波法、光学法、超高频法、化学法等多种检测方法，这些方法又大致分为两大类：电测法和非电测法，如图 3－68 所示。各种 GIS 局部放电检测方法的性能对比如表 3－3 所示。

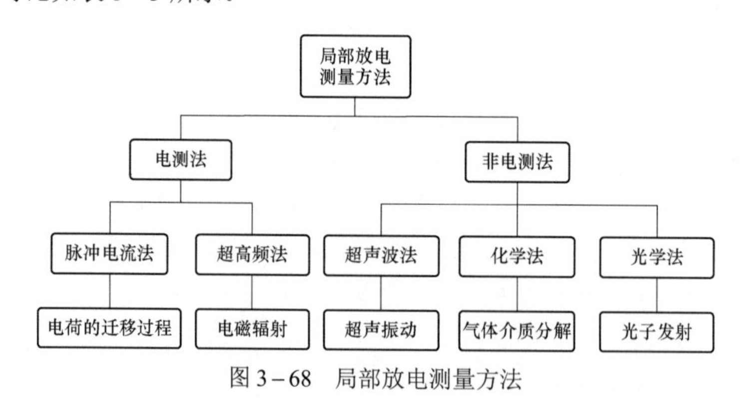

图 3－68　局部放电测量方法

表 3－3　　GIS 局部放电检测方法性能对比

检测方法	脉冲电流法	超高频法	超声波检测法	化学检测法	光学检测法
优点	简单；灵敏度较高，可对放电量进行定量测量	灵敏度高；可用于运行中设备	灵敏度高；抗电磁干扰能力强	不受电磁干扰	不受电磁干扰
缺点	运行设备不能使用；信噪比低	造价高	要求丰富经验的人操作	灵敏度差；不能长期监测	灵敏度差；需多个传感器
可达精度	5pC	1pC	小于 2pC	很差	差

续表

检测方法	脉冲电流法	超高频法	超声波检测法	化学检测法	光学检测法
适用监测的放电源	固定微粒；悬浮物；气隙和裂纹	各种缺陷类型都适用	自由移动的微粒；悬浮物	放电情况严重时的缺陷	固定微粒；金属突出物
能否故障定位	不能	精确度较高：±0.1m	能定位，但需多个传感器	能定位到放电所在气室	不能
能否判别故障类型	能	能	能	不能	不能
是否已应用	早期应用	应用较多	应用较多	应用较少	极少应用

3）GIS 局部放电在线监测系统。

脉冲电流法虽然灵敏度较高，但需要额外的耦合电容，因此不能用于在线监测。化学检测法是通过检测 SF_6 被击穿分解后的生成物来间接检测局部放电，该方法检测灵敏度低，仅能判断出故障所在的气室，不能用于在线监测。光学检测法是通过检测放电发光确定电晕位置，需要把传感器放到 GIS 内部，并且只能离线测试，所以不适合在线监测。超声波法是利用局部放电产生的气体压力波和 GIS 腔体内壁上自由颗粒的弹跳发出的声音信号来检测放电源的，但是易受到机械振动影响，且信号衰减较大，测量距离有限，因此需多个探头，也不利于在线监测。目前只有超高频（Ultra High Frequency，UHF）法是利用超高频传感器监测 GIS 局部放电产生的 UHF 信号，针对固定突起物、自由微粒、绝缘子气隙、悬浮电极、GIS 间隔上的微粒等缺陷，具有较高的灵敏度。因此超高频法目前已成为国内外 GIS 局部放电在线监测系统所采用的主流方法。图 3－69 为盆式绝缘子的局放测试位置，其浇口（铭牌处）可作为局放测试口，为不影响测试，铭牌一般采用绝缘材质。

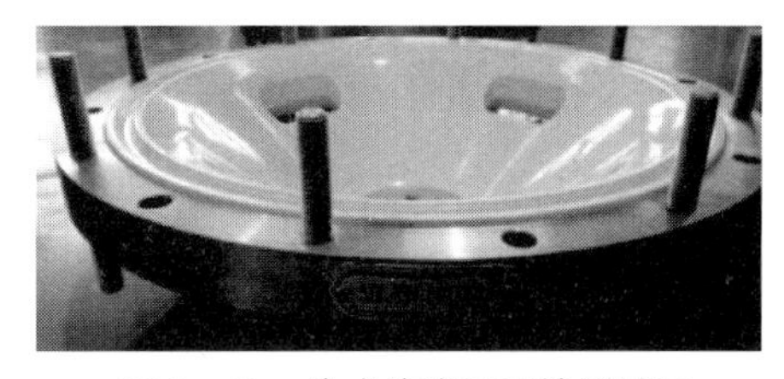

图 3－69　盆式绝缘子局放测试口

4）超高频局部放电在线监测系统。

在 GIS 局部放电检测中，超高频法是近年来发展起来的一项新技术。它采用测量 GIS 内绝缘隐患在运行电压下辐射的电磁波来判断 GIS 内是否发生局部放电，该方法可以实现非接触测量以及在线监测。超高频法在线监测系统结构如图 3－70 所示，超高频在线监测系统利用预先安装在 GIS 上的内置或外置传感器，探测 GIS 内部发生的局部放电特高频信号；信号处理单元进行滤波、放大和检波；数据采集单元将传感器捕获的放电信号转换为数字量，完成特征量检出，进行波形、频谱和统计分析，实现缺陷预警；处理结果经通信接口传送至诊断服务单元进行数据分析、显示、报警管理、诊断和存储，远程用户可以通过网络对 GIS 的运行状态进行实时监视。在线监测特征信息包括最大放电量、放电相位、放电频次和放电谱图，放电谱图应由不少于 50 个连续工频周期的监测数据形成。检测周期应可根据监测需要进行设置和调节，最小监测周期不应小于 10min。监测系统中应能保存设备的所有历史特征信息和 24 小时的实时数据，应采用掉电非易失存储技术，应能通过外部接口调用历史数据和报警信息。

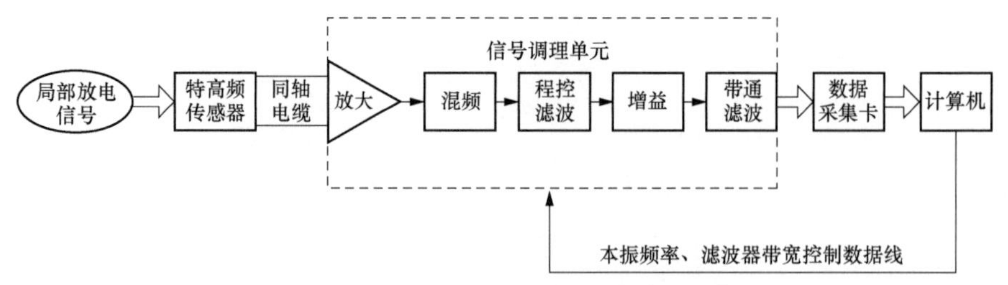

图 3－70　超高频法在线监测系统结构图

（a）超高频法特点。超高频法的特点为：① 传感器接收 UHF 频段信号，避开了电网中主要电磁干扰的频率，具有良好的抗电磁干扰能力；② 根据电磁脉冲信号在 GIS 内部传播时具有衰减的特点，利用传感器接收信号的时差，可进行故障定位；③ 根据放电脉冲的波性特征和 UHF 信号的频谱特征，可进行故障类型诊断；④ UHF 传感器相对于振动检测法而言，其局部放电有效检测范围大，因此需要安装传感器的检测点少。

（b）超高频局部放电在线监测系统结构。如图 3－70 所示，GIS 中局部放电产生的电磁波经超高频传感器接收后，局放信号转换为电压信号，然后经过同轴电缆传动到信号调理单元。局放信号经过调理后，送入数据采集卡进行信号的采集、存储等处理。计算机通过并行接口实现对信号调理单元的控制，即实现对系统选通频带的中心频率和滤波器带宽的选择和控制。通常大于 1pC 的局部放电可以很容易被监测到。窄带 UHF 法与 IEC 60270 推荐的脉冲电流法有相同的灵敏度，但是并不是所有缺陷在一定电压下都可以监测到，因为有些缺陷并没有产生局部放电。

5. 集成电子式互感器技术

经过多年的试点示范应用及实践，电子式互感器技术优势已在部分变电站中得到验证，但在技术进步效果明显的同时，扩大应用也面临新的问题，电子式互感器现阶段最为突出的是可靠性的问题，最集中的表现是在应对恶劣的电磁环境上。电磁干扰（Electromagnetic Interference，EMI）是导致产品故障的主要因素，如何提高电子式互感器的电磁兼容（Electromagnetic Compatibility，EMC）性能，是电子式互感器产品在 GIS 设备中可靠、稳定运行方面急需解决的问题。

（1）电子式互感器运行干扰问题原因分析。

在采用 GIS 的变电站中，如图 3－71 所示，电子式电流互感器 ECT 通常与隔离开关 DS 相邻安装在 GIS 内。当 GIS 例行操作或变电站故障时，隔离开关、接地开关和断路器等一次设备动作就会产生快速暂态过程，其主要表现为：如图 3－71 所示，GIS 母线上的 VFTO、VFTC、TGPR，GIS 壳体上的暂态地电位（Transient Earth Voltage，TEV）和外部过电压在 GIS 周围空间产生暂态电磁场（Transient Electromagnetic Field，TEM）和电磁干扰，这种瞬态过程会对 GIS 内部的电子式互感器产生很大的影响，会导致互感器不能正常运行。

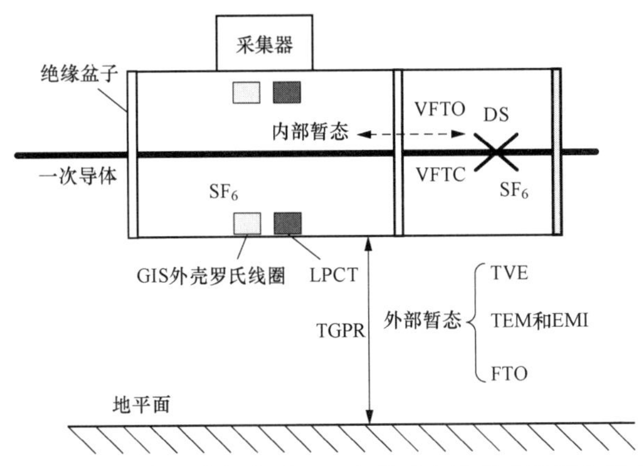

图 3－71　隔离开关操作对 GIS 电子式电流互感器暂态影响

如图 3－72 所示，内部暂态是指在 GIS 内部的暂态过程，所形成的过电压 VFTO 和过电流 VFTC 作用于 GIS 内部导体和壳体之间，危及 GIS 内部的设备，特别是电子式互感器传感器。外部暂态是由 GIS 内部暂态过电压波传播到 GIS 外部引起的，它可以危及 GIS 一次设备或使 GIS 的壳体电位 TEV 升高，也可以形成向外辐射的电磁波，危及敏感的二次设备，特别是安装于 GIS 壳体上的电子式互感器的采集器。由 GIS 隔离开关操作引起的快速暂态分类及其危害如图 3－72 所示。

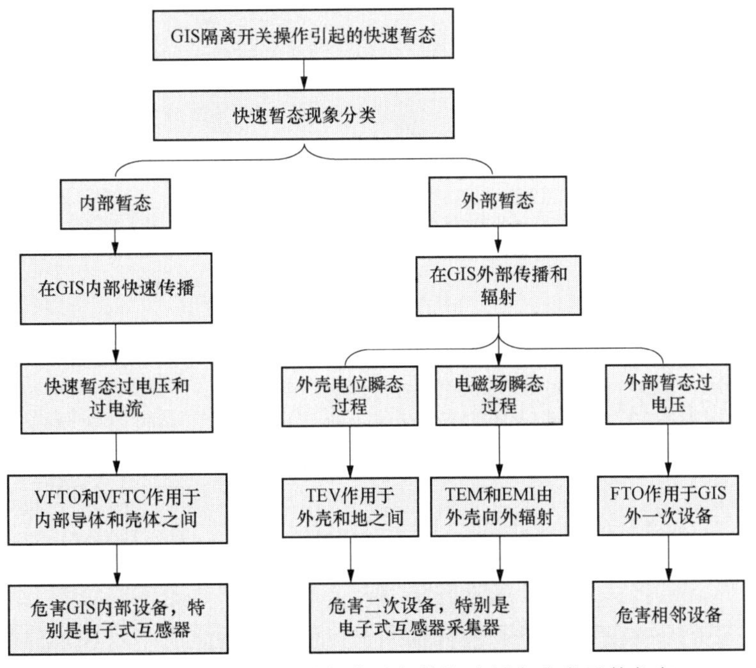

图 3－72　GIS 隔离开关操作引起的快速暂态分类及其危害

VFTC 快速暂态过电流被电子式互感器一次传感器瞬态感知并传送到采集器，进而经合并单元送入保护装置引起保护误动，由于电磁式互感器频带范围比较窄并不能完全感知 VFTC，故而此影响在传统变电站中被忽略，但在智能变电站中此问题变得较为突出。

从图 3－73 可以看出，GIS 用无源电子式电流互感器和有源电子式电流互感器一次传感器的安装位置是一致的，有源电子式电流互感器的采集器就近上置安装于 GIS 壳体上，其信号传输和电子电路部分容易受到开关操作干扰。无源电子式电流互感器的采集器安装于智能控制柜内部，如图 3－74 所示，智能控制柜内的电磁环境要比 GIS 壳体上好得多，其信号传输也是采用光纤，故而无源电子式电流互感器的采集器较不容易受到开关操作干扰，因此下面主要讨论有源电子式电流互感器的抗干扰问题，电子式电压互感器抗干扰分析与之类似。

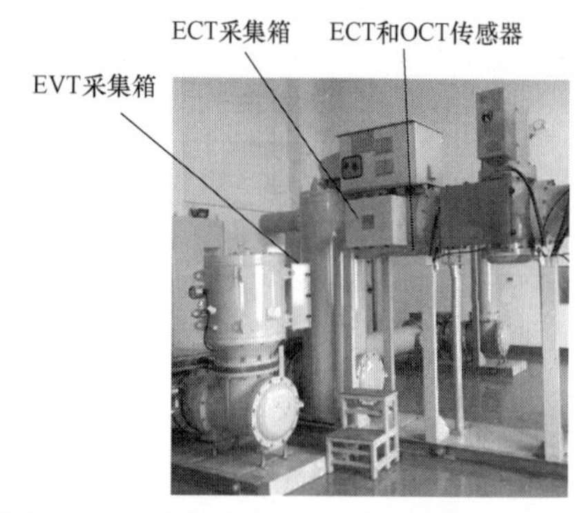

图 3－73　有源电子式互感器组件安装位置

图 3－74　无源电子式互感器组件安装位置

有源电子式电流互感器由一次传感器罗氏线圈、采集器以及合并单元三大模块构成。GIS 用有源电子式电流互感器一次传感器和采集器通常安装于 GIS 壳体上，与合并单元之间采用光纤连接。合并单元通常放置在室内，只需满足现有的电磁兼容试验标准即可确保不受现场电磁环境影响。所以 GIS 用有源电子式电流互感器一次传感器和采集器工作在较为恶劣的电磁环境中，其运行环境的电磁干扰信号远远超过通过电磁兼容试验标准，特别是在隔离开关操作过程中，GIS 内部产生的 VFTC、VFTO 和干扰电磁场对罗氏线圈传感器的干扰和外部产生的 TEV、TEM、EMI 和 FTO 对采集器电子电路的影响是电子式互感器设计时候应该重点关注的问题。

如图 3－75 所示为安装在 GIS 上的 ECT 和采集箱系统，隔离开关操作时产生的强电磁干扰进入采集箱有传导和辐射两种方式，一般通过信号线、电源线和空间辐射三种途径。通过以上分析可知，操作隔离开关时会产生 VFTO，由 VFTO 带来的高频电压波和电流波会通过电子式互感器感应到二次采集回路中，暂态电磁波会通过空间辐射对小模拟信号传输和采集箱产生影响，抬升的 TGPR 会反映在采集器的电源线上，而且由此引起的干扰往往是破坏性的，TGPR 会在瞬间击穿采集器的供电电源或入口处的电子元器件，更严重者可击穿远方的供电系统。如图 3－76 所示，接地电抗 Lr 的存在导致隔离开关开合时产生 GIS 外壳上 TGPR，理想情况下，Lr 阻抗为 0，GIS 外壳 E 上电位为 0，不会有 TGPR。频率越高，Lr 阻抗越大，E 点电位就越高，采集箱上耦合到的电磁干扰就越大，故而 VFTO 是引起采集器工作异常的根源。

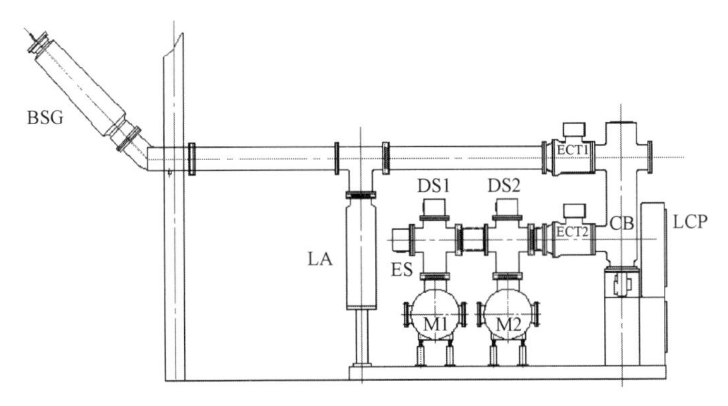

图 3－75　GIS 典型结构图

（2）电子式互感器抗干扰措施。

前文已经提到如何对智能 GIS 本体进行 VFTO 及 VFTC 抑制，本节重点介绍有源电子式互感器一次传感器和采集器可采取的抗干扰措施。

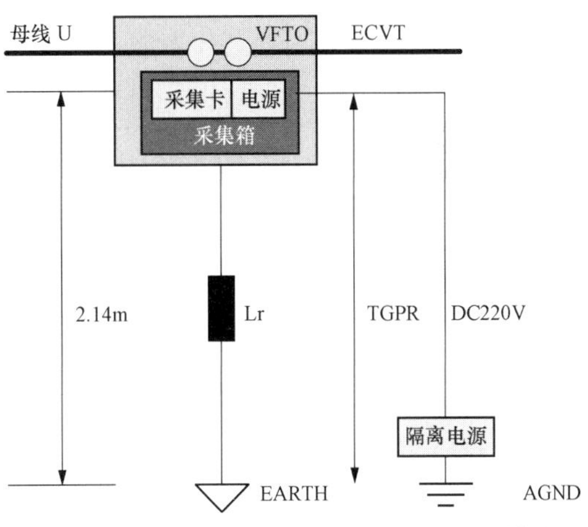

图 3－76　VFTO 对 GIS 设备影响的分析模型

有源电子式互感器一次传感器罗氏线圈的原理、结构及输出特性与传统的电磁式互感器有很大不同，快速暂态过程引起的过电压 VFTO、过电流 VFTC 和强电磁干扰等对互感器性能均会产生严重影响，为了提高测量精度和可靠性，主要从以下几个方面进行考虑：① 提高电子式互感器绝缘和抗干扰能力，躲避 VFTO、VFTC 和电磁干扰 EMI 的影响；② 给 ECT 设置独立的接地线，且应尽可能短而粗，这样可有效减小电位抬升；③ 改进罗氏线圈加工工艺，使线圈的匝数密度和截面积均匀；④ 在骨架中心绕制一圈与线圈走向相反的回线，可减小干扰磁场垂直分量的影响。

有源电子式互感器采集器是有源电子式互感器的核心单元之一，由 VFTO 引起的各种干扰进入采集器后轻则导致测量误差或者程序跑飞，重则使得电子元器件永久性损坏，电磁干扰进入采集器有辐射和传导两种方式。为了能很好地解决由 VFTO 引起的干扰问题，需对采集箱的安装位置、接地方式，采集器信号端口、电源端口及软件程序，结构设计和屏蔽等多个方面进行考虑。

1）采集箱安装位置及接地方式的抗干扰措施。

当操作隔离开关产生的 VFTO 沿着母线传播到 GIS 与高压套管的连接处，造成壳体地电位 TGPR 升高，壳体电位突变主要表现在采集器的电源线上，由于 TGPR 为几千伏至几十万伏，由此引起的对开关电源的干扰是破坏性的。为了解决 TGPR 带来的干扰，可以将采集箱（下置式）的安装位置由电子式互感器罐体旁下移到地面，这样降低了隔离开关和采集箱体之间的寄生电容，可以减小壳体 TGPR 对电源线的破坏性干扰。同时给采集箱体提供了独立接地线，按接地线大面积、近距离的原则进行了处理，避免了采集箱体受 TGPR 和地电位跳变的影响，如图 3－77 所示。

图 3－77　采集箱对立就地安装（下置式）

针对一体化设计采集器（上置式）的电子式互感器，其解决干扰问题的方法是想办法降低独立的接地线的高频阻抗 Lr 以降低开关操作时 TGPR 的抬升，同时在采集器电源端口配置专门的 EMI 滤波器提高电源的抗干扰能力。

2）采集器信号端口的抗干扰措施。

隔离开关操作时产生的过电压干扰电子式互感器时，会通过绕组间杂散电容传入低压二次侧并进入采集器前端模拟调理电路，其在采集器信号入口处表现为快速脉冲群 EFT/B 的干扰。而 EFT/B 干扰的能量主要集中在 40MHz 以下的频段；40～400MHz 频段内 EFT/B 干扰的幅值衰减不大，能量仍然较大；400MHz 以上频段的 EFT/B 干扰的幅值衰减很快，到 1GHz 基本衰减为 0，此频段内干扰能量较小。由隔离开关操作带来的 EFT/B 干扰不但频率高而且幅值大，图 3－78 和图 3－79 所示为一种典型的 DC—M 无源低通信号滤波器（独立安装于采集器前端）电路原理图和电路板实物图，其可滤除的瞬间干扰信号高达数千伏，频率覆盖到 100MHz。

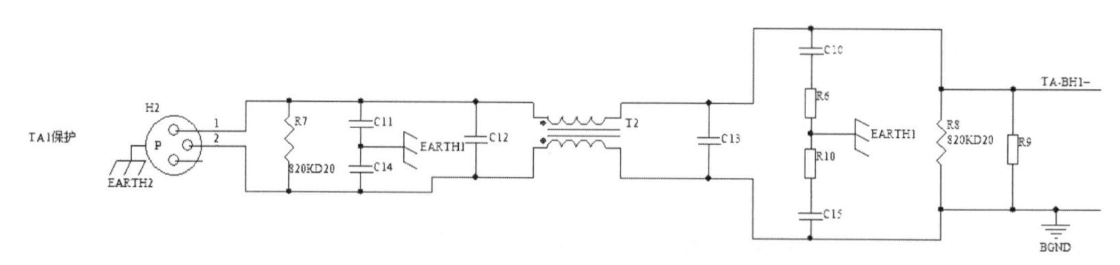

图 3－78　DC—M 信号滤波器原理图

图 3－79　DC—M 信号滤波器实物图

如图 3－78 所示，位于信号输入端的 C11、C14 为共模电容，T2 为共模电感，三者配合能够极大地抑制信号线路上存在的共模干扰；R7 为压敏电阻，C12 为差模电容，两者配合可以滤除差模干扰。在信号输出端对称布置系列元件，能够消除信号末端线路中可能产生的反向干扰信号。

在计算共模元器件参数时，共模电容受安规限制不能大于 0.1μF。选择共模电容后，根据要求覆盖的最大截止频率 f，可以通过下式计算得共模电感量为：

$$L_{\mathrm{C}}=\left(\frac{1}{2\pi f}\right)^2\frac{1}{2C_Y} \quad (3-1)$$

在选定差模电容值 C_X 之后，差模电感值可通过下式计算出所需差模电感量为：

$$L_{\mathrm{D}}=\left(\frac{1}{2\pi f}\right)^2\frac{1}{C_X} \quad (3-2)$$

3）采集器电源端口的抗干扰措施。

针对现场录波数据来看，采集器出现过短时中断超过 50ms 导致采集器停止工作的情况，主要是由于隔离开关操作过程中 TGPR 和谐波、脉冲群、间歇振荡和浪涌等形式的干扰造成的。采集器整体下移放置到地电位后 TGPR 的影响明显减小，主要考虑的是电源输入端口的 EMI 干扰，这种传导干扰既可能是差模传导干扰，也可能是共模传导干扰，只能从设计的角度来同时抑制差模和共模传导干扰。采集器的供电电源来自远方的直流 220V，开关电源的工作电压范围为直流 90～370V。

如图 3－80 所示为一种典型的 EMI 电源滤波器，共模电感 Lc 和电容 Cy1、Cy12 及 Cx 组成低通滤波器。Cy1、Cy12 和 Lc 一起滤除共模干扰；Cx 和 Lc 所产生的漏感一起滤除差模干扰。该滤波器的插入损耗如图 3－81 所示。

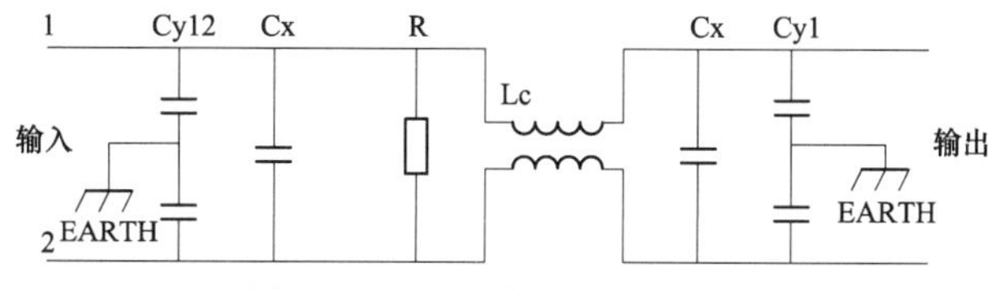

图 3－80　EMI 电源滤波器原理

4）采集器软件滤波抗干扰措施。

针对隔离开关切合空载母线、线路带电时分合线路侧隔离开关、断路器切合高压线路、断路器投切电容器组及电抗器的投切操作等产生的暂态电压波和电流波会通过电子式电流、电压互感器耦合作用感应到采集器的信号输入端进入 AD 采样回路，可以在软件上采用中位值滤波法对快速秒冲群进行滤波处理。图 3－82 中 T_0 表示采样间隔，x_0、x_1、x_2 为具体发送的采样点，$N\triangle T$ 表示每个点连续等值间隔采样 N 次（N 取奇数），具体公式如下：

$$F(x)=\mathrm{Median}(f[1],f[2],\cdots,f[N])$$

式中，$f[1],f[2],\cdots,f[N]$为采样 N 次的值，Median 函数用于选取采用点的中位值。

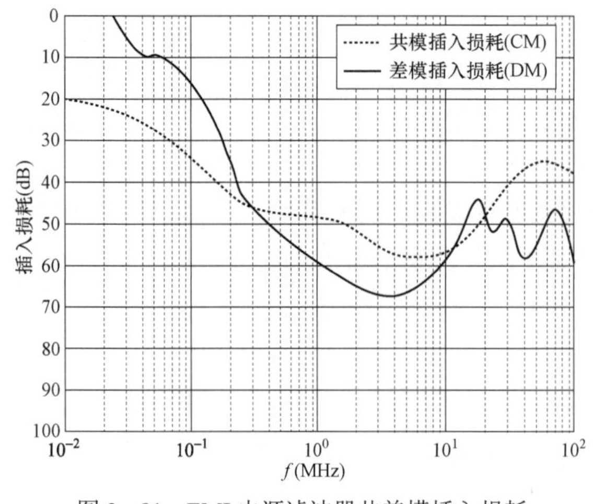

图 3-81　EMI 电源滤波器共差模插入损耗

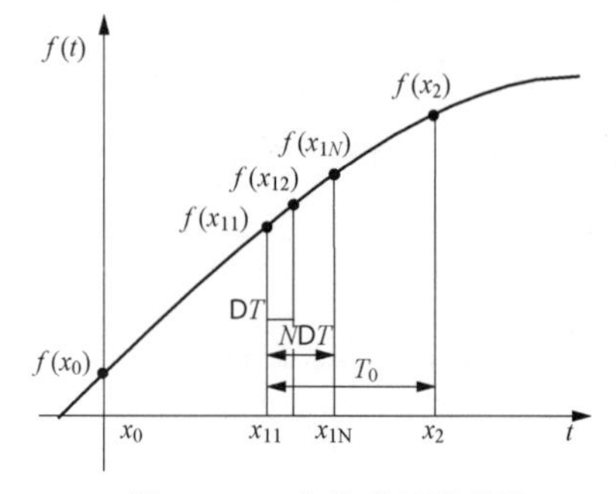

图 3-82　中位值滤波算法

通过上述公式计算出该点采样值，该算法较好地对偶然出现的脉冲性干扰进行了抑制，消除了由于脉冲干扰所引起的采样值瞬时超大的现象。

5）产品结构和屏蔽的抗干扰措施。

用双层全密封屏蔽采集箱将采集器、电源、接线端子等进行屏蔽，防止干扰进入。采集器的机箱选用了铸铝材料重点屏蔽电场，采集箱体选用了高导磁率的电工软铁板材料重点屏蔽空间磁场，如图 3-83 所示。为了减少空间电磁场对 ECT 线圈输出信号的辐射干扰，采用金属软管将小模拟信号通过双层屏蔽电缆沿 GIS 行线槽传输至下置的采集箱。屏蔽电缆侧内、外屏蔽层压接在航空插头外壳上通过外壳接地。在采集箱内部专门设置接线点将所有分立部分连接起来。从结构设计上保证了几个部分之间具有良好的电气连接，使其形成一个封闭的金属整体。通过单点的可靠接地，保证了小模拟信号的准确传输和采集器的正确采集。

图 3-83　双层全密封屏蔽采集箱

通过以上抗干扰措施设计的 GIS 电子式互感器，在甘肃永靖 330kV、太原长风商务 220kV、安徽天海露 110kV 智能变电站中得以成功实践，运行情况良好，满足智能 GIS 对电子式互感器的参数要求。

3.3 智能 GIS 工程应用方案

智能变电站能够完成范围更广、结构更复杂的信息采集和处理，增强各信息点的互动，提高运行效率和水平。智能设备是智能变电站建设的关键，除具备常规设备的功能外，还要实现信息的采集、计量、监测、保护和自诊断等功能。智能 GIS 采用“GIS 本体+传感器+智能组件”形式，应用先进的电力电子技术、传感技术、数字处理技术，已逐步实现了对局部放电、SF_6 气体密度及压力、分/合闸线圈电流、储能电机电流的在线监测。

工程上进行智能 GIS 技术方案选择时，主要是指确定设备技术参数、设备选型、主接线形式、布置方式以及对 GIS 整体设备提出设计要求。主接线设计与常规变电站一样，应满足主接线的可靠性、灵活性和经济性。同时，应结合 GIS 本身的结构特点，尽量在故障时缩小故障影响范围，改扩建时减少停电时间。GIS 的布置应综合考虑变电站的场地面积、运行环境条件、便于运行维护以及技术经济合理等因素。

3.3.1 主接线设计方案

1. 智能 GIS 主接线方式的选择

变电站电气主接线的选择是根据变电站在电力系统中的地位、变电站的规划容量、负荷性质、线路和变压器连接元件总数、设备特点等条件确定，并应综合考虑供电可靠、运行灵活、操作检修方便、投资节约和便于过渡及扩建等要求。常用的 GIS 电气主接线方式有一个半断路器接线、双母线接线、双母线分段接线、单母线接线、单母线分段接线、单元接线等。

2. 常用主接线示意图

工程中常用的几种主接线型式如图 3－84～图 3－90 所示，图中点划线框内为智能 GIS 设备。与常规 GIS 主接线主要不同的是智能 GIS 集成了电子式互感器，其他基本一致。

3.3.2 技术参数及设备选型

1. 技术参数

和其他电气设备一样，GIS 必须在额定条件下，才能可靠实现其技术特性。除了常规的额定电压、额定电流、额定短时耐受电流、控制回路的主要电气参数外，GIS 内部的 SF_6 绝缘气体也需要维持在一定的密度范围，在进行 GIS 整体设计时，必须根据工程特点，对 GIS 设备的技术参数提出明确、具体的要求。本书以智能 GIS 招标设备技术规范书为依据，列举了 126kV、252kV、363kV、550kV 智能 GIS 的通用技术参数，分为 GIS 通用参数，断路器、隔离开关、快速接地开关、检修接地开关、电子式电流互感器、

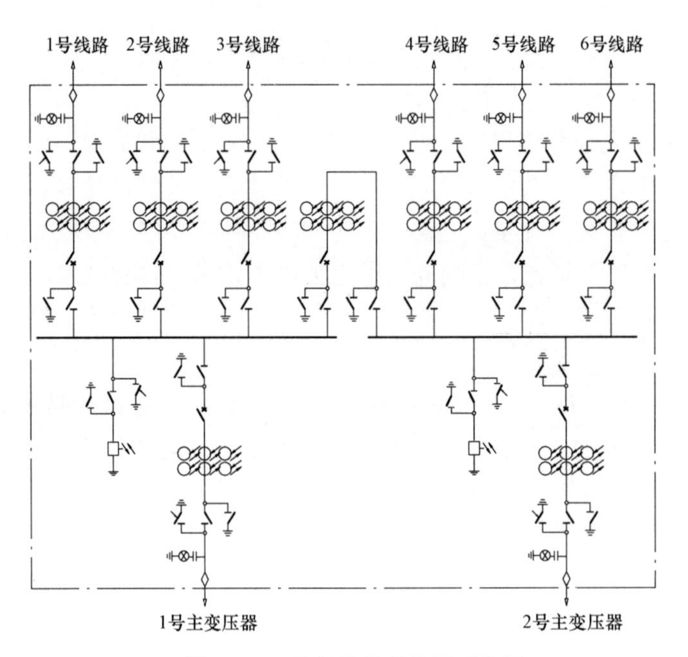

图 3－84　单母线分段接线示意图

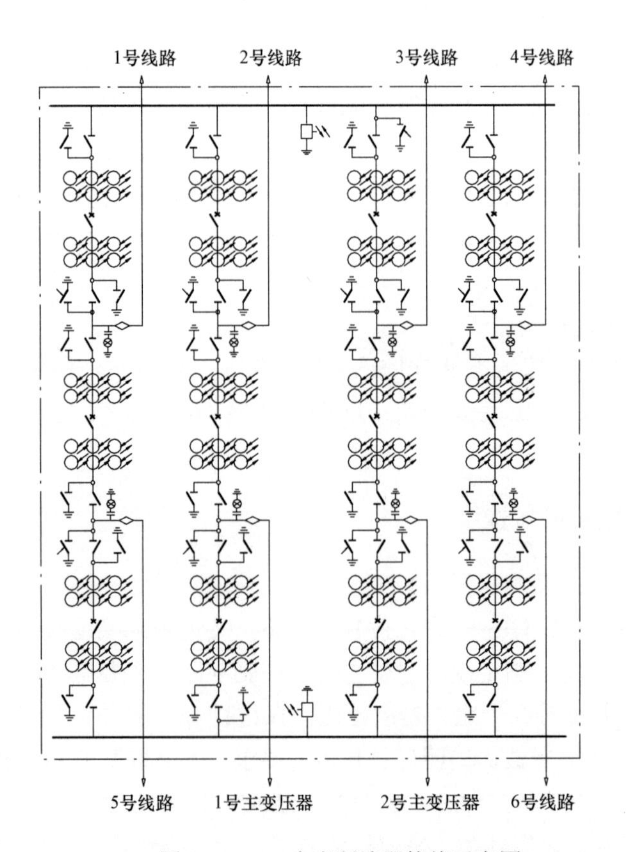

图 3－85　一个半断路器接线示意图

1号线路
2号线路
1号主变压器
2号主变压器

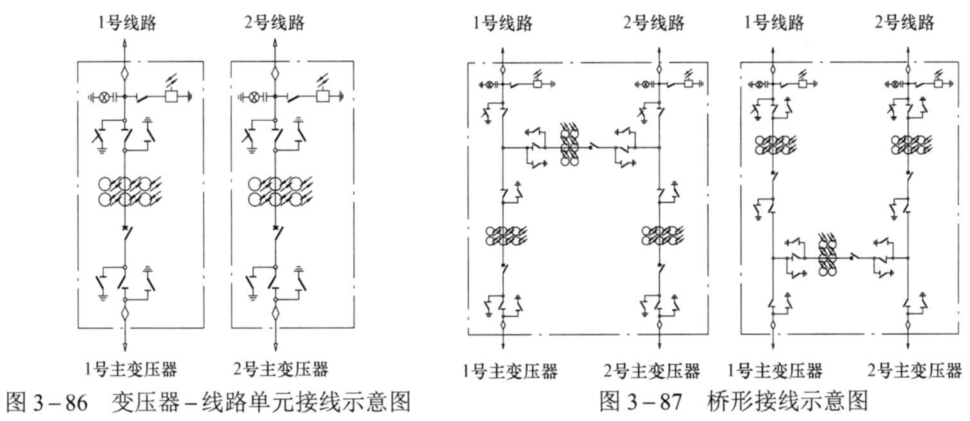

图 3－86　变压器－线路单元接线示意图

1号线路
2号线路
1号线路
2号线路
1号主变压器
2号主变压器
1号主变压器
2号主变压器

图 3－87　桥形接线示意图

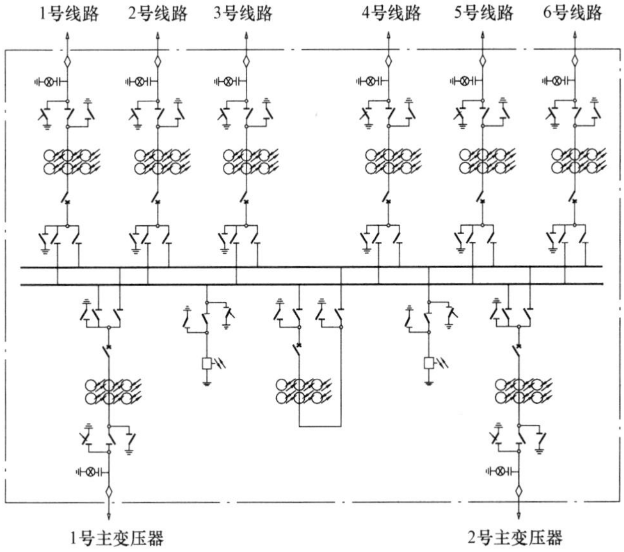

1号线路
2号线路
3号线路
4号线路
5号线路
6号线路
1号主变压器
2号主变压器

图 3－88　双母线接线示意图

1号线路
2~5号线路
6号线路
7~10号线路
1号主变压器
2号主变压器

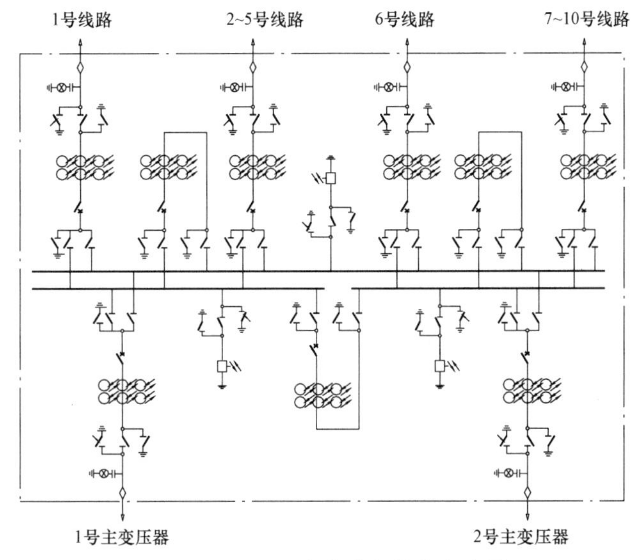

图 3－89　双母线单分段接线示意图

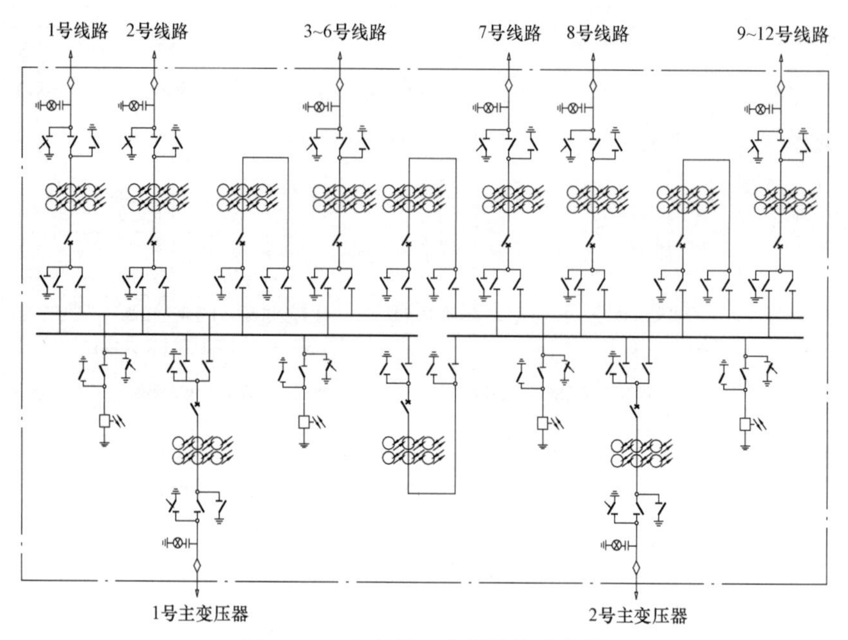

图 3-90　双母线双分段接线示意图

电子式电压互感器、避雷器、套管、环氧浇注绝缘子、主母线、外壳、伸缩节、SF_6 气体、主 IED（集成气体状态监测 IED 及机械状态监测 IED 功能）技术参数，详见《附录 B 智能 GIS 技术参数表》。

2. 设备选型

GIS 设备具有结构紧凑、占地面积小、便于操作以及维护工作量少等优点，而且由于外壳全封闭，受恶劣环境及不良天气情况影响较小。这些优点使得 GIS 一经推出，很快便在电力工程中得到了广泛应用。但另一方面，相对于常规设备，GIS 设备生产过程更加复杂，造价较高，故障时停电时间长，影响范围较大，且故障不易排除。

在设备选型时，应考虑工程所处的环境条件，从技术、经济、运行可靠性方面综合考虑，一般遵循以下原则：

（1）在大气污染严重、场地受限、高抗震设防烈度、高海拔环境条件下，可采用 GIS 设备。

（2）在大气污染严重地区（如沿海、工业污染区等），可采用 GIS 户内布置。

（3）城市区域变电站宜采用 GIS 设备，并根据规划及环境要求，分别采用户内、户外或地下方式布置。

3.3.3　GIS 的布置方式

由于 GIS 是金属全封闭结构，故智能 GIS 的布置方式与常规 GIS 相同。GIS 布置方式主要分为户内布置和户外布置。GIS 采用全封闭外壳结构，因此认为基本能解决污秽环境给设备运行带来的问题；但是，大批运行时间较长的 GIS 设备部分已出现不同程度的壳体表面锈蚀现象，沿海地区和污染地区最为严重，给设备运行维护带来不便。

具体布置方式应根据工程实际情况及进出线方式，因地制宜，通过技术经济比较最终确定。

1. 126kV GIS 的布置

126kV 户内 GIS 平面布置图如图 3-91 所示。

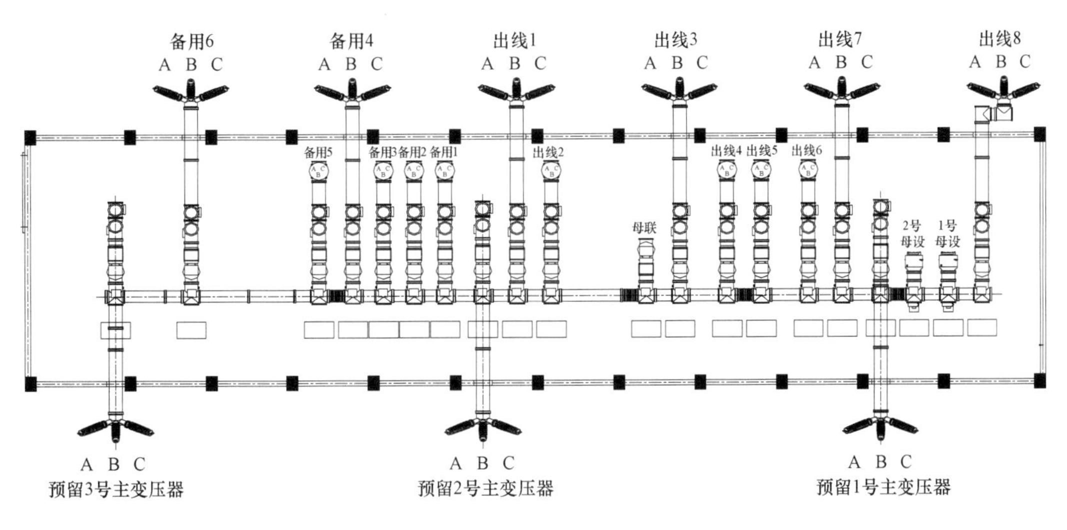

图 3-91　126kV 户内 GIS 平面布置图

2. 252kV GIS 的布置

252kV 户内 GIS 平面布置图如图 3-92 所示。

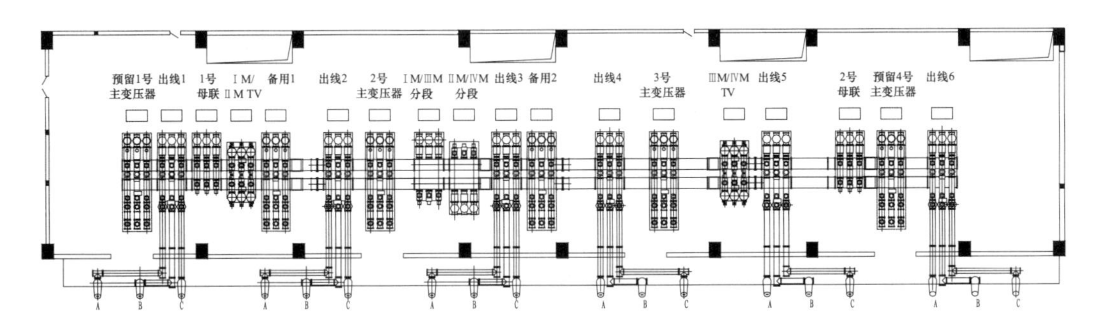

图 3-92　252kV 户内 GIS 平面布置图

3. 363kV GIS 的布置

363kV 户外 GIS 平面布置图如图 3-93 所示。

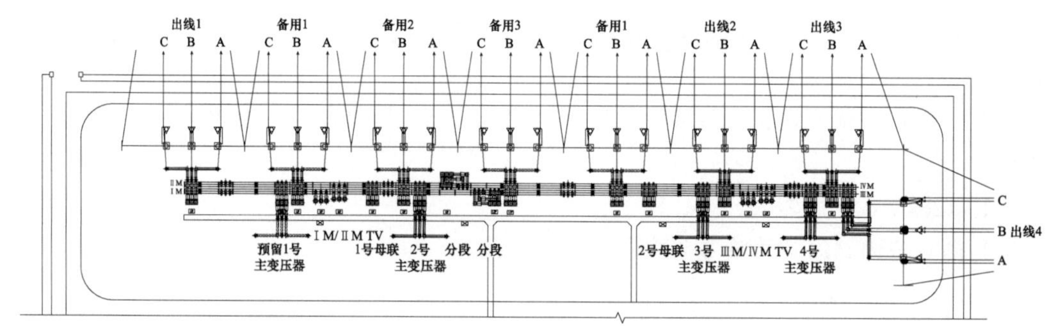

图 3-93　363kV 户外 GIS 平面布置图

4. 550kV GIS 的布置

550kV 户外 GIS 平面布置图如图 3-94 所示。

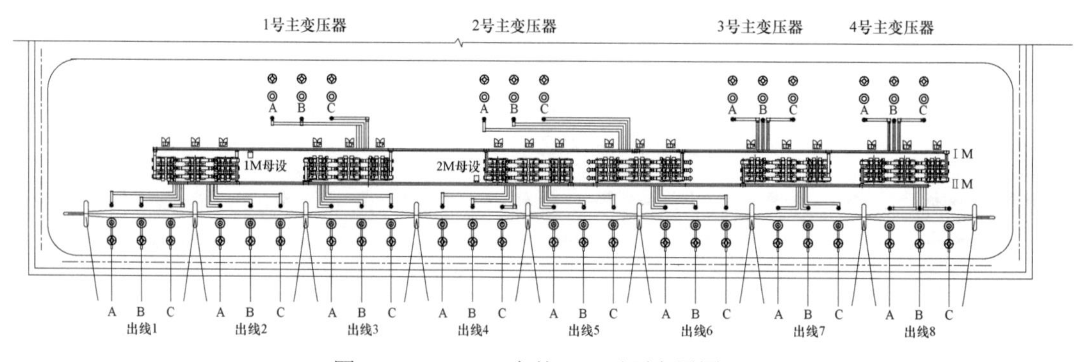

图 3-94　550kV 户外 GIS 平面布置图

3.3.4　GIS 组件配置要求

GIS 是由断路器、隔离开关、接地开关、互感器、避雷器和母线等组件，根据需要，按一定的接线方式连接而成，任何一个组件出现问题，或者组件间连接出现问题都可能导致 GIS 整体运行出现故障。正因为如此，工程中既要考虑 GIS 各组件的配置要求，又要考虑变电站对 GIS 整体设备的技术要求。

1. GIS 组件的相关配置要求

（1）GIS 接地开关的配置要求。

为了保证安全，在间隔检修期间，该间隔内的电气主回路元件均应接地。在检修期间，当外壳打开后，应将主回路连接到接地极。

接地开关一般配置于：① 与 GIS 配电装置连接并需单独检修的电气设备，如主变压器等；② 断开主电气回路的电器元件两侧，如断路器等；③ 每一组母线及母线上的设备，如电压互感器、避雷器等。

接地开关型式选择和要求：① 如不能预先确定回路不带电，应采用具有关合动稳定电流能力的快速接地开关，一般用于出线回路的线路侧和母线接地开关；② 如能预先确定回路不带电，可采用不具有关合能力或耐受关合能力低于额定动稳定电流的接地开关；③ 快速接地开关应具有一定关合电磁感应和静电感应电流的能力，并根据线路长短及与相邻带电线路耦合的强弱，选择合理的数值；④ 部分或全部接地开关的接地端子应有与地电位绝缘的措施，以利于 GIS 的有关试验和测量。

（2）电压互感器和避雷器的配置要求。

GIS 的母线避雷器和电压互感器应设置独立的隔离开关或隔离断口；架空进线的 GIS 线路间隔的避雷器和线路电压互感器宜采用外置结构。

（3）伸缩节的配置要求。

由于 GIS 组成元件的材料不同，因而膨胀系数也各不相同。当温度变化时若各个元件不能自由伸缩，由于温度应力，势必损坏元件，为此在 GIS 的母线管要配置伸缩节。其一般配置于：① 土建结构有伸缩缝的地方；② 会产生振动的地方，如 GIS 设备与主变压器的连接处；③ 母线过长的地方；④ 其他部位伸缩节根据产品结构和安装要求进行设置。

（4）GIS 气室设置要求。

GIS 在设计过程中应特别注意气室的划分，避免某处故障后劣化的 SF_6 气体造成 GIS 的其他带电部位的闪络，同时也应考虑检修维护的便捷性，保证最大气室气体量不超过 8 小时的气体处理设备的处理能力。

（5）SF_6 密度继电器设置要求。

SF_6 密度继电器与开关设备本体之间的连接方式应满足不拆卸校验密度继电器的要求。密度继电器应装设在与断路器或 GIS 本体同一运行环境温度的位置，以保证其报警、闭锁接点正确动作。220kV 及以上 GIS 分箱式结构的断路器每相应安装独立的密度继电器。户外安装的密度继电器应设置防雨箱（罩），密度继电器防雨箱（罩）应能将表、控制电缆接线端子一起放入，防止指示表、控制电缆接线盒和充放气接口进水受潮。

（6）主变压器与 GIS 连接方式的选择。

户内布置的 GIS 设备与主变压器连接方式有两种，一种为电缆连接，另一种为气体绝缘输电线路（Gas Insulated Line，GIL）结合油气套管连接。连接方式的选择主要依据连接元件所需承受的额定电流进行选择，额定电流较小时宜采用电缆连接；额定电流较大时，宜采用 GIL 结合油气套管的连接方式。

2. GIS 的接地设计

GIS 设备区域应设置专用接地网，并成为变电站总接地网的一个组成部分。该专用接地网的主要功能有以下几点：应能防止故障时人触摸该设备的金属外壳遭到电击；释放分相式设备外壳的感应电流，及快速接地开关设备操作引起的快速瞬态电流。

GIS 配电装置装设一条贯穿所有 GIS 间隔的接地母线，大型或特大型 GIS 配电装置设环形接地母线，将 GIS 的接地线均引至接地母线，接地母线与接地网之间再进行多点连接。为保证人身和设备的安全，GIS 配电装置的主回路、辅助回路、设备构架以及所有金属部分均应接地。从安装检修需要出发，接地网的设计应设置适当的临时接地点。接地点应有明显的标志。户内 GIS 接地线宜采用铜材质。

SF_6 管母线和管线的接地：当 SF_6 母线和管线为分相式，应采用全链式外壳并多点接地；当 SF_6 母线和管线采用三相共箱式时，可采用多点接地或一点接地。分相式 SF_6 管母线接地方式为将母线与其支架绝缘，将 SF_6 管母线的接地线单独引至接地母线；或母线与支撑构架不绝缘一并接地。采用母线与其支撑构架绝缘接地方式时，其支撑的绝缘垫块应能承受 2kV 工频耐压 1min，并有足够的支撑强度和耐高温老化性能。分相式 SF_6 管母线外壳应设短接线，从短接线上引出与接地母线连接，母线构架应另行接地。采用母线与其支撑构架一并接地方式时，为防止构架的金属横梁变成单相母线外壳短接线，在支架处应另设三相母线外壳短接线，从短接线上引出与接地母线连接，可与构架一并接地。当采用 SF_6 管线作为进、出线连接时，在与相关设备连接的部位应设置接地点。当用单相 SF_6 管线时，应设置三相外壳短接线，并在短接线上引出接地线接地。分相式外壳的三相短接线的截面应能承受长期通过的最大感应电流，当 SF_6 管母线为铝制外壳时，其短接线宜用铝排；为钢外壳时，其短接线宜用铜排。

3.3.5 智能组件配置方案

智能 GIS 采用“GIS 本体+传感器+智能组件”形式，与智能 GIS 设备安装配合的传感器、电子互感器、智能组件，应与设备本体采用一体化设计、一体化安装，保证智能 GIS 设备运行的可靠性及安全性。

1. 在线监测传感器配置原则

220kV 及以上电压等级智能 GIS 应预留供日常检测使用的超高频传感器及测试接口，以满足运行中开展局部放电带电检测的需要；对局部放电带电检测异常的，可根据需要配置局部放电在线监测装置进行连续或周期性跟踪监视；220kV 及以上电压等级智能 GIS 可逐步配置断路器分合闸线圈电流在线监测装置；220kV 及以上电压等级智能 GIS 可根据需要配置 SF_6 气体压力和湿度在线监测装置。

（1）传感器的配置要求。

局部放电传感器以断路器为单位进行配置，每相断路器配置 1 只传感器及测试接口。对于预埋在智能 GIS 内部的传感器，其设计寿命应不小于智能 GIS 设备的使用寿命。内置传感器采用无源型或仅内置无源部分，内置传感器与外部的联络通道（接口）应符合 GIS 设备的密封要求，内置传感器在智能 GIS 制造时应与设备本体采用一体化设计。

（2）状态监测 IED 配置要求。

状态监测 IED 按照电压等级和设备种类进行配置，多间隔、多参量公用状态监测 IED，状态监测 IED 就地布置于各智能 GIS 间隔智能控制柜。

2. 智能组件配置原则

智能组件是由若干智能电子设备集合而成，安装于一次设备周围，完成设备相关的测量、监视和控制功能，主要包括智能终端、合并单元及智能控制柜。

（1）智能终端。

智能终端与一次设备采用电缆连接，与保护、测控等二次设备采用光纤连接，是实现对一次设备（如断路器、隔离开关、主变压器等）的监视、控制等功能的智能组件。

主要配置原则为：① 220kV～500kV 除母线外，智能终端宜冗余配置。② 110（66）kV 除主变压器外，智能终端宜单套配置。③ 35kV 及以下配电装置（除主变压器间隔外）采用户内开关柜保护测控下放布置时，可不配置智能终端；采用户外敞开式配电装置保护测控集中布置时，宜配置单套智能终端。④ 110～500kV 变电站主变压器各侧智能终端宜冗余配置，主变压器本体智能终端宜单套配置。⑤ 每段母线智能终端宜单套配置，若配电装置采用户内开关柜布置时母线宜不配置智能终端。⑥ 智能终端宜分散布置于配电装置场地智能控制柜内。

（2）合并单元。

合并单元是用以对来自采集器的电流和/或电压数据进行时间相关组合的物理单元。合并单元可以是互感器的一个组成件，也可以是一个分立单元。

主要配置原则为：① 220kV 及以上电压等级各间隔合并单元宜冗余配置；② 除主变压器外，110kV 及以下电压等级各间隔合并单元宜单套配置；③ 330kV 及以上主变压器中低压侧合并单元宜冗余配置，220kV 主变压器各侧及中性点（或公共绕组）合并单元宜冗余配置，110kV 主变压器各侧合并单元宜冗余配置；④ 220kV 及以上电压等级双母线接线，两段母线按双重化配置两台合并单元；⑤ 同一间隔内的电流互感器和电压互感器宜合用一个合并单元。

（3）智能控制柜。

智能组件用柜体，为智能组件各 IED、网络通信设备等提供雨水、尘土、酸雾、电磁骚扰等的防护及智能组件的电源、电气接口，并提供温/湿度控制、照明等设施，保证智能组件的安全运行。

主要要求如下：① 安装于户外的控制柜宜采用双层柜体，户内控制柜可采用单层柜体。② 双重化配置的控制柜，柜面宜左右布置，左侧第一套，右侧第二套，并实现隔离。③ 柜内设备的安排及端子排的布置，应保证各间隔的独立性，在一套装置检修时不影响其他任何一套装置的正常运行。端子排布置于屏（柜）两侧，采用纵向排列。④ 应具有柜内温度、湿度自主调节功能，要求环境温度最低时柜内温度保持在+5℃以上。⑤ 柜内湿度应保持在 90%以下，以满足柜内智能电子设备正常工作的环境条件。⑥ 可以采用空调设备、热交换器、加热器及风扇等温控措施，并具备故障硬接点输出。加热器通电后表面温度应不高于 85℃。柜内 IED 及其他电气部件与加热器之间的距离应不小于 80mm。⑦ 宜具备柜内温度、湿度监测及告警功能。⑧ 智能控制柜应具备良好的防水、防尘功能，户外柜防护等级应达到 IP54，户内柜防护等级应达到 IP40。⑨ 控制柜的温度、湿度控制系统应具有告警功能，能够对温度、湿度传感器及控制器执行元件的异常工作状态进行告警。应具有电源断电告警功能。

3.4 智能 GIS 试验与调试

电力设备的试验根据不同的检测机构和检测目的可分为型式试验、出厂试验、交接试验等。智能 GIS 采用新型传感器及新的电子元器件来采集相关一次设备状态数据，在间隔单元将 GIS 一次设备的模拟量、开关量等各种运行参数转换为数字信号，鉴于传感器和智能组件的就地化布置，较常规 GIS 设备增加了整体联调部分。

3.4.1 型式试验

型式试验的目的是为了验证开关设备和控制设备及其操动机构和辅助设备的额定值和各种性能，考察产品是否符合国际、国家等相关的强制性或规范性标准，决定该产品是否能够投入生产。一般来说，型式试验是为了检验产品在最严苛条件下的性能，很多试验项目属于破坏性试验。

型式试验的试品应与正式生产产品的图样和技术条件相符合。智能 GIS 设备本体的型式试验应在传感器安装后进行，所有传感器应处于与实际工作一致的状态。除非规定了特定的试验说明，型式试验应在完整的功能单元（单极或三极）上进行，如果这样不可行，可在有代表性的总装或分装上进行。由于元件的类型、额定值以及可能组合的多样性，对 GIS 的所有布置进行型式试验是不现实的。任何特定布置的性能可以根据有代表性的总装或分装获得的试验结果核实。

1. GIS 设备本体

GIS 设备本体强制的型式试验项目参照国家标准 GB 7674—2008《额定电压 72.5kV 及以上气体绝缘金属封闭开关设备》执行，共有 16 项，如表 3－4 所示。

表 3－4　GIS 设备本体强制的型式试验项目表

序号	试验项目	试验依据
1	验证设备绝缘水平的试验以及辅助回路的绝缘试验	第 6.2 条
2	验证无线电干扰电压（RIV）水平的试验（如果适用）	第 6.3 条
3	验证设备所有部件温升的试验以及主回路电阻测量	第 6.4 和 6.5 条
4	验证主回路和接地回路承载额定峰值耐受电流和额定短时耐受电流能力的试验	第 6.6 条
5	验证所包含的开关装置开断关合能力的试验	第 6.101 条
6	验证所包含的开关装置机械操作和行程—时间特性测量	第 6.102 条
7	验证外壳强度的试验	第 6.103 条
8	外壳防护等级的验证	第 6.7 条
9	气体密封性试验和气体状态测量	第 6.8 条
10	电磁兼容性试验（EMC）	第 6.9 条
11	辅助和控制回路的附加试验	第 6.10 条

续表

序号	试 验 项 目	试验依据
12	隔板的试验	第 6.104 条
13	验证在极限温度下机械操作的试验	第 6.102.2 条
14	验证热循环下性能的试验以及绝缘子的气体密封性试验	第 6.106 条
15	接地连接的腐蚀试验（如果适用）	第 6.107 条
16	评估内部故障电弧效应的试验（如果用户要求）	第 6.105 条

智能 GIS 本体试验的前提条件是所有传感器和智能组件应安装完毕，设备布置应模拟现场分布，智能控制柜与开关本体的距离不远于现场情况，宜采用单独电源和独立接地。试验前所有智能组件均处于正常运行状态。智能 GIS 本体的试验项目和性能在满足 GB 7674—2008 的基础上，应补充如下试验项目：

（1）外壳强度试验。

试验要求：若装有内置式传感器时，应在传感器装配完成后进行强度试验。试验按照 GB 7674—2008 中 6.103 规定进行。如果罐体已经通过外壳强度试验，本试验可以将传感器安装在试验工装上进行。

试验判据：达到外壳型式试验压力要求值时，整体强度符合要求。

（2）密封性试验。

试验要求：所有与气室密封有关的传感器安装就位，并检查与各气室的接口。

试验方法：气体密封性试验应参照 GB 7674—2008 中的 6.8，与 6.102、6.106 的试验一起进行。

试验判据：传感器与各气室的接口应符合开关设备整体密封性要求，且传感器接口无异常。

（3）辅助和控制回路绝缘试验。

试验要求：功能检查。开关设备和控制设备的辅助和控制回路应该承受短时工频耐受电压试验。试验时，电压加在辅助和控制回路与电源之间，以及与外壳之间。

试验判据：如果在每次试验中都未发生破坏性放电，则认为通过了试验。

（4）绝缘试验。

试验要求：整机试验，包括电子式电流互感器、电子式电压互感器、各种传感器、智能组件及其相关的元器件。检验项目包括：检验传感单元对本体设备绝缘的影响；检验各传感单元及各 IED 耐受强电场的能力；标准雷电冲击试验、额定短时（1min）工频试验（干试），且仅进行相对地考核；试验按 GB 7674—2008 的规定进行。

试验判据：试验过程中，电子式互感器线圈、采集器等均正常，不应损坏；在试验过程中，实验室应监测电子式互感器输出信号，不允许出现通信中断、丢包、品质位改变、输出异常信号等故障。

（5）断路器基本短路试验方式 T100S。

试验要求：包括断路器及传感器、电子式互感器、智能控制柜。其中智能控制柜包括柜内安装的各种智能电子装置及其相关的元器件，应安放在正常工作位置或距断路器不比正常工作时更远的位置；试验过程中开关的操作应由开关设备控制器发出信号；试验不考核燃弧区间，只需按照标准操作循环（一个循环）进行有效的开断试验过程，试验方法按 GB 1984—2014《交流高压断路器》的规定进行。

试验判据：试验过程中，开关设备控制器不能发生误动作，电子式互感器线圈、采集器等均正常，不应损坏；在试验过程中，实验室应监测电子式互感器输出信号，不允许出现通信中断、丢包、品质位改变、输出异常信号等故障。

（6）隔离开关母线充电电流开合试验。

试验要求：包括隔离开关及传感器、电子式互感器、智能控制柜（包括其内安装的各种智能电子装置及其相关的元器件），应安放在正常工作位置或距隔离开关不比正常工作时更远的位置；按照 GB 1985—2014《高压交流隔离开关和接地开关》中 6.108 中试验方式三的规定进行，试验次数为 20 次。

试验判据：试验过程中，开关设备控制器不能发生误动作，电子式互感器线圈、采集器等均正常，不应损坏；在试验过程中，实验室应监测电子式互感器输出信号，不允许出现通信中断、丢包、品质位改变、输出异常信号等故障。

（7）机械寿命试验。

试验要求：断路器、电子式电流互感器、电子式电压互感器、各种传感器、智能电子装置及其相关的元器件应按工作状态安装在智能 GIS 的相应部位。智能控制柜与断路器共用同一支架时，均应随断路器同时进行机械寿命试验，试验方法按 GB 1984—2014 的规定进行。智能组件应保持通电状态。试验次数为 1000 次，包括额定控制电压下，重合闸操作 125 次，分合闸操作 750 次。

试验判据：各项试验期间及试验后的样机内智能元器件应安装可靠、无松动、无损坏。试验前、后应进行测试，机械特性监测 IED 应能满足其要求。

2. 智能组件

智能组件性能检测项目需要重点围绕 IED 电源适应性、外观与结构、绝缘性能及电磁兼容性能等方面展开，参考国家电网有限公司企业标准 Q/GDW 410—2011《智能高压设备技术导则》、Q/GDW 735.1—2012《智能高压开关设备技术条件　第 1 部分：通用技术条件》执行，具体的测试要求如下：

（1）IED 电源适应性。

智能组件各 IED 应采用直流电源，并应符合条件：80%～110%额定电压下，智能组件各 IED 应能正常工作。应能承受不大于 12%的交流纹波。应能承受不小于 20ms 的电源中断。

（2）外观与结构。

IED 外观与结构应满足要求：各部件宜采用模块化设计，各插件应插拔灵活，接触可靠，互换性好。机箱表面应有相应保护涂层或防腐设计，外表应光洁、均匀；不应有划痕或锈蚀。机箱宜采用标准工业机柜设计，机箱、插件的尺寸应遵循 GB/T 19520.2《电子设备机械结构 482.6mm（19in）系列机械结构尺寸　第 2 部分：机柜和机架结构的格距》、GB/T 19520.12《电子设备机械结构 482.6mm（19in）系列机械结构尺寸 第 3－101 部分：插箱及插件》的规定。机箱应采取必要的防静电及防辐射电磁场骚扰的措施。能承受 GB 4208—2008《外壳防护等级（IP 代码）》中规定的外壳防护等级 IP20 的要求。

（3）绝缘性能。

绝缘电阻：在正常试验大气条件下（环境温度：+15℃～+35℃；相对湿度：30%～85%；大气压力：80～106kPa），各独立回路与外露的可导电部件之间带电部分及机箱之间电气上无联系的各回路之间应有良好绝缘，绝缘电阻应符合表 3－5 的要求。

表 3－5　正常试验条件下绝缘电阻要求

序号	被 试 回 路	绝缘电阻（电阻/兆欧表电压）
1	电源正负极—外壳地	100MΩ/500V
2	无电气联系的各回路之间（63V＜U_n＜250V）	100MΩ/500V
3	无电气联系的各回路之间（U_n≤63V）	100MΩ/250V
4	电源线接地—外壳地	100MΩ/500V

在恒定湿热试验结束并恢复 1h 后（见 IED 检测项目 7），IED 各被试回路应保持较好绝缘状态，绝缘电阻应符合表 3－6 的要求。

表 3－6　恒定湿热条件下绝缘电阻要求

序号	被 试 回 路	绝缘电阻（电阻/兆欧表电压）
1	电源正负极—外壳地	10MΩ/500V
2	无电气联系的各回路之间（63V＜U_n＜250V）	10MΩ/500V
3	无电气联系的各回路之间（U_n≤63V）	10MΩ/250V
4	电源线接地—外壳地	10MΩ/500V

工频电压耐受性能：在正常试验大气条件下，IED 各被试回路应能耐受表 3－7 中列出的工频电压值并持续 1min，要求无绝缘击穿、闪络及元件损坏现象。

表 3－7　正常试验条件下工频耐压性能要求

序号	被 试 回 路	绝缘电阻（电阻/兆欧表电压）
1	电源正负极—外壳地	2000V/1min
2	无电气联系的各回路之间（63V＜U_n＜250V）	2000V/1min
3	无电气联系的各回路之间（U_n≤63V）	500V/1min
4	电源线接地—外壳地	/

雷电冲击耐受性能：在正常试验大气条件下，IED 各独立回路应能耐受表 3－8 中的雷电冲击电压，要求无绝缘损坏和元件损坏现象。

表 3－8　　正常试验条件下雷电冲击电压耐受性能要求

序号	被 试 回 路	雷电冲击 （峰值－波形）
1	电源正负极—外壳地	1.2/50μs－5000V
2	无电气联系的各回路之间（63V＜U_n＜250V）	1.2/50μs－5000V
3	无电气联系的各回路之间（U_n≤63V）	1.2/50μs－1000V
4	电源线接地—外壳地	/

（4）电磁兼容性能。

为考核电磁兼容性能试验对 IED 测量误差的影响，宜在电磁兼容试验时考核测量误差，或在电磁兼容性能试验前后对有测量功能的 IED 各做一次测量基本误差试验。

静电放电抗干扰度：各 IED 应能承受 GB/T 17626.2—2006《电磁兼容试验和测量技术静电放电抗扰度试验》第 5 章规定的严酷等级为 4 级的接触放电抗干扰试验。试验期间 IED 处于工作状态，要求网络通信功能正常，不误（漏）收、误（漏）发信息，功能及性能符合 Q/GDW 410—2011 要求。

射频电磁场辐射抗干扰度：各 IED 应能承受 GB/T 17626.3—2006《电磁兼容试验和测量技术射频电磁场辐射抗扰度试验》第 5 章规定的严酷等级为 3 级的射频电磁场辐射抗干扰度试验。试验期间 IED 处于工作状态，要求网络通信功能正常，不误（漏）收、误（漏）发信息，功能及性能符合 Q/GDW 410—2011 要求。

电快速瞬变脉冲群抗干扰度：各 IED 应能承受 GB/T 17626.4—2008《电磁兼容试验和测量技术电快速瞬变脉冲群抗扰度试验》第 5 章规定的严酷等级为 4 级的电快速瞬变脉冲群抗扰度试验。试验期间 IED 处于工作状态，要求网络通信功能正常，不误（漏）收、误（漏）发信息，功能及性能符合 Q/GDW 410—2011 要求。

浪涌（冲击）抗扰度：各 IED 应能承受 GB/T 17626.5—2008《电磁兼容试验和测量技术浪涌（冲击）抗扰度试验》第 5 章规定的严酷等级为 4 级的浪涌（冲击）抗扰度试验。试验期间 IED 处于工作状态，要求网络通信功能正常，不误（漏）收、误（漏）发信息，功能及性能符合 Q/GDW 410—2011 要求。

射频场感应的传导骚扰度：各 IED 应能承受 GB/T 17626.6—2008《电磁兼容试验和测量技术射频场感应的传导骚扰抗扰度》第 5 章规定的严酷等级为 3 级的射频场感应的传导骚扰度试验。试验期间 IED 处于工作状态，要求网络通信功能正常，不误（漏）收、误（漏）发信息，功能及性能符合 Q/GDW 410—2011 要求。

工频磁场抗扰度：各 IED 应能承受 GB/T 17626.8—2006《电磁兼容试验和测量技术工频磁场抗扰度试验》第 5 章规定的严酷等级为 5 级的工频磁场抗扰度试验。试验期间 IED 处于工作状态，要求网络通信功能正常，不误（漏）收、误（漏）发信息，功能及性能符合 Q/GDW 410—2011 要求，其中测量不确定度可较 Q/GDW 410—2011 要求下降一个误差等级。

脉冲磁场抗扰度：各 IED 应能承受 GB/T 17626.9—2006《电磁兼容试验和测量技术

脉冲磁场抗扰度试验》第5章规定的严酷等级为5级的脉冲磁场抗扰度试验。试验期间IED处于工作状态，要求网络通信功能正常，不误（漏）收、误（漏）发信息，功能及性能符合Q/GDW 410—2011要求，其中测量不确定度可较Q/GDW 410—2011要求下降一个误差等级。

阻尼振荡磁场抗扰度：各IED应能承受GB/T 17626.10—2006《电磁兼容试验和测量技术阻尼振荡磁场抗扰度试验》第5章规定的严酷等级为5级的阻尼振荡磁场抗扰度试验。试验期间IED处于工作状态，要求网络通信功能正常，不误（漏）收、误（漏）发信息，功能及性能符合Q/GDW 410—2011要求。

辐射发射限值试验：各IED（可不带传感器）应按GB 9254—2008《信息技术设备的无线电骚扰限值和测量方法》进行辐射发射限值试验，应符合A类要求。

（5）环境耐受性能。

低温：各IED应能承受GB/T 2423.1—2008《电工电子产品环境试验　第2部分：试验方法试验A：低温》规定的低温试验，试验温度为－40℃，试验时间为2h。试验期间IED处于工作状态，要求网络通信功能正常，不误（漏）收、误（漏）发信息，功能及性能符合Q/GDW 410—2011要求。

高温：各IED应能承受GB/T 2423.2—2008《电工电子产品基本环境试验规程试验B：高温试验方法》规定的高温试验，试验温度为70℃，试验时间为2h。试验期间IED处于工作状态，要求网络通信功能正常，不误（漏）收、误（漏）发信息，功能及性能符合Q/GDW 410—2011要求。

恒定湿热：各IED应能承受GB/T 2423.9—2001《电工电子产品基本环境试验规程试验Cb：设备用恒定湿热试验方法》规定的恒定湿热试验，试验温度为（40±2）℃、相对湿度（93±3）%，试验时间至少为48h。试验期间IED处于工作状态，要求网络通信功能正常，不误（漏）收、误（漏）发信息，功能及性能符合Q/GDW 410—2011要求。恢复1h后测量绝缘电阻，结果应满足恒定湿热条件下绝缘电阻要求（见IED检测项目3）。

交变湿热：各IED应能承受GB/T 2423.4—2008《电工电子产品基本环境试验规程试验Db：交变湿热试验方法》的规定，进行高温55℃、循环次数为2次的交变湿热试验。试验期间IED处于工作状态，要求网络通信功能正常，不误（漏）收、误（漏）发信息，功能及性能符合Q/GDW 410—2011要求。

（6）机械耐受性能。

振动耐久：智能组件各IED应能承受GB/T 11287—2000《电气继电器　第21部分：量度继电器和保护装置的振动、冲击、碰撞和地震试验　第1篇：振动试验（正弦）》中规定的严酷等级为Ⅰ级的振动耐久能力试验。试验后应无机械变形，无零部件脱落，无插件松动，通电能正常运行。

冲击耐久：智能组件各IED应能承受GB/T 14537—1993《量度继电器和保护装置的冲击与碰撞试验》中规定的严酷等级为Ⅰ级的冲击耐久能力试验。试验后应无机械变形，无零部件脱落，无插件松动，通电能正常运行。

碰撞：智能组件各 IED 应能承受 GB/T 14537—1993 中规定的严酷等级为Ⅰ级的碰撞试验。试验后应无机械变形，无零部件脱落，无插件松动，通电能正常运行。

（7）连续通电试验。

各 IED 应进行不小于 55℃、通电时间不小于 24h 的连续通电试验，通电试验期间不发生死机和重启现象。

（8）测量基本误差。

测量 IED：采集表 3－9 中所列全部或部分参量，其测量基本误差满足要求。其中至断路器低气压告警的时间、至气室低气压告警的时间和至断路器低气压闭锁的时间是根据当前气室气体密度和泄漏速率的估算值。

表 3－9　　高压开关设备测量 IED 测量项目及要求

被测参量	单位	技术要求
气室气体压力	MPa	2.5%（基本误差）
气室气体温度	℃	2℃（基本误差）
气室气体水分	μL/L	50μL/L（基本误差）

局放监测 IED：局部放电监测 IED 主要用以监测高压开关设备的放电性缺陷。应能够检测视在放电量为 10～1000pC 的局部放电信号，测量值应与放电强度的实际变化相一致，偏差不应超过 15%。

机械状态监测 IED：机械状态包括操动机构、储能系统、开关触头状态等。操动机构方面包括分合闸操作时分合闸线圈电流、分合闸过程中的声学指纹、分合闸时间及行程等。储能方面包括储能压力（液压或气动机构）、储能电机运行状态（包括启动频率、运行时间、工作电流等）。触头状态包括触头温度、触头电寿命计算结果等。此外，还有机械操作次数、机构内温度等。监测项目及要求如表 3－10 所示。

表 3－10　　机械状态监测 IED 监测项目及要求

监测项目	监测参量	测量基本误差
操动机构	机构箱温度	2℃
	分闸线圈电流及功耗	电流峰值测量基本误差：2.5% 功耗测量基本误差：2.5%
	合闸线圈电流及功耗	
	分闸时间	2.5ms
	分闸速度	5%
	合闸时间	2ms
	合闸速度	5%
储能系统	储能介质压力	5%
	电机运行电流	2.5%
	最近一次电机运行时间	2s

续表

监测项目	监测参量	测量基本误差
储能系统	最近两次储能时间间隔	2s
	电机启动次数	0次/日
触头状态	机械操作次数	0次

（9）控制功能测试。

开关设备控制器如有选相操作功能，实际分合闸相位与预期相位之间的系统偏差应不大于1ms，时间的分散性（σ）应不大于1ms。

（10）地电位暂态升高试验（可选项目）。

一个模拟高压开关设备壳体（仅作为传感器的支架，简称模拟壳体），安放在一个对地绝缘的金属平板上，在模拟壳体上应尽可能按接近实际的情形安装好各传感器，要求信号电缆的质量和长度与工程实际一致。供电电源的电位隔离等按变电站实际状态执行。试验时，智能组件、传感器、通信网络设备处于正常工作状态。

试验分两步。第一步，智能控制柜置于试验室地面并接地，试验前，先调试电压波形及幅值，方法是断开模拟壳体与智能组件之间的所有电气连接，在对地绝缘的金属平板上施加陡波冲击电压，要求波头时间不大于500ns，对220kV（330kV）及以下智能高压开关设备所施加陡波冲击电压的幅值为10kV，500kV及以上智能高压开关设备的陡坡冲击电压的幅值为20kV。调试完毕后，保持陡冲击电压发生器状态不变，将智能组件与安装于模拟壳体的传感器等按实际情况连接，在对地绝缘的金属平板上施加陡冲击电压正、负极性各5次，各次间隔不小于1min。要求智能组件及传感器等工作正常。

第二步，将智能组件与模拟壳体一并放到对地绝缘的金属平板上，其他要求同第一步。在对地绝缘的金属平板上施加陡冲击电压正、负极性各5次，各次间隔不小于1min。要求所有IED及通信网络设备工作正常。

（11）通信网络试验。

各IED应具备通信恢复能力，当物理故障消除后，各IED网络通信应恢复正常，信息传送正确。在网络流量异常增加、大量突发报文冲击情况下，IED应不死机，无异常动作。各IED应通过一致性测试。

（12）一致性测试。

智能高压开关设备信息模型一致性测试：检验IED的模型配置ICD文件，与DL/T 860.6—2012《电力企业自动化通信网络和系统　第6部分：与智能电子设备有关的变电站内通信配置描述语言》的变电站配置语言SCL的符合性。检验逻辑设备、逻辑结点、数据、数据属性的命名规则与DL/T 1440—2015《智能高压设备通信技术规范》的符合性。

MMS报文检验：检验关联服务、数据读写服务、报告服务、控制服务、取代服务、定值服务、日志服务。

GOOSE报文检验：检验GOOSE的配置、发布、订阅功能，检验GOOSE的报警功能。

SV 报文检验：检验采样值的配置、输出、输入功能，检验采样值的报警功能。

（13）互操作试验。

与相关的智能 IED 组成智能组件，进行其与 DL/T 860.10—2006《变电站通信网络和系统第 10 部分：一致性测试》符合性测试，检验模型的符合性，以及 MMS、GOOSE、SV 的功能。

3. 智能控制柜

智能组件用柜体为智能组件各 IED、网络通信设备等提供雨水、尘土、酸雾、电磁骚扰等的防护及智能组件的电源、电气接口，并提供温/湿度控制、照明等设施，保证智能组件的安全运行。智能控制柜型式试验项目参照国家电网有限公司企业标准 Q/GDW 734—2012《智能高压设备组件柜技术条件》执行，具体的测试要求如下：

（1）外观、铭牌、标牌、标志及一般要求检验。

采用目测的方法对外观、铭牌、标牌、标志及一般要求进行检验。

（2）尺寸及形位公差检验。

按照国网通用设备及制造商提供的尺寸及形位公差要求进行检验，其中尺寸可用钢板尺、卷尺或卡尺结合目测检验，必要时可以数字显示的卡尺检验。形位公差需按照 GB/T 1958—2004《产品几何量技术规范（GPS）形状和位置公差检测规定》规定的方法，借助标准平台和线性尺寸测量工具进行检验。型钢的外圆角、平面度、直线度和垂直度等应借助标准平台和线性尺寸或圆角测量工具，按照 GB/T 1182—2008《产品几何技术规范几何公差、形状》和 GB/T 1958 规定的方法进行检验。

（3）涂覆层的检验。

涂覆层的外观检查采用目视方法。涂覆层的色度和色差检查按 GB/T 9761—2008《色漆和清漆色漆的目视比色》规定的方法进行；或者采用色度/色差分析仪测量。涂覆层的厚度按 GB/T 13452.2—2008《色漆和清漆漆膜厚度的测定》规定的方法进行；或者采用涂覆层厚度测试仪测量。涂覆层的附着力按 GB/T 9279.1—2015《色漆和清漆耐划痕性的测定　第 1 部分：负荷恒定法》或 GB/T 9753—2007《色漆和清漆杯突试验》规定的方法进行。户外智能控制柜的涂覆层除了上述的检验外，还需要采用 GB/T 19183.5—2003《电子设备机械结构户外机壳　第 3 部分：机柜和箱体的气候、机械试验及安全要求》规定的方法进行试验。只要材料、表面构造及涂覆工艺相同，涂覆层的检验可以选用样品单元。

（4）金属镀层的检验。

智能控制柜所用金属零件的镀层厚度，可采用厚度测试仪进行测量。金属镀层的外观质量采用人工肉眼的方式检查。金属镀层的物理和化学性能检验，按照相应的镀层标准规定的方法进行检验和试验。

（5）环境耐受检验。

空柜按 GB/T 19183.5—2003 规定的方法进行户外环境适应性试验。对于户外型智能控制柜，在规定的使用环境下，要求柜内温度控制在－10℃～＋55℃。主要检测低温、高温并伴有强日照的两个极端工况，即要求环境温度－40℃时，柜内温度在－10℃以上；

环境温度+45℃、日照1120W/m²、柜内有200W模拟发热载荷时，柜内温度不高于55℃。对于户内型智能控制柜，只进行高温控制试验，即环境温度+45℃、柜内有200W模拟发热载荷时，柜内温度不高于55℃。柜内温度越限告警正常。

（6）机械性能试验。

振动耐久能力试验：按GB/T 11287—2000中规定的试验方法，试验结果应符合Q/GDW 734—2012中第5.4条的要求。

冲击耐久能力试验：按GB/T 14537—1993中规定的试验方法，试验结果应符合Q/GDW 734—2012中第5.4条的要求。

碰撞试验：按GB/T 14537—1993中规定的试验方法，试验结果应符合Q/GDW 734—2012中第5.4条的要求。

静载荷试验：按GB/T 18663.1—2008《电子设备机械结构公制系列和英制系列的试验　第1部分：机柜、机架、插箱和机箱的气候机械试验及安全要求》规定的试验方法，试验结果应符合Q/GDW 734—2012中第5.4条的要求。

动载荷试验：按GB/T 19183.5—2003规定的试验方法，试验结果应符合Q/GDW 734—2012中第5.4条的要求。

地震试验：按GB/T 18663.2—2007《电子设备机械结构公制系列和英制系列的试验　第2部分：机柜和机架的地震试验》规定的试验方法，试验结果应符合Q/GDW 734—2012中第5.4条的要求。

（7）配置及机电接口检验。

结合设计图纸，以目测及通电检验的方式对智能控制柜的配置和机电接口进行检验，其中机电接口检验结果应符合Q/GDW 734—2012中第5.5条的要求。

（8）电磁屏蔽试验。

按GB/T 18663.3—2007《电子设备机械结构公制系列和英制系列的试验　第3部分：机柜、机架和插箱的电磁屏蔽性能试验》规定的方法，对智能控制柜的电磁屏蔽性能进行试验，试验结果应符合第5.7条的要求。

（9）安全试验。

外壳防护试验：采用GB/T 20138—2006《电器设备外壳对外界机械碰撞的防护等级（IK代码）》规定的方法，进行IK防护试验，试验结果应符合第5.8.1条的要求。采用GB 4208规定的方法，进行IP防护试验，试验结果应符合Q/GDW 734—2012中第5.8.5条的要求。

电击防护试验：采用GB 14598.27—2008《量度继电器和保护装置　第27部分：产品安全要求》中的10.5.3或GB/T 5095.2—1997《电子设备用机电元件基本试验规程及测量方法　第2部分：一般检查、电连续性和接触电阻测试、绝缘试验和电压应力试验》规定的方法进行导电连续性的试验和连接电阻的试验，试验结果应符合Q/GDW 734—2012中第5.8.2条的要求。采用目测的方法对其他电击防护要求进行检查。

着火危险防护试验：采用GB/T 5169.16—2008《电工电子产品着火危险试验　第16部分：试验火焰50W水平与垂直火焰试验方法》的垂直燃烧方法，对智能控制柜的着火危险防护进行试验，试验结果应符合 Q/GDW 734—2012 中第 5.8.3 条的要求。

机械危险防护检验：采用目测的方法对智能控制柜进行机械危险防护检验，检验结果应符合第 5.8.4 条的要求。

附加安全检验：按 GB/T 19183.5 的规定，对户外智能控制柜进行附加的机械危险防护检验，检验结果应符合 Q/GDW 734—2012 中第 5.8.6 条的要求。

安全标志检验：采用 GB 14598.27 以及目测的方法对智能控制柜的安全标志进行检验，检验结果应符合 Q/GDW 734—2012 中第 5.8.7 条的要求。

（10）开关级差配合试验。

应用模拟直流电源供电，直流电源总开关、各 IED 供电电源开关处于导通状态，逐个模拟 IED 短路，检测各 IED 供电电源开关与直流电源总开关的级差配合，要求保护动作正确。

3.4.2 出厂试验

出厂试验的目的是为了发现产品在结构、材料或组装过程等方面出现的缺陷，考察该产品是否符合出厂标准，决定该产品是否具备发货条件。出厂试验不会破坏产品的性能和可靠性。

出厂试验应该在任意合适可行的地方对产品的所有元件进行试验，以确保产品与已经通过型式试验的设备相一致。在进行出厂试验时，应尽可能在完整的组装产品上进行；如不具备条件或产品在运输前不完成总装时，可以根据试验的性质，在功能单元或运输单元上进行。出厂试验项目应根据相关标准和供需双方约定的协议加以确定，部分试验项目需要需方进行见证。

出厂试验完成后，产品制造厂应出具出厂试验报告，并编制合格证。

1. GIS 设备本体

传统 GIS 的出厂试验项目包括整体外观检查、主回路电阻的测量、主回路的绝缘试验、辅助和控制回路的绝缘试验、气体密封性试验、SF_6 气体湿度测量、外壳的压力试验和探伤、机械操作试验、控制机构中辅助回路、电气联锁的检验、绝缘隔板的压力试验及压力释放装置试验（如果适用）。

其中整体外观检查、主回路电阻的测量、主回路的绝缘试验、辅助和控制回路的绝缘试验、气体密封性试验、SF_6 气体湿度测量参考表 2－29 所列检验方法及要求，增加其他气室的气体密封性试验、SF_6 气体湿度测量；电气联锁的检验参考表 2－32 所列检验方法及要求。

智能 GIS 除了传统 GIS 的出厂试验外，还应增加智能组件联合调试试验。

2. 电子式互感器

电子式互感器出厂试验项目参照国家标准 GB/T 20840.8—2007《互感器　第 8 部分：电子式电流互感器》、GB/T 20840.7—2007《互感器　第 7 部分：电子式电压互感器》执行。

电子式互感器应由互感器厂家进行全部准确度试验并出具完整的试验报告，报告还应包含对应合并单元功能及通信验证。其出厂试验项目有：准确度试验、低压器件的工频耐压试验、一次端的工频耐压试验、电容量和介质损耗因数测量。电子式电流互感器出厂试验项目参考表 2－33 所列检验方法及要求。电子式电压互感器出厂试验项目参考 GB/T 20840.7 执行。

3. 智能组件

智能组件包含合并单元、开关设备控制器、传感器等，其出厂试验必须全部组装在开关设备上进行，其增加的出厂试验项目为绝缘性能试验。开关设备控制器出厂试验项目参考表 2－35 所列检验方法及要求；状态监测 IED 出厂试验项目参考表 2－34 所列检验方法及要求。

4. 智能控制柜

智能控制柜作为智能组件的集成整体应进行出厂试验验证智能组件的基本功能，包含智能终端远控操作功能、机械特性和 SF_6 气体在线监测功能等。作为出厂试验的一部分，智能组件还应该发到二次集成商进行整站二次系统联调实验，确保设备到达现场前经过充分的测试和验证，各设备装置之间通信畅通、设置正确。其出厂试验项目参考表 2－36 所列检验方法及要求，应满足国家电网有限公司企业标准 Q/GDW 734 的要求。

3.4.3 交接试验

交接试验的目的是为了检验产品在运输、储存、运行过程中是否出现缺陷，检查产品在现场安装、运行以后是否存在导致内部故障的隐患，由此判断产品质量的好坏，确定产品是否能够投入运行。设备投入运行前的交接试验项目应根据相关标准和供需双方约定的协议加以确定。

根据 GB 50150—2016《电气装置安装工程电气设备交接试验标准》，传统 GIS 的交接试验包括：测量主回路的导电电阻，主回路的交流耐压试验，密封性试验，测量 SF_6 气体含水量，封闭式组合电器内各元件的试验，组合电器的操动试验，气体密度继电器、压力表和压力动作阀的检查。

智能 GIS 交接试验除传统 GIS 的试验项目外，还应包含本体试验项目、电子式电流互感器（含合并单元）试验、智能组件试验。

（1）GIS 设备本体。

智能 GIS 本体试验项目重点围绕密封性试验、辅助和控制回路绝缘试验及绝缘试验三方面展开，其测试要求与试验依据如表 3－11 所示。

表 3－11　　智能 GIS 本体试验项目和标准要求

试验项目	标准要求	说　明
SF_6 气体湿度及纯度	（1）湿度（20℃，V/V）μL/L： 断路器灭弧室气室：≤150 其他气室：≤250。 （2）纯度：99.9%（质量分数）	（1）按 GB/T 11022—2011《高压开关设备和控制设备标准的共用技术要求》、DL/T 915—2005《六氟化硫气体湿度测定法（电解法）》进行。 （2）按 DL/T 920—2005《六氟化硫气体中空气、四氟化碳的气相色谱测定法》进行

续表

试验项目	标准要求	说　明
密封性试验	（1）采用灵敏度不低于 1×10^{-8}（体积比）的检漏仪对断路器各密封部位、管道接头等处进行检测时，检漏仪不应报警。 （2）必要时可采用局部包扎法进行气体泄漏测量，以 24 小时的漏气量换算，年漏气率不大于 0.5%	密闭性的试验应在充气 24 小时后且操动试验后进行
主回路的交流耐压试验	（1）72.5～363kV 的交流耐压值应为出厂值的 100%。 （2）550kV 的交流耐压值应为出厂值的 90%～100%	（1）试验在 SF_6 气体额定压力下进行。 （2）对 GIS 试验时不包括其中的电磁式电压互感器及避雷器，但在投运前应对它们进行电压值为最高运行电压的 5min 检查试验。 （3）试验程序和方法参见产品技术条件或 Q/GDW 11304.8—2015《电力设备带电检测仪器技术规范　第 5 部分：高频法局部放电带电检测仪器技术规范》中 SF_6 气体绝缘电力设备特高频局部放电缺陷模型的规定进行。 （4）采用变频交流耐压时，试验频率宜在 30～300Hz
局部放电试验	（1）交流耐压试验的同时进行局部放电检测，无异常。 （2）在 $1.2U_r/\sqrt{3}$ 的试验电压下进行局部放电检测	可采用超声法和超高频测试方法
主回路导电电阻	应不大于出厂值的 120%，且不超过制造厂规定值	应采用直流压降法，电流不小于 100A
组合电器内各元件的试验	应按本标准的相应章节的有关规定进行	元件包括装在组合电器内的断路器、隔离开关、负荷开关、接地开关、避雷器、互感器、套管、母线等
组合电器的操动试验	（1）联锁与闭锁装置动作应准确可靠。 （2）电动、气动或液压装置的操动试验，应按产品的技术条件的规定进行	
气体密度继电器、压力表和压力动作阀的检查	（1）在充气过程中检查气体密度继电器及压力动作阀的动作值，应符合产品设备技术文件的规定。 （2）对单独运到现场的设备应进行校验	

（2）电子式电流互感器。

电子式电流互感器需与本体一并进行交流耐压试验。其交接试验项目参考表 2-39 所列检验方法及要求。

（3）电子式电压互感器。

试验项目除出厂试验所列项目之外，制造方和用户可协商同意进行以下试验：

一次电压端的截断雷电冲击试验，按 GB/T 20840.7—2007 中 10.1 的要求进行；机械强度试验，按 GB/T 20840.7—2007 中 10.2 的要求进行。

（4）智能组件。

智能组件的交接试验包括绝缘电阻测量、机械状态监测 IED 性能试验、SF_6 气体状态监测 IED 性能试验、智能终端性能试验，除开展绝缘电阻测量外，需对状态监测 IED 的测量参数误差进行检测，并对智能终端开展性能试验，其交接试验项目参考表 2-40

所列检验方法及要求。

（5）智能控制柜。

智能控制柜的交接试验一般包括：外观、铭牌、标牌、标志和一般要求检验、配置和机电接口检验，其检验方法和要求可参考型式试验相关条目执行。

（6）设备验收。

交接验收是指施工单位完成三级自验收及监理初检后，对设备进行的全面验收。交接验收项目包括检查、核对组合电器相关的文件资料是否齐全；核查组合电器交接试验报告，必要时对交流耐压试验、局放试验进行旁站见证；交接试验验收要保证所有试验项目齐全、合格，并与出厂试验数值无明显差异等。其具体要求如下：

1）交接试验验收：在智能 GIS 交接试验验收时，需要重点围绕主回路绝缘、气体密度继电器、辅助和控制回路绝缘等试验展开验收。

2）资料、文件验收：资料、文件验收要求订货合同、技术协议资料齐全。生产厂家使用说明书、技术说明书、出厂试验报告、合格证、安装图纸、维护手册等技术文件齐全。重要材料和附件的工厂检验报告和出厂试验报告、设备监造报告齐全，数据合格。三维冲击记录仪记录纸和押运记录齐全、数据合格。安装检查及安装过程记录、安装过程中设备缺陷通知单、设备缺陷处理记录齐全。交接试验报告、变电工程投运前电气安装调试质量监督检查报告项目齐全，数据合格。传感器布点设计详细报告、气室分割图、吸附剂布置图，资料齐全，与现场实际核对一致。备品备件、专用工器具、仪器清单项目齐全。

3.4.4 检修试验

状态检修试验分为例行试验和诊断性试验。例行试验通常按周期进行，诊断性试验只在诊断设备状态时根据情况有选择地进行。开展输变电设备状态检修试验，应注意以下事项：

若存在设备技术文件要求但本标准未涵盖的检查和试验项目，按设备技术文件要求进行。若设备技术文件要求与本标准要求不一致，按严格要求执行。现场备用设备应视同运行设备进行例行试验；备用设备投运前应对其进行例行试验；若更换的是新设备，投运前应按交接试验要求进行试验。如经实用考核证明利用带电检测和在线监测技术能达到停电试验的效果，经批准可以不做停电试验或适当延长周期。二次回路的交流耐压可用 2500V 兆欧表测绝缘电阻代替。

110（66）kV 及以上新设备投运满 1～2 年，以及停运 6 个月以上重新投运前的设备，应进行例行试验，1 个月内开展带电检测。对核心部件或主体进行解体性检修后重新投运的设备，可参照新设备要求执行。500kV 及以上电气设备停电试验宜采用不拆引线试验方法，如果测量结果与历次比较有明显差别或超过本标准规定的标准，应拆引线进行诊断性试验。

在进行与环境温度、湿度有关的试验时，除专门规定的情形之外，环境相对湿度不宜大于 80%，环境温度不宜低于 5℃，绝缘表面应清洁、干燥。若前述环境条件无法满足时，可按 Q/GDW 1168—2013《输变电设备状态检修试验规程》中第 4.3.5 条的要求进行分析。除特别说明，所有电容和介质损耗因数一并测量的试验，试验电压均为 10kV。

3.4.5 整体联调

智能 GIS 设备整体联调时，要求所有传感器和智能组件应已安装完毕，设备布置应模拟现场分布，智能控制柜与开关本体距离不远于现场情况，应采用单独电源和独立接地。试验前所有智能组件均处于正常运行状态。调试包括两个部分，一是各 IED 的功能调试，包括测量、控制、计量（如集成）、监测、保护（如集成）等；二是智能组件的整体调试，主要检验各 IED 与站控层网络和过程层网络的信息交互。调试结果应符合相关标准要求。

在联调试验期间，测量 IED、各监测 IED 至少采集一组完整的数据，并完成一次完整的信息交互流程，要求信息交互功能正常、监测参量的技术指标符合 Q/GDW 410 要求。在联调试验期间，智能终端应能接收站控层模拟系统发送的所有控制指令，并成功控制受控组（部）件的操动或运行、正确反馈控制状态，无误动、误报，联闭锁功能正常。整体联合调试具体试验要求如下：

（1）智能终端性能检测。

由上级系统分别对智能终端采用光缆或电缆两种传输方式发出开关操作信号，智能终端应能接收测控装置和保护装置的指令，对开关设备发出分、合闸操作指令，并对开关设备相关参量进行测量，报送上级系统，操作顺序为 3 次分、3 次合、3 次分—合—分。

智能终端通过过程层网络接收并响应测控装置的分—合控制指令，直接或通过过程层网络接收并响应继电保护装置的跳闸指令。其中选相操作仅适用于正常分—合操作，不适用于保护跳闸。

结合智能 GIS 设备断路器、隔离开关、接地开关相关状态信号，给智能终端开入多个不同状态的信号，其上传测控装置的信号应与外部开入状态信号相一致。

（2）机械状态监测 IED 性能检测。

利用准确的机械特性仪与机械特性 IED 同时监测试品操作，操作顺序为 5 个分—合—分、5 个分、5 个合，要求智能终端能正确接收、执行控制指令、反馈控制状态，每次操作机械特性 IED 与机械特性仪误差应满足：分合闸线圈电流峰值测量误差不大于±5%；分、合闸时间的测量误差不大于 1ms，行程的测量误差不大于 1%；储能时间的测量误差不大于 0.5s。

该项试验可在机械寿命试验中或者试验后进行，但机械寿命试验后必须进行。

（3）局放 IED 性能检测。

在 GIS 内部人为制造一个缺陷（尖端放电），在一次回路施加激发电压。局部放电 IED 测量数据应满足 GB/T 7354 标准的局部放电测量方法的技术要求，激发电压 1min 降到测量电压，操作 5 次，测量值应与放电强度的实际变化相一致。

（4）SF_6气体状态 IED 性能检测。

利用标准的 SF_6密度测试仪与 SF_6气体状态 IED 同时监测 SF_6气体状态，充入额定气体压力 30min 后开始测试，每个传感器检测 1 次，SF_6气体状态 IED 误差应满足 2.5%。

（5）电流、电压采样正确性验证。

利用升压、升流设备在智能 GIS 一次端子施加电压、电流，通过比较试验装置与测量 IED（合并单元）采样信息，验证现场电压互感器和电流互感器的变比、极性设置与设计要求相一致。

3.5 智能 GIS 运维与检修

智能 GIS 采取传感器和智能组件的就地化布置，简化了二次回路，减少了施工的工作量，同时提高了对智能控制柜的柜体要求。目前智能控制柜一般配置了温湿度控制系统，能够根据柜内温度、湿度变化自动进行调节，因此日常运维中在关注一次设备状态正常外，对相应的传感器和智能组件设备状态及柜内温湿度环境，应结合远程巡视定期开展现场巡视，应遵循 DL/T 603—2006《气体绝缘金属封闭开关设备运行及维护规程》、Q/GDW 751—2012《变电站智能设备运行维护导则》、Q/GDW 447—2010《气体绝缘金属封闭开关设备状态检修导则》、Q/GDW 11510—2015《电子式互感器运维导则》。

3.5.1 设备操作

智能 GIS 对操作部分也有严格要求：组合电器设备电气闭锁装置禁止随意解锁或者停用。正常运行时，汇控柜内的闭锁控制钥匙应严格按照国家电网有限公司电力安全工作规程规定保管使用。组合电器操作前后，无法直接观察设备位置的，应按照安规的规定通过间接方法判断设备位置。组合电器无法进行直接验电的部分，可以按照安规的规定进行间接验电。

顺序控制功能依靠智能 GIS 设备高可靠性的基础，实现了一键式倒闸操作。智能 GIS 设备顺序控制功能根据操作票对相关 GIS 设备进行系列化操作，依据设备的执行结果信息的变化来判断每步操作是否到位，确认到位后自动或半自动执行下一指令，直至执行完成所有的指令。智能 GIS 设备顺序控制操作应注意以下问题：

顺序控制操作可分为对单间隔操作和多间隔操作，对于多间隔顺序控制，宜将其拆分为不同的单间隔顺序控制执行。操作前应核对设备状态并确认当前运行方式符合顺序控制操作条件。条件具备时，顺序控制宜和图像监控系统实现联动。顺序控制操作票的编制应符合《国家电网公司电力安全工作规程（变电部分）》相关要求，并经过五防逻辑校核。变电站设备及接线方式变化时应及时修改顺序控制操作票。在监控后台调用顺序控制操作票时，应严格执行操作监护制度。

顺序控制操作时，继电保护装置须采用软压板控制模式。操作中若设备状态未发生改变，应查明原因并排除故障后继续顺控操作；若无法排除故障，可根据情况改为常规操作。由于通信原因设备状态未发生改变，履行手续后可转交现场监控后台继续顺控操作。对于单步遥控或操作过程中必须操作员到现场的控制不宜列入顺序控制范围。

顺序控制操作完成后，可通过后台监控及设备在线监测可视化界面对一、二次设备操作结果正确性进行核对。

3.5.2 设备巡视与维护

1. 设备巡视

运行巡视的目的是确保设备处于正常状态以能承担其在电网中所赋予的任务，结合巡视也会做一些有针对性的检查和维护。变电站智能 GIS 设备的巡视检查分为例行巡视、全面巡视、熄灯巡视和特殊巡视四种情况。

（1）例行巡视。

例行巡视一般仅做常规的观察和检查。在智能 GIS 巡视操作中，例行巡视是主要内容之一，智能 GIS 例行巡视的具体内容如下：

1）检查断路器、隔离开关、接地开关及快速接地开关的位置指示是否正确，并与当时实际运行工况相符；检查断路器和隔离开关的动作指示是否正常，记录其累计动作次数；检查智能组件外观正常、无异常发热、电源及各种指示灯正常，压板位置正确、无告警，各间隔电压切换运行方式指示与实际一致。

2）检查 GIS 设备有无异常声音；接地端子有无发热现象；金属外壳的温度是否超过规定值；可见的绝缘件有无老化、剥落，有无裂纹；各类管道及阀门有无损伤、锈蚀，阀门的开闭位置是否正确，管道的绝缘法兰与绝缘支架是否良好；压力释放装置有无异常，其释放出口有无障碍物；GIS 室内的照明、通风和放火系统及各种监测装置是否正常、完好；所有设备是否清洁，标志清晰、完善。

3）检查电子式互感器外观无损伤、无闪络、本体及附件无异常发热、无锈蚀、无异响、无异味，各引线无脱落、接地良好。采集器无告警、无积尘，光缆无脱落，箱内无进水、无潮湿、无过热等现象；有源式电子互感器应重点检查供电电源工作无明显异常。

4）检查在线监测系统设备外观正常、电源指示、监测数据正常，避雷器的动作计数器指示值是否正常，在线监测泄漏电流指示值是否正常；油气管路接口无渗漏，光缆的连接无脱落；在线监测系统主机后台、变电站监控系统主机监测数据正常；与上级系统的通信功能正常。

（2）全面巡视。

全面巡视是在例行巡视的基础上增加了机构箱、智能控制柜及二次回路等设备的检查。全面巡视应在例行巡视的基础上增加以下项目：

1）机构箱。液压、气动操动机构压力表指示正常，SF_6气体管道阀门及液压、气动操动机构管道阀门位置正确。液压操动机构油位、油色正常，无渗漏，油泵及各储压元件无锈蚀。气动操动机构空压机运转正常、无异响，油位、油色正常；气水分离器工作正常，无渗漏油、无锈蚀。弹簧储能机构储能正常，弹簧无锈蚀、裂纹或断裂。电磁操动机构合闸保险完好。断路器动作计数器指示正常。端子排无锈蚀、裂纹、放电痕迹；二次接线无松动、脱落，绝缘无破损、老化现象；备用芯绝缘护套完备；电缆孔洞封堵完好。照明、加热驱潮装置工作正常。加热驱潮装置线缆的隔热护套完好，附近线缆无过热灼烧现象。加热驱潮装置投退正确。机构箱透气口滤网无破损，箱内清洁无异物，无凝露、积水现象。箱门开启灵活，关闭严密，密封条无脱落、老化现象。高寒地区还应检查气动机构及其连接管路加热带工作正常。

对集中供气系统，应检查以下项目：气压表压力正常，各接头、管路、阀门无漏气；各管道阀门开闭位置正确；空压机运转正常，机油无渗漏，无乳化现象。

2）智能控制柜及二次回路。检查智能控制柜密封良好，锁具及防雨设施良好，无进水受潮，通风顺畅；柜内各设备运行正常无告警，柜内连接线无异常；控制开关、五防联锁把手的位置正确；柜内加热器、工业空调、风扇等温湿度调控装置工作正常，柜内温（湿）度满足设备现场运行要求；设备的操动机构和控制箱等的防护门、盖是否关严；加热器的工作状态是否按规定投入或切除；裸露在外的接线端子有无过热情况，有无异常声音、异味。二次接线压接良好，无过热、变色、松动，接线端子无锈蚀，电缆备用芯绝缘护套完好。二次电缆绝缘层无变色、老化或损坏，电缆标牌齐全。光纤完好，端子清洁，无灰尘电缆孔洞封堵严密牢固，无漏光、漏风，裂缝和脱漏现象，表面光洁平整。照明装置正常，指示灯、光字牌指示正常。

（3）熄灯巡视。

引线连接部位、线夹无放电、发红迹象，套管等部件无闪络、放电。

（4）特殊巡视。

特殊巡视是根据运行需要进行安排，如在新设备试运行、异常天气、故障跳闸等情况下检查设备有无异常响声、压力和油位是否正常、引线接头有无异常发热现象等。智能 GIS 特殊巡视主要包括新设备投入运行后巡视项目与要求、异常天气时的巡视项目和要求及故障跳闸后的巡视三方面内容。

1）新设备投入运行后巡视项目与要求。新设备或大修后投入运行应增加巡视频次，重点检查设备有无异声、压力变化、红外检测罐体及引线接头等有无异常发热。

2）异常天气时的巡视项目和要求。

严寒季节时，检查设备 SF_6 气体压力有无过低，管道有无冻裂，加热保温装置是否正确投入。气温骤变时，检查加热器投运情况，压力表计变化、液压机构设备有无渗漏油等情况；检查本体有无异常位移、伸缩节有无异常。大风、雷雨、冰雹天气过后，检查导引线位移、金具固定情况及有无断股迹象，设备上有无杂物，套管有无放电痕迹及破裂现象。浓雾、毛毛雨天气时，检查套管有无表面闪络和放电，各接头部位在小雨中出现水蒸气上升现象时，应进行红外测温。冰雪天气时，检查设备积雪、覆冰厚度情况，及时清除外绝缘上形成的冰柱。高温天气时，增加巡视次数，监视设备温度，检查引线接头有无过热现象，设备有无异常声音。

3）故障跳闸后的巡视。

检查现场一次设备（特别是保护范围内设备）外观，导引线有无断股等情况。检查保护装置的动作情况，检查断路器运行状态（位置、压力、油位），检查各气室压力。

2. 设备维护

（1）断路器。

断路器本体一般不用检修，在达到制造厂规定的操作次数或达到表3－12的操作次数时应进行分解检修。断路器分解检修时，应在制造厂技术人员在场指导下进行。检修时将主回路元件解体进行检查，根据需要更换不能继续使用的零部件。

表3－12　断路器动作（或累计开断电流）次数

使用条件	规定操作次数（次）
空载操作	3000
开断负荷电流	2000
开断额定短路开断电流	15

灭弧室检修项目：检查引弧触头烧损程度；检查喷口烧损程度；检查触指磨损程度；检查并清洁灭弧室；更换吸附剂及密封圈；检查调整相关尺寸。

操动机构检修项目：检查分、合线圈和脱口打开尺寸及磨损情况；检查辅助开关切换情况；检查转动、传动部位润滑情况；弹簧和气动操动机构还应检查轴、销、锁扣等易损部位，复合机构相关尺寸，检查缓冲器，更换缓冲器油及密封件；气动操动机构还应清洗并检查操作阀，更换密封圈，检查管道密封情况；液压操动机构还应检查油泵、安全阀是否正常工作，校核各级压力接点设定值并检查压力开关，检查预充氮气压力，对活塞杆结构储压器应检查微动开关，若有漏氮及微动开关损坏应处理或更换，清洗油箱、更换液压油后排气，液压弹簧机构应检查弹簧储能前后尺寸。

（2）SF_6气体系统。

检修项目：校验SF_6密度继电器、压力表或密度表；检测GIS气室及管道的泄漏，根据密封件寿命及使用情况更换密封件；测量SF_6气体湿度。

（3）隔离开关、接地开关和快速接地开关。

检查实际分合位置和触头磨损情况。操动机构检修项目：检查分、合闸线圈；检查辅助开关、微动开关切换情况；气动操动机构检查清洗电磁阀；检查轴、销、锁扣等易损部位，复合机构相关尺寸；检查转动、传动部位润滑情况。具备条件时应检查隔离开关、接地开关和快速接地开关间的联锁功能试验。

（4）电子式互感器。

电子互感器投运一年后应进行停电试验，停电试验项目及标准应符合制造厂有关规定和要求；电子互感器检修维护应同时兼顾合并单元、交换机、测控装置、系统通信等相关二次系统设备的校验；电子互感器检修维护时，应做好与其相关联的保护测控设备的安全措施；电子式电压互感器在进行工频耐压试验时，应防止内部电子元器件损坏；纯光学电流互感器因其设备特点不进行绕组的绝缘电阻测试。

（5）智能控制柜。

智能控制柜内单一设备检修维护时，应做好柜内其他运行设备的安全防护措施，防止误碰；应遵循《智能变电站智能控制柜技术规范》（Q/GDW 1430—2015）要求进行维护，应定期检测智能控制柜内保护装置、合并单元、智能终端等智能电子设备的接地电阻；应定期检测智能控制柜温、湿度调控装置运行及上传数据正确性；应定期对智能控制柜通风系统进行检查和清扫，确保通风顺畅。

（6）智能组件的维护。

保护装置、合并单元、智能终端等智能电子设备检修维护时，应做好与其相关联的保护测控设备的安全措施，应做好光口及尾纤的安全防护，防止损伤。保护装置检修维护应兼顾合并单元、智能终端、测控装置、后台监控、系统通信等相关二次系统设备的校验。具备完善保护自检功能及智能监测功能的保护设备宜开展状态检修。智能在线监测设备、交换机、站控层设备、智能巡检设备宜开展状态检修，其设备升级改造时应由厂家进行专业化检修。应做好保护装置、合并单元、智能终端等智能电子设备备品备件管理工作，确保专业化检修顺利开展。

（7）在线监测设备。

在线监测设备检修时，应做好安全措施，且不影响主设备正常运行。在线监测设备报警值由监测设备对象的维护单位负责管理，报警值一经设定不应随意修改。

3. 维护注意事项

智能 GIS 维护中需要注意如下问题：

组合电器新产品、转厂试制或异地生产的产品、设计、工艺或所用材料和主要元部件有重要改变的产品应做相应的型式试验，有运行特殊要求还应通过相应特殊试验验证。某特定型号组合电器存在可能的质量通病和家族性缺陷时，组合电器制造厂应当告知运维单位可能出现的缺陷和处理该失效所需进行的校正。

在组合电器整个设备寿命周期内，制造厂应当有责任确保维修用备件的不断供应。制造厂应确保操动机构、盆式绝缘子、支撑绝缘子等重要核心组部件具有唯一识别编号，以便查找和追溯。为防止盆式绝缘子老化和绝缘性能下降，GIS 可采用带金属法兰的盆式绝缘子，但应预留窗口便于进行特高频局部放电检测。为便于运行中进行特高频局部放电检测，盆式绝缘子预留浇注口位置应避开二次电缆、金属线槽、构架及支架等部件，朝向便于检测的位置。盆式绝缘子浇注口盖板应采用非金属材质，避免开展带电检测过程中多次打开浇注口盖板后造成螺丝松动。

在组合电器 A 类或 B 类检修后应进行局部放电检测，在大负荷前、经受短路电流冲击后必要时应进行局部放电检测。对局部放电检测发现异常的设备，应同时结合 SF_6 气体分解物检测技术进行综合分析和判断。应严格检测并确保现场 SF_6 气体合格，防止因纯度不足、微水超标引起故障。制造厂应提供现场每瓶 SF_6 气体的批次测试报告。充气前应对每瓶气体测量微水，满足 GB/T 12022—2014 的要求方可充入。SF_6 气体应经 SF_6 气体质量监督管理中心抽检合格，并出具检测报告。交接试验时应测试纯度，所测结果应满足 GB/T 12022—2014 标准的要求。SF_6 充气过程中应采取有效措施，避免引入异物。

应加强状态检测与评价，提升对潜在缺陷的检出率。对运行中的 GIS 定期开展红外热像、紫外成像、特高频局部放电、超声波局部放电、SF_6气体湿度、SF_6气体分解物、SF_6气体检漏等带电检测工作。在迎峰度夏前、A 类或 B 类检修后、经受大负荷冲击后应进行局部放电检测，对于局部放电量异常的设备，应同时结合 SF_6气体分解物检测技术进行综合分析和判断。

GIS 中断路器发生拒分时，应立即采取措施将其停用，待查明拒动原因并消除缺陷后方可重新投运。

所有扩建预留间隔应按在运设备管理，加装密度继电器并可实现远程监视。在完成预留间隔设备的交接试验后，应将预留间隔的隔离开关和接地开关置于正确分、合闸位置，断开就地控制和操作电源，并在机构箱上加装挂锁。针对调度没有命名的预留开关，运行单位应自行编号管理。

3.5.3 状态评价

智能 GIS 设备状态评价分为部件评价和整体评价两部分。根据各部件的独立性，将智能 GIS 分为断路器、隔离开关及接地开关、电流互感器、避雷器、电压互感器、套管、母线、状态监测 IED 八个部件，如表 3－13 所示。其中，断路器操动机构根据工作原理分为弹簧机构、液压机构和液压弹簧机构。当所有部件评价为正常状态时，整体评价为正常状态；当任一部件状态为注意状态、异常状态或严重状态时，整体评价应为其中最严重的状态。

表 3－13　　智能 GIS 设备部件评价标准

部件	评价标准					
	正常状态		注意状态		异常状态	严重状态
	合计扣分	单项扣分	合计扣分	单项扣分	单项扣分	单项扣分
断路器	≤30	≤12	>30	12～20	20～30	>30
隔离开关及接地开关	≤20	≤12	>20	12～20	20～30	>30
电子式电流互感器	<20	<12	≥12	12～16	20～24	≥30
避雷器	≤20	≤12	>20	12～20	20～30	>30
电子式电压互感器	<20	<12	≥12	12～16	20～24	≥30
套管	≤20	≤12	>20	12～20	20～30	>30
母线	≤20	≤12	>20	12～20	20～30	>30
状态监测 IED	<20	<12	≥20	12～16	—	—

上述各部件的状态评价办法参考 Q/GDW 448—2010《气体绝缘金属封闭开关设备状态评价导则》。

3.5.4 设备检修

变电站智能设备的检修应遵循Q/GDW 1168—2013、Q/GDW 447—2010等相关规程，应综合考虑一、二次设备，加强专业协同配合，统筹安排，开展综合检修，应充分发挥智能设备的技术优势，利用一次设备的智能在线监测功能及二次设备完善的自检功能，结合设备状态评估开展状态检修，应体现集约化管理、专业化检修等先进理念，适时开展专业化检修。

1. 检修分类及周期

按工作性质内容及工作涉及范围，将智能GIS设备检修工作分为四类：A类检修、B类检修、C类检修、D类检修。

A类检修：包含GIS解体性检查、维修、更换和试验。检修周期按照设备状态评价决策进行，应符合厂家说明书要求。

B类检修：包含维持GIS气室密封情况下实施的局部性检修，如机构解体检查、维修、更换和试验。检修周期按照设备状态评价决策进行，应符合厂家说明书要求。

C类检修：包含GIS常规性检查、维护和试验。检修项目包含本体检查维护、操动机构检查维护及整体调试。基准检修周期：35kV设备4年；110（66）kV至750kV设备3年；1000kV设备年度检修。可依据设备状态、地域环境、电网结构等特点，在基准周期的基础上酌情延长或缩短检修周期，调整后的检修周期一般不小于1年，也不大于基准周期的2倍。对于未开展带电检测设备，检修周期不大于基准周期的1.4倍；未开展带电检测老旧设备（大于20年运龄），检修周期不大于基准周期。110（66）kV及以上新设备投运满1至2年，以及连续停运6个月以上重新投运前的设备，应进行检修。现场备用设备应视同运行设备进行检修；备用设备投运前应进行检修。

D类检修：包含GIS在不停电状态下的带电测试、外观检查和维修。检修项目包含专业巡视、SF_6气体补充、液压油过滤及补充、空压机润滑油更换、密度继电器校验及更换、压力表校验及更换、辅助二次元器件更换、金属部件防腐处理、传动部件润滑处理、箱体维护、互感器二次接线检查维护、避雷器泄漏电流监视器（放电计数器）检查维护、带电检漏及堵漏处理等不停电工作。检修周期需要依据设备运行工况，及时安排，保证设备正常功能。

智能GIS设备的检修分类、检修条件、检修内容如表3－14所示。

表3－14　　智能GIS设备检修分类及检修项目

分类	检修条件	检修内容
A类检修	停电	A.1　现场各部件的全面解体检修 A.2　返厂检修 A.3　主要部件更换 A.3.1　断路器 A.3.2　隔离开关及接地开关 A.3.3　电子式电流互感器

续表

分类	检修条件	检 修 内 容
A 类检修	停电	A.3.4 避雷器 A.3.5 电子式电压互感器 A.3.6 套管 A.3.7 母线 A.3.8 远端模块（包括电源模块、主控模块、数据采集模块、数据转发模块等） A.3.9 在线监测装置 A.4 相关试验
B 类检修	停电	B.1 主要部件处理 B.1.1 断路器 B.1.2 隔离开关及（检修或快速）接地开关 B.1.3 电子式电流互感器 B.1.4 避雷器 B.1.5 电子式电压互感器 B.1.6 套管 B.1.7 母线 B.1.8 远端模块（包括电源模块、主控模块、数据采集模块、数据转发模块等） B.1.9 在线监测装置 B.2 其他部件局部缺陷检查处理和更换工作 B.3 相关试验
C 类检修	停电	C.1 按 DL/T 393—2010 规定进行停电例行试验 C.2 清扫、检查和维护 C2.1 电机和设备外壳防腐处理 C2.2 清扫有积污的瓷套外表 C2.3 设备的干燥处理 C2.4 处理有漏点的气室 C2.5 其他
D 类检修	不停电	D.1 专业巡检 D.2 带电检测 D.3 维护保养 D.3.1 接地连接防锈处理 D.3.2 基础架构的紧固处理 D.3.3 检测自动排污装置失灵原因 D.3.4 密度继电器加装防雨罩 D.3.5 其他 D.4 可带电进行的部件更换 D.4.1 断路器气体管道 D.4.2 气体压力表 D.4.3 设备标识 D.4.4 其他

2. 检修策略

智能 GIS 的状态检修内容及时间应根据各部件状态量的劣化情况，结合备品备件、负荷转移、厂家要求等综合制定。一般在严重状态时应尽快安排检修；异常状态时，应结合现场情况适时安排检修；注意状态时，应在正常检修周期内安排检修；正常状态时，按正常周期或延长一年检修。具体检修策略参考国家电网企业标准 Q/GDW 447—2010。

3. 检修周期相关建议

GIS 在运行中发现异常或缺陷应进行有关的电气性能、SF_6气体湿度、气室密封性能、机构动作机械特性等试验，根据相应的试验结果，进行必要的分解检修。GIS 处于全部或部分停电状态下，对断路器或其他设备的分解检修，其内容与范围应根据运行中所发生的问题而定，这类分解检修宜由制造厂负责或在制造厂指导下协同进行。

GIS 设备每 15 年或按制造厂规定应对主回路元件进行 1 次大修，主要内容包括：电气回路、操动机构、气体处理、绝缘件检查、相关试验等。检修年限可以根据设备运行状况适当延长。

第 4 章 展　　望

近年来，随着我国智能电网建设加速推进，以及“物联网”“大数据”“能源互联网”等技术的兴起，智能高压开关设备的产业发展和技术革新也进入了新阶段。特别是智能变电站的全面推广建设，为智能高压开关设备应用提供了更加广阔的空间。

智能高压开关设备的发展应适应当前智能电网发展格局，重视设备与电网的信息交互和友好互动技术，符合绿色低碳、节能环保的发展趋势。智能高压开关设备应能够对自身状态和电网状态进行态势感知与评估，并根据评估结果与电网运行进行互动，实现支撑电网生产管理系统检修策略优化，支撑变电站运行监控系统实现无人值班，支撑电网调度控制系统实现故障预案、负荷控制与退/运决策等。

未来将应用更加先进的新型材料及信息技术，发展“电网友好”“环境友好”型的智能高压开关设备。“电网友好”体现在支撑电网的优化运行与辅助决策，在高压开关设备运行操作中尽可能减少对电网的干扰；“环境友好”体现在尽量减少对生态环境的影响，如减少 SF_6 介质使用量，研发小型化、轻量化设备等。主要技术发展趋势有：

（1）开发一、二次设备深度融合的智能机构，将目前的智能组件与开关设备进行深度融合，由开关设备自身实现现阶段合并单元、智能终端等过程层设备功能，简化变电站网络结构和系统复杂度，应用基于微处理器的数字控制系统实现操动机构动作过程的可视可控。

（2）攻克基于大数据的高压开关设备专家诊断技术，实现开关设备的综合监测、评估和诊断，以及运行趋势的综合分析和维修指导。

（3）研发基于电力电子器件的高压直流快速开断技术，以适应未来直流电网快速隔离故障的要求。

（4）研究超高压真空断路器和环保绝缘气体高压开关设备制造技术，减少 SF_6 温室气体使用，发展环境友好型智能高压开关设备。

为实现上述目标，利用新材料、新器件、新原理，在信息获取、处理、传递、融合，以及关键材料、器件制备等环节进行技术突破，是未来智能开关设备发展的关键。

4.1 一、二次设备深度融合的智能机构

在现有智能开关设备的基础上，将合并单元、智能终端、状态监测 IED 等智能组件进行集成化、模块化设计，将功能分布在分散控制器内，分散控制器内嵌安装在智能开

关的各个机构箱内，用智能机构取代断路器、隔离开关、接地开关等传统机构，实现一、二次设备深度融合，由开关设备自身集成现阶段过程层设备功能，简化变电站网络结构和系统复杂度。智能机构用分散控制器取代传统控制回路，控制器通过光纤链路与上层设备通信，将相应断路器或隔离开关的分合状态、闭锁信息等以数字信号的方式上送，也可接收命令进行分合闸操作，同时还具备对相关元件的状态监测功能。各个分散控制器可通过光纤环网连接后统一接入间隔层设备，也可采用传统星型网络经智能主机汇集后接入间隔层设备，智能主机集成测控、保护、计量等功能。用智能机构取代传统机构，将取消绝大部分传统二次回路和电缆，简化二次配线，节约材料和人力，缩短装配及调试时间。

此外，传统断路器采用电磁、弹簧、气动、液压机构，无法实现根据电网情况精准控制断路器开断和关合时间，难以降低断路器分、合闸时的电磁暂态冲击对电网电能质量造成的影响。因此，利用现代控制理论和基于微处理器的数字控制系统，使操动机构过程可控，也是智能机构发展的重要方向。目前，永磁机构、电机直驱式操动机构等成为研究热点，利用数字信号处理芯片或专用集成电路实现高速控制是其中重要的研究内容，要求开关机构能够快速响应控制单元发出的控制命令，并且按照预设曲线运动，动作速度和时间可控，动作特性稳定，受环境温度、电源电压变化影响小，并且具有标准化的通信接口，易于实现状态监测和故障诊断功能。

智能高压开关设备中的电子装置与一次设备高度融合，会使得电磁兼容问题显得尤为突出。高压开关设备开关操作产生的电磁骚扰会作用于外壳上的传感器、连接电缆和外壳附近的智能组件；电流互感器、电压互感器由于和一次系统有直接的电气连接或电磁耦合，瞬态电磁过程也会经传导耦合对电子装置产生电磁骚扰。因此，复杂电磁环境下的智能开关设备可靠性研究也将长期受到关注。

4.2 基于大数据的高压开关设备专家诊断技术

未来智能高压开关设备将全面使用专家诊断系统。专家诊断系统以智能高压开关设备为依托，实时获取开关设备的监测数据用于计算分析，从而实现开关设备的实时监控、智能告警、维修指导等功能。通过专家诊断系统可实现状态检修，仅需要在高压开关设备存在故障风险时进行维护，在全寿命周期内提升高压开关设备可靠性，减少维护费用。

专家诊断系统的结构分为两层，其中第一层实现开关设备监测数据的实时获取，第二层为开关设备专家诊断系统的业务处理层，应用互联网、大数据、云计算和移动互联网技术的开关设备专家诊断系统如图 4-1 所示。专家诊断系统使用故障诊断模型，对监测数据进行分析，获取开关设备的运行状态用于设备故障诊断与状态告警。同时应用物联网技术，使用 WEB SERVER 服务，并开发开关设备专家诊断 APP 实现在手机终端的展示。

智能开关设备状态识别的准确性与采集的信息量有关，信息量越大、信息类型越丰富，状态识别的准确性也就越高。然而随着传感器件的广泛应用，各类传感器产生的数据集正在以难以想象的速度扩大，给数据的筛选、分类、归纳等信息处理带来了极大挑战。此外，所获取的多领域数据集具有显著异构性、实时性和复杂性等特点，需要在不同层次进行建模与分析，提出针对性的模式识别优化算法，才能实现大数据集合的高效利用。

专家诊断系统具有强大数据处理能力及可扩展功能应用接口，基于系统可进一步构建智能综合分析平台，实现对开关设备的综合监测、评估、诊断以及对开关设备运行趋势的综合分析，分析过程基于多参量、多元化、多评判标准，开关设备运行状态数据和分析结果报表具有集中管理及共享交互功能，最终成为能够实现开关设备的多点监控、远程诊断、专家会议等多维度、全方位信息展现和辅助分析决策和互动式一体化业务平台。

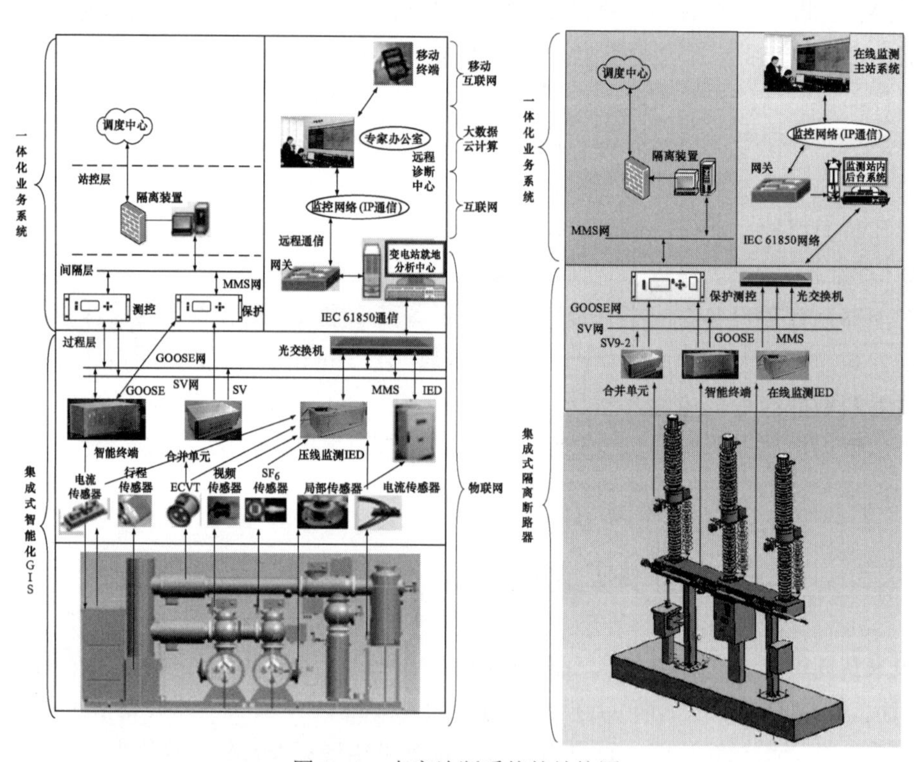

图 4-1　专家诊断系统的结构图

4.3　基于电力电子器件的高压直流快速开断技术

随着直流输电技术向高压直流电网的发展，高压直流断路器成为未来高压开关设备发展的重要分支。由于直流电网的特殊性，除了基本的可靠性和稳定性外，直流断路器还需要满足建立电流过零点来开断电流、耗散存储在系统电感中的能量、承受瞬态开断电压、快速分段时间、高抗涌流能力等特殊要求。

近年来，基于电力电子开关与机械开关串并联构成的混合式断路器得到了广泛的研究，通过电力电子开关的动作速度快、控制精度高等优点克服了机械开关响应速度慢的缺陷，同时充分利用机械开关导通损耗小、绝缘能力强的优点，解决电力电子开关长期运行发热、损耗大的问题。混合式断路器逐渐成为未来发展的新趋势与方向。

典型的混合式直流断路器由快速斥力真空开关（High Speed Vacuum Circuit Breaker，HSVCB）和绝缘栅双极型晶体管（Insulated Gate Bipolar Transistor，IGBT）与 ZnO 避雷器构成的 IGBT 开断单元并联组成，其组成原理图如图 4－2 所示。IGBT 采用反向串联构成，驱动信号并联。在混合式直流断路器工作过程中，动态过程包括合闸引入电流和分断电流都由 IGBT 构成的电力电子开断单元实现，而机械开关主要负责稳态过程和电流转移过程。

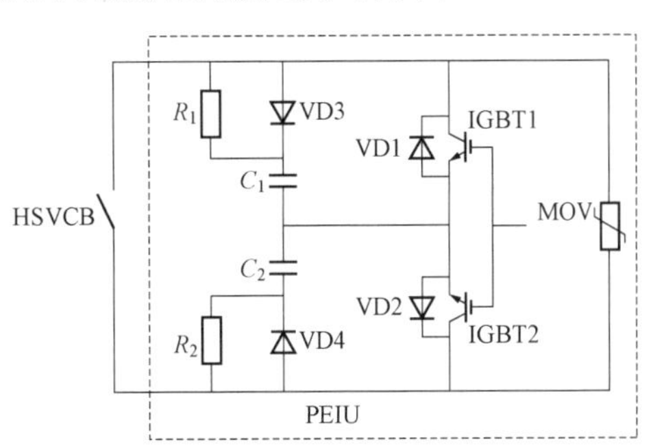

图 4－2　混合式直流断路器组成原理图

为了实现混合式断路器的快速开断，一方面需要提高机械开关的分闸速度，特别是刚分时间的提高，目前多采用基于快速斥力机构的真空断路器，其刚分时间可以达到 1ms 以下，甚至可以达到几百μs。另一方面需要加快电流由机械开关向电力电子开关的转移过程，此过程与电弧发展和熄灭过程有关，需要深入研究机械开关参数及转移支路参数对转移过程的影响，得到适用于混合式断路器的机械开关特性及参数。

4.4 超高压真空断路器及环保绝缘气体高压开关设备

SF_6 是被《京都议定书》列为限制使用的六种温室气体之一，全球每年使用的 SF_6 气体中 80%用于电力开关设备。因此，未来开发新型断路器，减少 SF_6 气体用量是智能高压开关发展的重要方向。

真空断路器具有体积小、安全可靠、寿命长、不污染环境、不受环境温度影响和适合频繁投切等一系列优点，在中压配电领域得到普遍应用。然而在 72kV 及以上电压等级的输电系统中，由于真空开断技术依然存在触头结构复杂、额定电流下温升过高等一些瓶颈问题，SF_6 断路器仍然占据绝对主导地位。因此突破真空断路器的触头材料关键技术，开发高性能、实用化、环境友好的 126kV 及以上的真空断路器并推广应用，逐步取代 SF_6 断路器是开关电器技术发展的必然选择和趋势，对于推动高压开关设备升级换代、推进智能电网节能减排具有深远意义。真空断路器向高电压等级发展目前主要采用两种技术路线：第一种是采用中压双断口或多断口灭弧室进行串联，而多断口串联结构主要缺点是结构复杂、造价高、机械可靠性低、运行维护成本高；第二种是通过高含量 Cr 的 CuCr 触头材料和优化的触头磁场结构发展高电压等级单断口灭弧室，目前见报道的仅在国外日本、国内贵州有数台极少量单断口 126kV 额定电流 2000A、开断电流 40kA 的真空断路器实现商业运行。第二种技术路线主要通过优化触头材料成分及灭弧室磁场结构来满足高电压真空开断要求，存在磁场强度低和温升过高，导致分断失败和弧后重燃的问题，致使高电压等级真空断路器发展缓慢，商业化进程受阻。因此也有学者提出通过控制真空触头材料微结构，使触头材料内部产生的电流定向可控、有序流动，在触头表面自身产生可控磁场，通过触头材料来控制真空电弧的形态和运动模式的新型触头材料的技术路线。未来将重点攻克 126～252kV 的单断口高压真空断路器触头材料及电气制造技术。

此外，国内外学者及科研机构在寻找替代 SF_6 的环保型介质气体方面开展了大量研究工作，针对各类气体的绝缘强度、熄弧性能、液化温度、温室效益指数等关键参数进行了诸多实验，已确定一些高压开关领域具有替代潜力的环保型介质。替代气体的发展有两种技术路线：一是减少 SF_6 的使用，采用 SF_6 混合气体，如 SF_6/N_2、SF_6/CF_4 和 SF_6/CO_2 等；二是采用不含 SF_6 的环保气体，如 N_2、CO_2 和干燥空气等常规气体，及八氟环丁烷（c—C_4F_8）、三氟碘甲烷（CF_3I）、（CF_3）$_2$CFCN（简称 C_4F_7N）和（CF_3）$_2$CFCOCF$_3$（简称 $C_5F_{10}O$）等新环保气体。其中，SF_6/N_2、SF_6/CF_4 混合气体断路器已在低温高寒地区应用，SF_6 含量为 10%～50%，适当提高设备气压可达到与 SF_6 接近的绝缘强度，具有优于 SF_6 的环保性能和液化温度，理论上在垂直海拔高度 100m 内不会出现分层现象；N_2、CO_2 和干燥空气等常规环保气体或其与 SF_6 构成的混合气体，已用作绝缘介质应用于 10～66kV 开关柜，并成功研制 CO_2、压缩空气断路器样机，其工程应用有待进一步研究；CF_3I 放电析出固体碘单质，c—C_4F_8 存在碳沉积问题，均未实现工程应用；$C_5F_{10}O$ 和 C_4F_7N 已应用于电气设备，但若用于 500kV 及以上更高电压等级，仍面临间隙和沿面绝缘、散热、机械强度设计饱和的巨大挑战。未来替代 SF_6 的环保气体发展方向主要包括：推广应用 SF_6 混合气体设备，研制 $C_5F_{10}O$ 或 C_4F_7N 的更高电压等级设备，以及采用理论化学计算方法设计性能优异的 SF_6 替代气体并实现工业制备。

附录A　集成式隔离断路器技术参数表

附表 A.1　　集成式隔离断路器通用技术参数

序号	名称		单位	126kV 电压等级	252kV 电压等级	363kV 电压等级
1	额定频率		Hz	50	50	50
2	辅助和控制回路短时工频耐受电压		kV	2	2	2
3	无线电干扰电压		μV	≤500	≤500	≤500
4	噪声水平		dB	≤110	≤110	≤110
5	使用寿命		年	≥40	≥40	≥40
6	外绝缘	爬电距离（对地/断口）	mm	3150×kad（kad 为直径校正系数）	6300×kad（kad 为直径校正系数）	9075×kad（kad 为直径校正系数）
		干弧距离	mm	≥900	≥1800	≥2950
		伞伸出/伞间距（*S*/*P*）		≥0.9	≥0.9	≥0.9
7	端子静负载	水平纵向	N	1250	2000	2000
		水平横向		750	1500	1500
		垂直		1000	1250	1250
		安全系数		静态 2.75，动态 1.7	静态 2.75，动态 1.7	静态 2.75，动态 1.7
8	相间距离		mm	1700～1800	3500～4000	5000
9	联闭锁要求			依据 GB/T 27747 中 5.104.1	依据 GB/T 27747 中 5.104.1	依据 GB/T 27747 中 5.104.1

附表 A.2　　隔离断路器本体技术参数

序号	名称		单位	126kV 电压等级	252kV 电压等级	363kV 电压等级
1	断口数			1	1	2
2	额定电压		kV	126	252	363
3	额定电流		A	3150	4000	4000
4	温升试验电流		A	$1.1I_r$	$1.1I_r$	$1.1I_r$
5	额定工频 1min 耐受电压	断口	kV	230+73	460+146	510+210
		对地		230	460	510
	额定雷电冲击耐受电压峰值（1.2/50μs）	断口	kV	550+103	1050+206	1175+295
		对地		550	1050	1175

续表

序号	名称		单位	126kV 电压等级	252kV 电压等级	363kV 电压等级
6	额定短路开断电流	交流分量有效值	kA	40	50	50
		时间常数	ms	45	45	45
		开断次数	次	E2 级（12 次）	E2 级（12 次）	≥16
		首相开断系数		1.5	1.3	1.3
7	额定短路关合电流		kA	100	125	125
8	额定短时耐受电流及持续时间		kA/s	40/3	50/3	50/3
9	额定峰值耐受电流		kA	100	125	125
10	开断时间		ms	≤50	≤50	≤40
11	合分时间		ms	≤60	≤60	≤50
12	分闸时间		ms	≤30	≤30	≤20
13	合闸时间		ms	≤100	≤100	≤100
14	重合闸无电流间隙时间		ms	≥300	≥300	≥300
15	分闸不同期性		ms	≤3	≤3	≤3
16	合闸不同期性		ms	≤5	≤5	≤5
17	机械稳定性		次	≥5000	≥5000	≥5000
18	额定操作顺序			O－0.3s－CO－180s－CO	O－0.3s－CO－180s－CO	O－0.3s－CO－180s－CO
19	近区故障条件下的开合能力	L90	kA	36	45	45
		L75	kA	30	37.5	37.5
		L60	kA	24（L75 的最小燃弧时间大于 L90 的最小燃弧时间 5ms 时）	30（L75 的最小燃弧时间大于 L90 的最小燃弧时间 5ms 时）	30（L75 的最小燃弧时间大于 L90 的最小燃弧时间 5ms 时）
		操作顺序		O－0.3s－CO－180s－CO	O－0.3s－CO－180s－CO	O－0.3s－CO－180s－CO
20	失步关合和开断能力	开断电流	kA	10	12.5	12.5
		试验电压	kV	$2.5\times126/\sqrt{3}$	$2.0\times252/\sqrt{3}$	$2.0\times363/\sqrt{3}$
		操作顺序		方式 1：O－O－O 方式 2：CO－O－O	方式 1：O－O－O 方式 2：CO－O－O	方式 1：O－O－O 方式 2：CO－O－O
21	SF_6 气体水分含量	交接验收值	μL/L	≤150	≤150	≤150
		长期运行允许值		≤300	≤300	≤300
22	SF_6 气体漏气率		%/年	≤0.5	≤0.5	≤0.5

续表

序号	名称	单位	126kV 电压等级	252kV 电压等级	363kV 电压等级
23	SF_6气体纯度	%	99.9	99.9	99.9
24	操动机构型式或型号		液压、弹簧	液压、弹簧	液压、弹簧
	操作方式		三相联动	三相联动/分相操作	分相操作
	电动机电压	V	AC 380/220	AC 380/220	AC 380/220
	检修周期	年	≥20	≥20	≥20

附表 A.3　　接地开关技术参数

序号	名称			单位	126kV 电压等级	252kV 电压等级	363kV 电压等级
1	额定电压			kV	126	252	—
2	额定短时耐受电流及持续时间			kA/s	40/3	50/3	—
3	额定峰值耐受电流			kA	100	125	—
4	额定工频 1min 耐受电压			kV	230	460	—
5	额定雷电冲击耐受电压峰值（1.2/50μs）			kV	550	1050	—
6	机械稳定性			次	≥2000	≥2000	—
7	操作方式				三相联动	三相联动/分相操作	—
8	开合感应电流能力（A 类/B 类）	电磁感应	感性电流	A	50	80	—
			开合次数	次	10	10	—
			感应电压	kV	0.5	2	—
		静电感应	容性电流	A	0.4	3	—
			开合次数	次	10	10	—
			感应电压	kV	3	12	—
9	操动机构		型式或型号		电动并可手动	电动并可手动	—
			电动机电压	V	AC 380/220	AC 380/220	—
			控制电压	V	AC 220	AC 220	—
			电压变化范围		85%～110%	85%～110%	—

附表 A.4　　电流互感器技术参数

序号	名称	单位	126kV 电压等级	252kV 电压等级	363kV 电压等级
1	设备最高电压	kV	126	252	363
2	额定一次电流 I_{1n}	A	根据工程确定	根据工程确定	1500
3	型式或型号		电子式	电子式	电子式

续表

序号	名称		单位	126kV 电压等级	252kV 电压等级	363kV 电压等级
4	安装方式			与隔离断路器集成	与隔离断路器集成	与隔离断路器集成
5	一次传感器原理			有源/无源	有源/无源	无源
6	一次传感器数量		（个/相）	主变压器：无源 4、有源 3 线路：无源 2、有源 3	无源 4、有源 3	无源 4
7	独立采样系统路数		个	主变压器：无源 4、有源 6（4 保护；2 测量） 线路：无源 2、有源 3（2 保护；1 测量）	无源 4、有源 6（4 保护；2 测量）	无源 4
8	采集器获取能量方式			有源：线路取能和激光供能互为备用，无源：无	有源：线路取能和激光供能互为备用，无源：无	无源：无
9	激光器预期寿命		年	≥5	≥5	≥15
10	采集器安装方式			本体/智能控制柜	本体/智能控制柜	智能控制柜
11	合并单元输出			保护、测量	保护、测量	保护、测量
12	准确级			5TPE、0.2S	5TPE、0.2S	5TPE、0.2S
13	额定相位偏移			0°	0°	0°
14	采样频率			4kHz/12.8（10）kHz；支持可配置	4kHz/12.8（10）kHz；支持可配置	4kHz/12.8（10）kHz；支持可配置
15	静态工作光强变化率			＜10%	＜10%	＜10%
16	同步精度		μs	≤1	≤1	≤1
17	极性			减极性	减极性	减极性
18	额定扩大一次电流值		%	120（互感器应满足在120%扩大一次电流的工况下可长期正常运行的要求，并满足本表 14 条之测量精度要求）	120（互感器应满足在 120%扩大一次电流的工况下可长期正常运行的要求，并满足本表 14 条之测量精度要求）	120（互感器应满足在200%扩大一次电流的工况下可长期正常运行的要求，并满足本表 12 条之测量精度要求）
19	准确限值系数			30	30	30
20	对称短路电流倍数 K_{ssc}			40	40	40
21	暂态特性	唤醒时间	s	0	0	0
		额定一次时间常数	ms	≥100	≥100	≥100
		工作循环	ms	C－100－O C－100－O－300－C－50－O	C－100－O C－100－O－300－C－50－O	C－100－O C－100－O－300－C－50－O
22	短时热稳定电流及持续时间	热稳定电流（方均根值）	kA	40	50	50
		热稳定电流持续时间	s	3	3	3

续表

序号	名称		单位	126kV 电压等级		252kV 电压等级		363kV 电压等级	
23	额定动稳定电流（峰值）		kA	100		125			
24	低压元器件	冲击耐压（1.2/50μs）	kV	5		5		5	
		1min 工频耐压	kV	2（交流）/2.8（直流）		2（交流）/2.8（直流）		2（交流）/2.8（直流）	
25	电磁兼容的要求	发射要求		A 级		A 级		A 级	
				技术要求或严酷等级	评价准则	技术要求或严酷等级	评价准则	技术要求或严酷等级	评价准则
		电压慢变化抗扰度		±20%	A 级	±20%	A 级	±20%	A 级
		电压暂降和短时中断抗扰度		50%暂降×0.1s，中断×0.05s	A 级	50%暂降×0.1s，中断×0.05s	A 级	50%暂降×0.1s，中断×0.05s	A 级
		浪涌（冲击）抗扰度		Ⅳ	A 级	Ⅳ	A 级	Ⅳ	A 级
		电快速瞬变脉冲群抗扰度		Ⅳ	A 级	Ⅳ	A 级	Ⅳ	A 级
		振荡波抗扰度		Ⅲ	A 级	Ⅲ	A 级	Ⅲ	A 级
		静电放电抗扰度		Ⅱ	A 级	Ⅱ	A 级	Ⅱ	A 级
		工频磁场抗扰度		Ⅴ	A 级	Ⅴ	A 级	Ⅴ	A 级
		脉冲磁场抗扰度		Ⅴ	A 级	Ⅴ	A 级	Ⅴ	A 级
		阻尼振荡磁场抗扰度		Ⅴ	A 级	Ⅴ	A 级	Ⅴ	A 级
		射频电磁场辐射抗扰度		Ⅲ	A 级	Ⅲ	A 级	Ⅲ	A 级
26	局部放电水平	在 U_m 电压下	pC	≤10		≤10		≤10	
		在 $1.2U_m/\sqrt{3}$ 电压下	pC	≤5		≤5		≤5	
27	绝缘水平	雷电冲击耐受电压（峰值）	kV	550		1050		1175	
		雷电冲击截波耐受电压（峰值）	kV	633		1175		1300	
		一次绕组工频耐受电压（方均根值）	kV	230		460		950	
28	在 $1.1U_m/\sqrt{3}$ 电压下无线电干扰电压		μV	≤500		≤500		≤500	
	在 $1.1U_m/\sqrt{3}$ 电压下，户外晴天夜晚无可见电晕			无可见电晕		无可见电晕		无可见电晕	
29	温升限值	一次传感器	K	75（环境最高温度40℃时）		75（环境最高温度40℃时）		75（环境最高温度40℃时）	

续表

序号	名称		单位	126kV 电压等级	252kV 电压等级	363kV 电压等级
29	温升限值	采集器	K	75（环境最高温度40℃时）	75（环境最高温度40℃时）	75（环境最高温度40℃时）
		采集器	K	50（环境最高温度40℃时）	50（环境最高温度40℃时）	50（环境最高温度40℃时）
		其他金属附件		不超过所靠近的材料限值	不超过所靠近的材料限值	不超过所靠近的材料限值
30	一次传感器/采集器预期寿命		年	40/20	40/20	40/20

附表 A.5　　主 IED（集成气体状态监测 IED 及机械状态监测 IED 功能）

序号	名称	单位	126kV 电压等级	252kV 电压等级	363kV 电压等级
1	气室气体压力	MPa（绝对压力）	≤2.5%/0.05～1.0	≤2.5%/0.05～1.0	≤2.5%/0.05～1.0
2	气室气体温度	℃	≤2/－40～100	≤2/－40～100	≤2/－40～100
3	分闸线圈电流		≤2.5%	≤2.5%	≤2.5%
4	位移特性曲线		≤1%	≤1%	≤1%
5	分闸时间	ms	≤2.5	≤2.5	≤2.5
	合闸时间	ms	≤1.5	≤1.5	≤1.5
	分闸速度		≤5%	≤5%	≤5%
	合闸速度		≤5%	≤5%	≤5%
6	报送格式化信息		气体温度（℃）、气体压力（MPa）、气体密度（kg/m³）、至低气压告警时间（h）、至低气压闭锁时间（h）	气体温度（℃）、气体压力（MPa）、气体密度（kg/m³）、至低气压告警时间（h）、至低气压闭锁时间（h）	气体温度（℃）、气体压力（MPa）、气体密度（kg/m³）、至低气压告警时间（h）、至低气压闭锁时间（h）
			分/合闸线圈电流指纹、分闸时间（ms）、合闸时间（ms）、分闸速度（m/s）、合闸速度（m/s）、机构箱温度（℃）	分/合闸线圈电流指纹、分闸时间（ms）、合闸时间（ms）、分闸速度（m/s）、合闸速度（m/s）、机构箱温度（℃）	分/合闸线圈电流指纹、分闸时间（ms）、合闸时间（ms）、分闸速度（m/s）、合闸速度（m/s）、机构箱温度（℃）
7	报送结果信息		运行可靠性、控制可靠性	运行可靠性、控制可靠性	运行可靠性、控制可靠性

附录B 智能GIS技术参数表

附表 B.1 智能 GIS 通用技术参数

序号	名称			单位	126kV 电压等级	252kV 电压等级	363kV 电压等级	550kV 电压等级
1	额定电压			kV	126	252	363	550
2	额定电流	出线		A	3150	3150	3150	4000
		进线			3150	3150	3150	4000
		分段、母联			3150	3150/4000	4000	4000
		主母线			3150	3150/4000	4000	4000/6300
3	额定工频 1min 耐受电压（相对地）			kV	230	460	510	740
4	额定雷电冲击耐受电压峰值（1.2/50μs）（相对地）			kV	550	1050	1175	1675
5	额定操作冲击耐受电压峰值（250/2500μs）（相对地）			kV			950	1300
6	额定短路开断电流			kA	40	50	50	63
7	额定短路关合电流			kA	100	125	125	160
8	额定短时耐受电流及持续时间			kA/s	40/3	50/3	50/3	63/2
9	额定峰值耐受电流			kA	100	125	125	160
10	辅助和控制回路短时工频耐受电压			kV	2	2	2	2
11	无线电干扰电压			μV	≤500	≤500	≤500	≤500
12	噪声水平			dB	≤110	≤110	≤110	≤110
13	每个隔室 SF_6 气体漏气率			%/年	≤0.5	≤0.5	≤0.5	≤0.5
14	SF_6 气体湿度	有电弧分解物隔室	交接验收值	μL/L	≤150	≤150	≤150	≤150
			长期运行允许值		≤300	≤300	≤300	≤300
		无电弧分解物隔室	交接验收值		≤250	≤250	≤250	≤250
			长期运行允许值		≤500	≤500	≤500	≤500
15	局部放电		试验电压	kV	$1.1\times126/\sqrt{3}$	$1.1\times252/\sqrt{3}$	$1.1\times363/\sqrt{3}$	$1.1\times550/\sqrt{3}$
			每个间隔	pC	≤5	≤5	≤5	≤5
			每单个绝缘件		≤3	≤3	≤3	≤3
			套管		≤5	≤5	≤5	≤5
			电压互感器		≤10	≤10	≤10	≤10
			避雷器		≤10	≤10	≤10	≤10

续表

序号	名称		单位	126kV 电压等级	252kV 电压等级	363kV 电压等级	550kV 电压等级
16	供电电源	控制回路	V	DC 220/110	DC 220、DC 110	DC 220 / 110	DC 220 / 110
		辅助回路	V	AC 380/220	AC 380/220，DC 220 /110	AC 380/220	AC 380/220
17	使用寿命		年	≥40	≥40	≥40	≥40
18	检修周期		年	≥20	≥20	≥20	≥20
19	结构布置	断路器		三相共箱	三相分箱	三相分箱	三相分箱
		母线		三相共箱	三相分箱/三相共箱	三相分箱/三相共箱	三相分箱

附表 B.2　　智能 GIS 断路器参数

序号	名称		单位	126kV 电压等级	252kV 电压等级	363kV 电压等级	550kV 电压等级
1	断口数			1	1	1/2	1/2
2	额定电流	出线	A	3150	3150	3150	4000
		进线		3150	3150	3150	4000
		分段、母联		3150	3150/4000	4000	4000
3	温升试验电流		A	$1.1I_r$	$1.1I_r$	$1.1I_r$	$1.1I_r$
4	额定工频 1min 耐受电压	断口	kV	230+70	460+145	510+210	740+315
		对地		230	460	510	740
	额定雷电冲击耐受电压峰值（1.2/50μs）	断口	kV	550+100	1050+200	1175+295	1675+450
		对地		550	1050	1175	1675
5	额定操作冲击耐受电压峰值（250/2500μs）	断口	kV			850+295	1175+450
		对地				950	1300
6	额定短路开断电流	交流分量有效值	kA	40	50	50	63
		时间常数	ms	45	45	45	45
		开断次数	次	≥20	20	≥16	≥16
		首相开断系数				1.3	
7	额定短路关合电流		kA	100	125	125	160
8	额定短时耐受电流及持续时间		kA/s	40/3	50/3	50/3	63/2
9	额定峰值耐受电流		kA	100	125	125	160
10	开断时间		ms	≤60	≤50	≤50	≤50

续表

序号	名称		单位	126kV 电压等级	252kV 电压等级	363kV 电压等级	550kV 电压等级
11	合分时间		ms	≤60	≤60	≤50	≤50
12	分闸时间		ms	≤40	≤30	≤30	≤30
13	合闸时间		ms	≤100	≤100	≤100	≤100
14	重合闸无电流间隙时间		ms	≥300	300	≥300	≥300
15	分闸不同期性		ms	≤3	3	相间≤3 同相≤2	相间≤3 同相≤2
16	合闸不同期性		ms	≤5	5	相间≤5 同相≤3	相间≤5 同相≤3
17	机械稳定性		次	≥5000	≥5000	≥3000	≥3000
18	额定操作顺序			O－0.3s－CO－180s－CO	O－0.3s－CO－180s－CO	O－0.3s－CO－180s－CO	O－0.3s－CO－180s－CO
19	现场开合空载变压器能力	空载变压器容量	MVA	31.5/40/50	120/150/180/240	240/360	750/1000/1200
		空载励磁电流	A	0.5～15	0.5～15	0.5～15	0.5～15
		试验电压	kV	126	252	363	550
		操作顺序		10×O 和 10×（CO）	10×O 和 10×（CO）	10×O 和 10×（CO）	10×O 和 10×（CO）
20	现场开合并联电抗器能力	电抗器容量	Mvar			60/90	120/150/180/210
		试验电压	kV			363	550
		操作顺序				10×O 和 10×（CO）	10×O 和 10×（CO）
21	现场开合空载线路充电电流试验	试验电流	A	由实际线路长度决定	由实际线路长度决定	由实际线路长度决定	由实际线路长度决定
		试验电压	kV	126	252	363	550
		试验条件		线路原则上不得带有泄压设备，如电抗器、避雷器、电磁式电压互感器等	线路原则上不得带有泄压设备，如电抗器、避雷器、电磁式电压互感器等	线路原则上不得带有泄压设备，如电抗器、避雷器、电磁式电压互感器等	线路原则上不得带有泄压设备，如电抗器、避雷器、电磁式电压互感器等
		操作顺序		10×（O－0.3s－CO）	10×（O－0.3s－CO）	10×（O－0.3s－CO）	10×（O－0.3s－CO）

续表

序号	名称		单位	126kV 电压等级	252kV 电压等级	363kV 电压等级	550kV 电压等级
22	容性电流开合试验（试验室）	试验电流	A	线路：31.5；电缆：140	线路：125，电缆：250	线路：315，电缆：355	500
		试验电压	kV	$1.4\times126/\sqrt{3}$	$1.2\times252/\sqrt{3}$	$1.2\times363/\sqrt{3}$	$1.2\times550/\sqrt{3}$
		C1 级：LC1 和 CC1：24×O，LC2 和 CC2：24×CO；C2 级：LC1 和 CC1：48×O，LC2 和 CC2：24×O 和 24×CO		C1 级/C2 级	C1 级/C2 级	C1 级/C2 级	C1 级/C2 级
23	近区故障条件下的开合能力	L90	kA	36	45	45	56.7
		L75	kA	30	37.5	37.5	47.3
		L60	kA	24（L75 的最小燃弧时间大于 L90 的最小燃弧时间 5ms 时）	30（L 75 的最小燃弧时间大于 L90 的最小燃弧时间 5ms 时）	30（L 75 的最小燃弧时间大于 L90 的最小燃弧时间 5ms 时）	37.8（L 75 的最小燃弧时间大于 L90 的最小燃弧时间 5ms 时）
		操作顺序		O－0.3s－CO－180s－CO	O－0.3s－CO－180s－CO	O－0.3s－CO－180s－CO	O－0.3s－CO－180s－CO
24	失步关合和开断能力	开断电流	kA	10	12.5	16	16
		试验电压	kV	$2.5\times126/\sqrt{3}$	$2.0\times252/\sqrt{3}$	$2.0\times363/\sqrt{3}$	$2.0\times550/\sqrt{3}$
		操作顺序		方式 1：O－O－O 方式 2：CO－O－O	方式 1：O－O－O 方式 2：CO－O－O	方式 1：O－O－O 方式 2：CO－O－O	方式 1：O－O－O 方式 2：CO－O－O
25	合闸电阻	电阻值	Ω			400	400
		电阻值允许偏差	%			±5	±5
		预投入时间	ms			8～11	8～11
		热容量				$1.3\times363/\sqrt{3}$ kV 下合闸操作 4 次，头两次操作间隔为 3min，后两次操作间隔也是 3min，两组操作之间时间间隔不大于 30min；或在 $2\times363/\sqrt{3}$ kV 下合闸操作 2 次，时间间隔为 30min	$1.3\times550/\sqrt{3}$ kV 下合闸操作 4 次，头两次操作间隔为 3min，后两次操作间隔也是 3min，两组操作之间时间间隔不大于 30min；或在 $2\times550/\sqrt{3}$ kV 下合闸操作 2 次，时间间隔为 30min

序号	名称		单位	126kV 电压等级	252kV 电压等级	363kV 电压等级	550kV 电压等级
26	断口均压用并联电容器	每相电容器的额定电压	kV			363/ $\sqrt{3}$	550/ $\sqrt{3}$
		每个断口电容器的电容量	pF			（投标人提供）	（投标人填写）
		每个断口电容器的电容量允许偏差	%			±5	±5
		耐受电压	kV			2 倍相电压 2h	2 倍相电压 2h
		局放	pC			≤5	≤5
		介损值	%			≤0.25	≤0.25
27	操动机构型式或型号			弹簧	液压、弹簧	液压、弹簧或气动	液压或弹簧
	操作方式			三相机械联动	分相操作	分相操作	分相操作
	电动机电压		V	AC 380/220	AC 380/220	AC 380/220	AC 380/220
	合闸操作电源	额定操作电压	V	DC 220/110	DC 220/110	DC 220 / 110	DC 220 / 110
		操作电压允许范围		85%～110%，30%以下不得动作	85%～110%，30%以下不得动作	85%～110%，30%以下不得动作	85%～110%，30%以下不得动作
		每相线圈数量	只	1	1	1	1
		每只线圈涌流	A	（投标人填写）	（投标人填写）	（投标人提供）	（投标人填写）
		每只线圈稳态电流	A	DC 220V、2.5A 或 DC 110V、5A	DC 220V、2.5A 或 DC 110V、5A	DC 220V、2.5A 或 DC 110V、5A	DC 220V、2.5A 或 DC 110V、5A
	分闸操作电源	额定操作电压	V	DC 220/110	DC 220/110	DC 220/110	DC 220/110
		操作电压允许范围		65%～110%，30%以下不得动作	65%～110%，30%以下不得动作	65%～110%，30%以下不得动作	65%～110%，30%以下不得动作
		每相线圈数量	只	1	2	2	2
		每只线圈涌流	A	（投标人填写）	（投标人填写）	（投标人提供）	（投标人填写）
		每只线圈稳态电流	A	DC 220V、2.5A 或 DC 110V、5A	DC 220V、2.5A 或 DC 110V、5A	DC 220V、2.5A 或 DC 110V、5A	DC 220V、2.5A 或 DC 110V、5A
	加热器	电压	V	AC 220	AC 220	AC 220	AC 220
		每相功率	W	（投标人填写）	（投标人填写）	（投标人提供）	（投标人填写）

续表

序号	名称		单位	126kV 电压等级	252kV 电压等级	363kV 电压等级	550kV 电压等级
27	备用辅助触点	数量	对	10 常开，10 常闭	10	10 常开，10 常闭	10 常开，10 常闭
		开断能力		DC 220V、2.5A 或 DC 110V、5A	DC 220V、2.5A 或 DC 110V、5A	DC 220V、2.5A 或 DC 110V、5A	DC 220V、2.5A 或 DC 110V、5A
	检修周期		年	≥20	≥20	≥20	≥20

附表 B.3　　智能 GIS 隔离开关参数

序号	名称		单位	126kV 电压等级	252kV 电压等级	363kV 电压等级	550kV 电压等级
1	额定电流	出线	A	3150	3150	3150	4000
		进线	A	3150	3150	3150	4000
		分段、母联	A	3150	3150/4000	4000	4000
2	温升试验电流		A	$1.1I_r$	$1.1I_r$	$1.1I_r$	$1.1I_r$
3	额定工频 1min 耐受电压	断口	kV	230+70	460+145	510+210	740+315
		对地		230	460	510	740
	额定雷电冲击耐受电压峰值（1.2/50μs）	断口	kV	550+100	1050+200	1175+295	1675+450
		对地		550	1050	1175	1675
4	额定操作冲击耐受电压峰值（250/2500μs）	断口	kV			850+295	1175+450
		对地				950	1300
5	额定短时耐受电流及持续时间		kA/s	40/3	50/3	50/3	63/2
6	额定峰值耐受电流		kA	100	125	125	160
7	机械稳定性		次	≥3000	≥3000	≥3000	≥3000
8	开合小电容电流值		A	1	1	1	1
9	开合小电感电流值		A	0.5	0.5	0.5	0.5
10	开合母线转换电流能力	转换电流	A	1600	1600	1600	1600
		转换电压	V	10	20	20	40
		开断次数	次	100	100	100	100
11	操动机构	操动方式		电动并可手动	电动并可手动	电动并可手动	电动并可手动
		电动机电压	V	AC 380/220	AC 380/220	AC 380/220	AC 380/220
		控制电压	V	AC 220	AC 220	AC 220	AC 220
		允许电压变化范围		85%～110%	85%～110%	85%～110%	85%～110%

续表

序号	名称		单位	126kV 电压等级	252kV 电压等级	363kV 电压等级	550kV 电压等级
11	操动机构	操作方式		三相机械联动	三相机械联动/分相操作	三相机械联动/分相操作	三相机械联动/分相操作
	备用辅助触点	数量	对	10 常开，10 常闭	10 常开，10 常闭	10 常开，10 常闭	10 常开，10 常闭
12	备用辅助触点	开断能力		DC 220V、2.5A 或 DC 110V、5A	DC 220V、2.5A 或 DC 110V、5A	DC 220V、2.5A 或 DC 110V、5A	DC 220V、2.5A 或 DC 110V、5A

附表 B.4　　智能 GIS 快速接地开关参数

序号	名称			单位	126kV 电压等级	252kV 电压等级	363kV 电压等级	550kV 电压等级
1	额定短时耐受电流及持续时间			kA/s	40/3	50/3	50/3	63/2
2	额定峰值耐受电流			kA	100	125	125	160
3	额定短路关合电流			kA	100	125	125	160
4	额定短路电流关合次数			次	≥2	≥2	≥2	≥2
5	机械稳定性			次	≥3000	≥3000	≥3000	≥3000
6	开合感应电流能力	电磁感应	感性电流	A	50/80	80/160	80/200	80/200
			开断次数	次	10	10	10	10
			感应电压	kV	0.5/2	1.4/15	2/22	2/25
		静电感应	容性电流	A	0.4/2	1.25/10	1.25/18	1.6/50
			开断次数	次	10	10	10	10
			感应电压	kV	3/6	5/15	5/22	8/50
7	操动机构		操动方式		电动弹簧并可手动	电动弹簧并可手动	电动弹簧并可手动	电动弹簧并手动
			电动机电压	V	AC 380/220	AC 380/220	AC 380/220	AC 380/220
			控制电压	V	AC 220	AC 220	AC 220	AC 220
			允许电压变化范围		85%～110%	85%～110%	85%～110%	85%～110%
	备用辅助触点		数量	对	8 常开，8 常闭	8 常开，8 常闭	8 常开，8 常闭	8 常开，8 常闭
			开断能力		DC 220V、2.5A 或 DC 110V、5A	DC 220V、2.5A 或 DC 110V、5A	DC 220V、2.5A 或 DC 110V、5A	DC 220V、2.5A 或 DC 110V、5A

附表 B.5　　智能 GIS 检修接地开关参数

序号	名称	单位	126kV 电压等级	252kV 电压等级	363kV 电压等级	550kV 电压等级
1	额定短时耐受电流及持续时间	kA/s	40/3	50/3	50/3	63/2
2	额定峰值耐受电流	kA	100	125	125	160
3	机械稳定性	次	≥3000	≥3000	≥3000	≥3000

续表

序号	名称		单位	126kV 电压等级	252kV 电压等级	363kV 电压等级	550kV 电压等级
4	操动机构	操动方式		电动并可手动	电动并可手动	电动并可手动	电动并可手动
		电动机电压	V	AC 380/220	AC 380/220	AC 380/220	AC 380/220
		控制电压	V	AC 220	AC 220	AC 220	AC 220
		允许电压变化范围		85%～110%	85%～110%	85%～110%	85%～110%
	备用辅助触点	数量	对	8 常开，8 常闭	8 常开，8 常闭	8 常开，8 常闭	8 常开，8 常闭
		开断能力		DC 220V、2.5A 或 DC 110V、5A	DC 220V、2.5A 或 DC 110V、5A	DC 220V、2.5A 或 DC 110V、5A	DC 220V、2.5A 或 DC 110V、5A

附表 B.6　　智能 GIS 电子式电流互感器参数

序号	名称	单位	126kV 电压等级	252kV 电压等级	363kV 电压等级	550kV 电压等级
1	设备最高电压	kV	126	252	363	550
2	额定一次电流 I_{1n}	A	根据工程确定	根据工程确定	根据工程确定	根据工程确定
3	型式或型号		电子式	电子式	电子式	电子式
4	安装方式		内置	内置	内置	内置
5	一次传感器原理		有源/无源	有源/无源	无源	无源
6	一次传感器数量	（个/相）	主变压器：无源 4、有源 3 线路：无源 2、有源 3	无源 4、有源 3	无源 4	无源 4
7	独立采样系统路数	个	主变压器：无源 4、有源 6（4 保护；2 测量） 线路：无源 2、有源 3（2 保护；1 测量）	无源 4、有源 6（4 保护；2 测量）	无源 4	无源 4
8	采集器获取能量方式		有源：线路取能和激光供能互为备用，无源：无	有源：线路取能和激光供能互为备用，无源：无	无源：无	无源：无
9	激光器预期寿命	年	≥5	≥5	≥15	≥15
10	采集器安装方式		本体/智能控制柜	本体/智能控制柜	智能控制柜	智能控制柜
11	合并单元输出		保护、测量（计量）	保护、测量（计量）	保护、测量（计量）	保护、测量（计量）
12	准确级		5TPE、0.2（0.2S）	5TPE、0.2（0.2S）	5TPE、0.2（0.2S）	5TPE、0.2（0.2S）
13	额定相位偏移		0°	0°	0°	0°
14	采样频率		4kHz/12.8(10)kHz；支持可配置	4kHz/12.8(10)kHz；支持可配置	4kHz/12.8(10)kHz；支持可配置	4kHz/12.8(10)kHz；支持可配置
15	静态工作光强变化率		＜10%	＜10%	＜10%	＜10%

续表

<table>
<tr><th>序号</th><th colspan="2">名称</th><th>单位</th><th colspan="2">126kV 电压等级</th><th colspan="2">252kV 电压等级</th><th colspan="2">363kV 电压等级</th><th colspan="2">550kV 电压等级</th></tr>
<tr><td>16</td><td colspan="2">同步精度</td><td>μs</td><td colspan="2">≤1</td><td colspan="2">≤1</td><td colspan="2">≤1</td><td colspan="2">≤1</td></tr>
<tr><td>17</td><td colspan="2">极性</td><td></td><td colspan="2">减极性</td><td colspan="2">减极性</td><td colspan="2">减极性</td><td colspan="2">减极性</td></tr>
<tr><td>18</td><td colspan="2">额定扩大一次电流值</td><td>%</td><td colspan="2">120（互感器应满足在120%扩大一次电流的工况下可长期正常运行的要求，并满足本表 12 条之测量精度要求）</td><td colspan="2">120（互感器应满足在120%扩大一次电流的工况下可长期正常运行的要求，并满足本表 12 条之测量精度要求）</td><td colspan="2">120（互感器应满足在200%扩大一次电流的工况下可长期正常运行的要求，并满足本表 12 条之测量精度要求）</td><td colspan="2">120（互感器应满足在200%扩大一次电流的工况下可长期正常运行的要求，并满足本表 12 条之测量精度要求）</td></tr>
<tr><td>19</td><td colspan="2">准确限值系数</td><td></td><td colspan="2">30</td><td colspan="2">30</td><td colspan="2">30</td><td colspan="2">30</td></tr>
<tr><td>20</td><td colspan="2">对称短路电流倍数 K_{ssc}</td><td></td><td colspan="2">40</td><td colspan="2">40</td><td colspan="2">40</td><td colspan="2">40</td></tr>
<tr><td rowspan="3">21</td><td rowspan="3">暂态特性</td><td>唤醒时间</td><td>s</td><td colspan="2">0</td><td colspan="2">0</td><td colspan="2">0</td><td colspan="2">0</td></tr>
<tr><td>额定一次时间常数</td><td>ms</td><td colspan="2">≥100</td><td colspan="2">≥100</td><td colspan="2">≥100</td><td colspan="2">≥100</td></tr>
<tr><td>工作循环</td><td>ms</td><td colspan="2">C－100－O
C－100－O－300－C－50－O</td><td colspan="2">C－100－O
C－100－O－300－C－50－O</td><td colspan="2">C－100－O
C－100－O－300－C－50－O</td><td colspan="2">C－100－O
C－100－O－300－C－50－O</td></tr>
<tr><td rowspan="2">22</td><td rowspan="2">短时热稳定电流及持续时间</td><td>热稳定电流（方均根值）</td><td>kA</td><td colspan="2">40</td><td colspan="2">50</td><td colspan="2">50</td><td colspan="2">50</td></tr>
<tr><td>热稳定电流持续时间</td><td>s</td><td colspan="2">3</td><td colspan="2">3</td><td colspan="2">3</td><td colspan="2">3</td></tr>
<tr><td>23</td><td colspan="2">额定动稳定电流（峰值）</td><td>kA</td><td colspan="2">100</td><td colspan="2">125</td><td colspan="2">125</td><td colspan="2">160</td></tr>
<tr><td rowspan="2">24</td><td rowspan="2">低压元器件</td><td>冲击耐压（1.2/50μs）</td><td>kV</td><td colspan="2">5</td><td colspan="2">5</td><td colspan="2">5</td><td colspan="2">5</td></tr>
<tr><td>1min 工频耐压</td><td>kV</td><td colspan="2">2（交流）/2.8（直流）</td><td colspan="2">2（交流）/2.8（直流）</td><td colspan="2">2（交流）/2.8（直流）</td><td colspan="2">2（交流）/2.8（直流）</td></tr>
<tr><td rowspan="5">25</td><td rowspan="5">电磁兼容的要求</td><td rowspan="2">发射要求</td><td rowspan="2"></td><td colspan="2">A 级</td><td colspan="2">A 级</td><td colspan="2">A 级</td><td colspan="2">A 级</td></tr>
<tr><td>技术要求或严酷等级</td><td>评价准则</td><td>技术要求或严酷等级</td><td>评价准则</td><td>技术要求或严酷等级</td><td>评价准则</td><td>技术要求或严酷等级</td><td>评价准则</td></tr>
<tr><td>电压慢变化抗扰度</td><td></td><td>±20%</td><td>A 级</td><td>±20%</td><td>A 级</td><td>±20%</td><td>A 级</td><td>±20%</td><td>A 级</td></tr>
<tr><td>电压暂降和短时中断抗扰度</td><td></td><td>50%暂降×0.1s，中断×0.05s</td><td>A 级</td><td>50%暂降×0.1s，中断×0.05s</td><td>A 级</td><td>50%暂降×0.1s，中断×0.05s</td><td>A 级</td><td>50%暂降×0.1s，中断×0.05s</td><td>A 级</td></tr>
<tr><td>浪涌（冲击）抗扰度</td><td></td><td>Ⅳ</td><td>A 级</td><td>Ⅳ</td><td>A 级</td><td>Ⅳ</td><td>A 级</td><td>Ⅳ</td><td>A 级</td></tr>
</table>

续表

序号	名称		单位	126kV 电压等级		252kV 电压等级		363kV 电压等级		550kV 电压等级	
25	电磁兼容的要求	电快速瞬变脉冲群抗扰度		Ⅳ	A 级	Ⅳ	A 级	Ⅳ	A 级	Ⅳ	A 级
		振荡波抗扰度		Ⅲ	A 级	Ⅲ	A 级	Ⅲ	A 级	Ⅲ	A 级
		静电放电抗扰度		Ⅱ	A 级	Ⅱ	A 级	Ⅱ	A 级	Ⅱ	A 级
		工频磁场抗扰度		Ⅴ	A 级	Ⅴ	A 级	Ⅴ	A 级	Ⅴ	A 级
		脉冲磁场抗扰度		Ⅴ	A 级	Ⅴ	A 级	Ⅴ	A 级	Ⅴ	A 级
		阻尼振荡磁场抗扰度		Ⅴ	A 级	Ⅴ	A 级	Ⅴ	A 级	Ⅴ	A 级
		射频电磁场辐射抗扰度		Ⅲ	A 级	Ⅲ	A 级	Ⅲ	A 级	Ⅲ	A 级
26	局部放电水平	在 U_m 电压下	pC	≤10		≤10		≤10		≤10	
		在 $1.2U_m/\sqrt{3}$ 电压下	pC	≤5		≤5		≤5		≤5	
27	在 $1.1U_m/\sqrt{3}$ 电压下无线电干扰电压		μV	≤500		≤500		≤500		≤500	
28	在 $1.1U_m/\sqrt{3}$ 电压下，户外晴天夜晚无可见电晕			无可见电晕		无可见电晕		无可见电晕		无可见电晕	
29	温升限值	一次传感器	K	75（环境最高温度40℃时）		75（环境最高温度40℃时）		75（环境最高温度40℃时）		75（环境最高温度40℃时）	
		采集器	K	75（环境最高温度40℃时）		75（环境最高温度40℃时）		75（环境最高温度40℃时）		75（环境最高温度40℃时）	
		采集器	K	50（环境最高温度40℃时）		50（环境最高温度40℃时）		50（环境最高温度40℃时）		50（环境最高温度40℃时）	
		其他金属附件		不超过所靠近的材料限值		不超过所靠近的材料限值		不超过所靠近的材料限值		不超过所靠近的材料限值	
30	一次传感器/采集器预期寿命		年	40/20		40/20		40/20		40/20	

附表 B.7　　智能 GIS 电子式电压互感器参数

<table>
<tr><th>序号</th><th colspan="2">名称</th><th>单位</th><th colspan="2">126kV 电压等级</th><th colspan="2">252kV 电压等级</th><th colspan="2">363kV 电压等级</th><th colspan="2">550kV 电压等级</th></tr>
<tr><td>1</td><td colspan="2">设备最高电压</td><td>kV</td><td colspan="2">126</td><td colspan="2">252</td><td colspan="2">363</td><td colspan="2">550</td></tr>
<tr><td>2</td><td colspan="2">额定一次电压</td><td>A</td><td colspan="2">$110/\sqrt{3}$</td><td colspan="2">$220/\sqrt{3}$</td><td colspan="2">$330/\sqrt{3}$</td><td colspan="2">$500/\sqrt{3}$</td></tr>
<tr><td>3</td><td colspan="2">型式或型号</td><td></td><td colspan="2">电子式</td><td colspan="2">电子式</td><td colspan="2">电子式</td><td colspan="2">电子式</td></tr>
<tr><td>4</td><td colspan="2">安装方式</td><td></td><td colspan="2">内置</td><td colspan="2">内置</td><td colspan="2">内置</td><td colspan="2">内置</td></tr>
<tr><td>5</td><td colspan="2">一次传感器原理</td><td></td><td colspan="2">分压型</td><td colspan="2">分压型</td><td colspan="2">分压型</td><td colspan="2">分压型</td></tr>
<tr><td>6</td><td colspan="2">采集器安装方式</td><td></td><td colspan="2">本体/智能控制柜</td><td colspan="2">本体/智能控制柜</td><td colspan="2">智能控制柜</td><td colspan="2">智能控制柜</td></tr>
<tr><td>7</td><td colspan="2">合并单元输出</td><td></td><td colspan="2">保护、测量（计量）</td><td colspan="2">保护、测量（计量）</td><td colspan="2">保护、测量（计量）</td><td colspan="2">保护、测量（计量）</td></tr>
<tr><td>8</td><td colspan="2">准确级</td><td></td><td colspan="2">3P、0.2</td><td colspan="2">3P、0.2</td><td colspan="2">3P、0.2</td><td colspan="2">3P、0.2</td></tr>
<tr><td>9</td><td colspan="2">额定相位偏移</td><td></td><td colspan="2">0°</td><td colspan="2">0°</td><td colspan="2">0°</td><td colspan="2">0°</td></tr>
<tr><td>10</td><td colspan="2">采样频率</td><td></td><td colspan="2">4kHz/12.8（10）kHz；支持可配置</td><td colspan="2">4kHz/12.8（10）kHz；支持可配置</td><td colspan="2">4kHz/12.8（10）kHz；支持可配置</td><td colspan="2">4kHz/12.8（10）kHz；支持可配置</td></tr>
<tr><td>11</td><td colspan="2">静态工作光强变化率</td><td></td><td colspan="2">＜10%</td><td colspan="2">＜10%</td><td colspan="2">＜10%</td><td colspan="2">＜10%</td></tr>
<tr><td>12</td><td colspan="2">同步精度</td><td>μs</td><td colspan="2">≤1</td><td colspan="2">≤1</td><td colspan="2">≤1</td><td colspan="2">≤1</td></tr>
<tr><td rowspan="2">13</td><td rowspan="2">低压元器件</td><td>冲击耐压（1.2/50μs）</td><td>kV</td><td colspan="2">5</td><td colspan="2">5</td><td colspan="2">5</td><td colspan="2">5</td></tr>
<tr><td>1min 工频耐压</td><td>kV</td><td colspan="2">2（交流）/2.8（直流）</td><td colspan="2">2（交流）/2.8（直流）</td><td colspan="2">2（交流）/2.8（直流）</td><td colspan="2">2（交流）/2.8（直流）</td></tr>
<tr><td rowspan="2">14</td><td colspan="2" rowspan="2">额定电压因数及持续时间</td><td></td><td colspan="2">1.2 倍、连续</td><td colspan="2">1.2 倍、连续</td><td colspan="2">1.2 倍、连续</td><td colspan="2">1.2 倍、连续</td></tr>
<tr><td></td><td colspan="2">1.5 倍、30s</td><td colspan="2">1.5 倍、30s</td><td colspan="2">1.5 倍、30s</td><td colspan="2">1.5 倍、30s</td></tr>
<tr><td rowspan="6">15</td><td rowspan="6">电磁兼容的要求</td><td rowspan="2">发射要求</td><td rowspan="2"></td><td colspan="2">A 级</td><td colspan="2">A 级</td><td colspan="2">A 级</td><td colspan="2">A 级</td></tr>
<tr><td>技术要求或严酷等级</td><td>评价准则</td><td>技术要求或严酷等级</td><td>评价准则</td><td>技术要求或严酷等级</td><td>评价准则</td><td>技术要求或严酷等级</td><td>评价准则</td></tr>
<tr><td>电压慢变化抗扰度</td><td></td><td>±20%</td><td>A 级</td><td>±20%</td><td>A 级</td><td>±20%</td><td>A 级</td><td>±20%</td><td>A 级</td></tr>
<tr><td>电压暂降和短时中断抗扰度</td><td></td><td>50%暂降×0.1s，中断×0.05s</td><td>A 级</td><td>50%暂降×0.1s，中断×0.05s</td><td>A 级</td><td>50%暂降×0.1s，中断×0.05s</td><td>A 级</td><td>50%暂降×0.1s，中断×0.05s</td><td>A 级</td></tr>
<tr><td>浪涌（冲击）抗扰度</td><td></td><td>Ⅳ</td><td>A 级</td><td>Ⅳ</td><td>A 级</td><td>Ⅳ</td><td>A 级</td><td>Ⅳ</td><td>A 级</td></tr>
<tr><td>电快速瞬变脉冲群抗扰度</td><td></td><td>Ⅳ</td><td>A 级</td><td>Ⅳ</td><td>A 级</td><td>Ⅳ</td><td>A 级</td><td>Ⅳ</td><td>A 级</td></tr>
</table>

续表

序号	名称		单位	126kV 电压等级		252kV 电压等级		363kV 电压等级		550kV 电压等级	
15	电磁兼容的要求	振荡波抗扰度		Ⅲ	A 级	Ⅲ	A 级	Ⅲ	A 级	Ⅲ	A 级
		静电放电抗扰度		Ⅱ	A 级	Ⅱ	A 级	Ⅱ	A 级	Ⅱ	A 级
		工频磁场抗扰度		Ⅴ	A 级	Ⅴ	A 级	Ⅴ	A 级	Ⅴ	A 级
		脉冲磁场抗扰度		Ⅴ	A 级	Ⅴ	A 级	Ⅴ	A 级	Ⅴ	A 级
		阻尼振荡磁场抗扰度		Ⅴ	A 级	Ⅴ	A 级	Ⅴ	A 级	Ⅴ	A 级
		射频电磁场辐射抗扰度		Ⅲ	A 级	Ⅲ	A 级	Ⅲ	A 级	Ⅲ	A 级
16	局部放电水平	在 U_m 电压下	pC	≤10		≤10		≤10		≤10	
		在 $1.2U_m/\sqrt{3}$ 电压下	pC	≤5		≤5		≤5		≤5	
17	一次传感器/采集器预期寿命		年	40/20		40/20		40/20		40/20	

附表 B.8　　智能 GIS 避雷器参数

序号	名称		单位	126kV 电压等级	252kV 电压等级	363kV 电压等级	550kV 电压等级
1	额定电压		kV	102/108	204/216	300	420/444
2	持续运行电压		kV	79.6/84	159/168.5	228	318/324
3	标称放电电流（8/20μs）		kA	10	10	10	20
4	陡波冲击电流下残压（1/10μs）		kV	297/315	594/630	814	1170/1238
5	雷电冲击电流下残压（8/20μs）		kV	266/281	532/562	727	1046/1106
6	操作冲击电流下残压（30/60μs）		kV	226/239	452/478	618	858/907
7	直流 1mA 参考电压		kV	≥148/157	≥296/314	≥425	≥565/597
8	长持续时间冲击耐受电流	线路放电等级		1/2	2/3	3/4	4/5
		方波电流冲击	A	400/600	600/1000	1000/1500	1500/1800
9	4/10μs 大冲击耐受电流		kA	100	100	100	100
10	压力释放能力		kA/s	40/0.2	50/0.2	50/0.2	63/0.2

附表 B.9　　智能 GIS 套管参数

序号	名称		单位	126kV 电压等级	252kV 电压等级	363kV 电压等级	550kV 电压等级
1	伞裙型式			大小伞	大小伞	大小伞	大小伞/大小伞加滴水檐
2	材质			瓷/复合绝缘	瓷/复合绝缘	瓷/复合绝缘	瓷/复合绝缘
3	额定电流		A	3150	3150	3150	4000
4	额定短时耐受电流及持续时间		kA/s	40/3	50/3	50/3	63/2
5	额定峰值耐受电流		kA	100	125	125	160
6	额定工频 1min 耐受电压（相对地）		kV	230	460	510	740
7	额定雷电冲击耐受电压峰值（1.2/50μs）（相对地）		kV	550	1050	1175	1675
8	额定操作冲击耐受电压峰值（250/2500μs）（相对地）		kV			950	1300
9	爬电距离		mm	3150（当 300mm≤平均直径≤500mm 时，乘以 1.1；平均直径>500mm 时，乘以 1.2）	6300（当 300mm≤平均直径≤500mm 时，乘以 1.1；平均直径>500mm 时，乘以 1.2）	9075（当 300mm≤平均直径≤500mm 时，乘以 1.1；平均直径>500mm 时，乘以 1.2）	13 750（当 300mm≤平均直径≤500mm 时，乘以 1.1；平均直径>500mm 时，乘以 1.2）
10	干弧距离		mm	≥900	≥1800	≥2900	≥3800
11	*S/P*			≥0.9	≥0.9	≥0.9	≥0.9
12	端子静负载	水平纵向	N	1250	1500	2000	2000
		水平横向	N	750	1000	1500	1500
		垂直	N	1000	1250	1500	1500
		安全系数		静态 2.75，动态 1.7	静态 2.75，动态 1.7	静态 2.75，动态 1.7	静态 2.75，动态 1.7
13	套管顶部金属带电部分的相间最小净距		mm	≥1000	≥2000	≥2800	≥4300

附表 B.10　　智能 GIS 绝缘子参数表

序号	名称	单位	126kV 电压等级	252kV 电压等级	363kV 电压等级	550kV 电压等级
1	安全系数		大于 3 倍设计压力	大于 3 倍设计压力	大于 3 倍设计压力	大于 3 倍设计压力
2	2 倍额定相电压下，泄漏电流	μA	50	50	50	50
3	1.1 倍额定相电压下，最大场强	kV/mm	≤1.5	≤1.5	≤1.5	≤1.5

附表 B.11　　智能 GIS 主母线参数

序号	名称	单位	126kV 电压等级	252kV 电压等级	363kV 电压等级	550kV 电压等级
1	材质		铝	铝	铝	铝/铜（额定电流大于 5000A 时）
2	额定电流	A	3150	3150/4000	4000	4000/5000/6300
3	额定短时耐受电流及持续时间	kA/s	40/3	50/3	50/3	63/2
4	额定峰值耐受电流	kA	100	125	125	160

附表 B.12　　智能 GIS 外壳参数

序号	名称		单位	126kV 电压等级	252kV 电压等级	363kV 电压等级	550kV 电压等级
1	材质			钢、铸铝、铝合金	钢、铸铝、铝合金	钢、铸铝、铝合金	钢、铸铝、铝合金
2	外壳破坏压力			铸铝和铝合金：5 倍的设计压力；焊接铝外壳和钢外壳：3 倍的设计压力	铸铝和铝合金：5 倍的设计压力，焊接铝外壳和钢外壳：3 倍的设计压力	铸铝和铝合金：5 倍的设计压力，焊接铝外壳和钢外壳：3 倍的设计压力	铸铝和铝合金：5 倍的设计压力，焊接铝外壳和钢外壳：3 倍的设计压力
3	温升	试验电流	A	$1.1I_r$	$1.1I_r$	$1.1I_r$	$1.1I_r$
		可以接触部位	K	≤30	≤30	≤30	≤30
		可能接触部位	K	≤40	≤40	≤40	≤40
		不可接触部位	K	65	≤65	≤65	≤65
4	外壳耐烧穿的能力	电流	kA	40	50	50	63
		时间	s	0.3	0.3	0.3	0.3

附表 B.13　　智能 GIS 伸缩节参数

序号	名称	单位	126kV 电压等级	252kV 电压等级	363kV 电压等级	550kV 电压等级
1	材质		不锈钢	不锈钢	不锈钢	不锈钢
2	使用寿命		≥30 年或 10 000 次伸缩	≥30 年或 10 000 次伸缩	≥30 年或 10 000 次伸缩	≥30 年或 10 000 次伸缩

附表 B.14　　智能 GIS SF_6 气体参数

序号	名称	单位	126kV 电压等级	252kV 电压等级	363kV 电压等级	550kV 电压等级
1	湿度	μg/g	≤8	≤8	≤8	≤8
2	纯度	%	≥99.8	≥99.8	≥99.8	≥99.8

附表 B.15　　智能 GIS 主 IED 参数

序号	名称	单位	126kV 电压等级	252kV 电压等级	363kV 电压等级	550kV 电压等级
1	气室气体压力	MPa（绝对压力）	≤2.5%/0.05～1.0	≤2.5%/0.05～1.0	≤2.5%/0.05～1.0	≤2.5%/0.05～1.0
2	气室气体温度	℃	≤2/－40～100	≤2/－40～100	≤2/－40～100	≤2/－40～100
3	分闸线圈电流		≤2.5%	≤2.5%	≤2.5%	≤2.5%
4	位移特性曲线		≤1%	≤1%	≤1%	≤1%
5	分闸时间	ms	≤2.5	≤2.5	≤2.5	≤2.5
	合闸时间	ms	≤1.5	≤1.5	≤1.5	≤1.5
	分闸速度		≤5%	≤5%	≤5%	≤5%
	合闸速度		≤5%	≤5%	≤5%	≤5%
6	报送格式化信息		气体温度（℃）、气体压力（MPa）、气体密度（kg/m³）、至低气压告警时间（h）、至低气压闭锁时间（h）	气体温度（℃）、气体压力（MPa）、气体密度（kg/m³）、至低气压告警时间（h）、至低气压闭锁时间（h）	气体温度（℃）、气体压力（MPa）、气体密度（kg/m³）、至低气压告警时间（h）、至低气压闭锁时间（h）	气体温度（℃）、气体压力（MPa）、气体密度（kg/m³）、至低气压告警时间（h）、至低气压闭锁时间（h）
			分/合闸线圈电流指纹、分闸时间（ms）、合闸时间（ms）、分闸速度（m/s）、合闸速度（m/s）、机构箱温度（℃）	分/合闸线圈电流指纹、分闸时间（ms）、合闸时间（ms）、分闸速度（m/s）、合闸速度（m/s）、机构箱温度（℃）	分/合闸线圈电流指纹、分闸时间（ms）、合闸时间（ms）、分闸速度（m/s）、合闸速度（m/s）、机构箱温度（℃）	分/合闸线圈电流指纹、分闸时间（ms）、合闸时间（ms）、分闸速度（m/s）、合闸速度（m/s）、机构箱温度（℃）
7	报送结果信息		运行可靠性、控制可靠性	运行可靠性、控制可靠性	运行可靠性、控制可靠性	运行可靠性、控制可靠性

附录C　引用技术标准表

附表 C.1　　引用技术标准表

序号	标准编号	标　准　名　称
1	GB 311.1—2012	绝缘配合　第 1 部分：定义、原则和规则
2	GB 1984—2014	交流高压断路器
3	GB 1985—2014	高压交流隔离开关和接地开关
4	GB 3309—1989	高压开关设备常温下的机械试验
5	GB 4208—2008	外壳防护等级（IP 代码）
6	GB 7674—2008	额定电压 72.5kV 及以上气体绝缘金属封闭开关设备
7	GB 9254 —2008	信息技术设备的无线电骚扰限值和测量方法
8	GB 14598.27—2008	量度继电器和保护装置　第 27 部分：产品安全要求
9	GB 26860—2011	电力安全工作规程一发电厂和变电站电气部分
10	GB 50150—2016	电气装置安装工程电气设备交接试验标准
11	GB/T 1182—2008	产品几何技术规范几何公差、形状
12	GB/T 1958—2004	产品几何技术规范（GPS）形状和位置公差检测规定
13	GB/T 2423.1—2008	电工电子产品环境试验　第 2 部分：试验方法试验 A：低温
14	GB/T 2423.2—2008	电工电子产品基本环境试验规程试验 B：高温试验方法
15	GB/T 2423.9—2001	电工电子产品基本环境试验规程试验 Cb：设备用恒定湿热试验方法
16	GB/T 2423.4—2008	电工电子产品基本环境试验规程试验 Db：交变湿热试验方法
17	GB/T 5095.2—1997	电子设备用机电元件基本试验规程及测量方法　第 2 部分：一般检查、电连续性和接触电阻测试、绝缘试验和电压应力试验
18	GB/T 5169.16—2008	电工电子产品着火危险试验　第 16 部分：试验火焰 50W 水平与垂直火焰试验方法
19	GB/T 8905—2012	六氟化硫电气设备中气体管理和检测导则
20	GB/T 9279.1—2015	色漆和清漆耐划痕性的测定　第 1 部分：负荷恒定法
21	GB/T 9753—2007	色漆和清漆杯突试验
22	GB/T 9761—2008	色漆和清漆色漆的目视比色
23	GB/T 11022—2011	高压开关设备和控制设备标准的共用技术要求
24	GB/T 11023—1989	高压开关设备六氟化硫气体密封试验方法
25	GB/T 11287—2000	电气继电器　第 21 部分：量度继电器和保护装置的振动、冲击、碰撞和地震试验　第 1 篇：振动试验（正弦）

续表

序号	标准编号	标 准 名 称
26	GB/T 12022—2014	工业六氟化硫
27	GB/T 13452.2—2008	色漆和清漆漆膜厚度的测定
28	GB/T 14537—1993	量度继电器和保护装置的冲击与碰撞试验
29	GB/T 16927.1—2011	高电压试验技术　第 1 部分：一般定义及试验要求
30	GB/T 17626.2—2006	电磁兼容试验和测量技术静电放电抗扰度试验
31	GB/T 17626.3—2006	电磁兼容试验和测量技术射频电磁场辐射抗扰度试验
32	GB/T 17626.4—2008	电磁兼容试验和测量技术电快速瞬变脉冲群抗扰度试验
33	GB/T 17626.5—2008	电磁兼容试验和测量技术浪涌（冲击）抗扰度试验
34	GB/T 17626.6—2008	电磁兼容试验和测量技术射频场感应的传导骚扰抗扰度
35	GB/T 17626.8—2006	电磁兼容试验和测量技术工频磁场抗扰度试验
36	GB/T 17626.9—2006	电磁兼容试验和测量技术脉冲磁场抗扰度试验
37	GB/T 17626.10—2006	电磁兼容试验和测量技术阻尼振荡磁场抗扰度试验
38	GB/T 18663.1—2008	电子设备机械结构公制系列和英制系列的试验　第 1 部分：机柜、机架、插箱和机箱的气候机械试验及安全要求
39	GB/T 18663.2—2007	电子设备机械结构公制系列和英制系列的试验　第 2 部分：机柜和机架的地震试验
40	GB/T 18663.3—2007	电子设备机械结构公制系列和英制系列的试验　第 3 部分：机柜、机架和插箱的电磁屏蔽性能试验
41	GB/T 19183.5—2003	电子设备机械结构户外机壳　第 3 部分：机柜和箱体的气候、机械试验及安全要求
42	GB/T 19520.2—2007	电子设备机械结构 482.6mm（19in）系列机械结构尺寸　第 2 部分：机柜和机架结构的格距
43	GB/T 19520.12—2009	电子设备机械结构 482.6mm（19in）系列机械结构尺寸　第 3 部分：插箱及插件
44	GB/T 20138—2006	电器设备外壳对外界机械碰撞的防护等级（IK 代码）
45	GB/T 20840.7—2007	互感器第 7 部分：电子式电压互感器
46	GB/T 20840.8—2007	互感器第 8 部分：电子式电流互感器
47	GB/T 27747—2011	额定电压 72.5kV 及以上交流隔离断路器
48	DL/T 259—2012	六氟化硫气体密度继电器校验规程
49	DL/T 402—2016	高压交流断路器
50	DL/T 593—2016	高压开关设备和控制设备标准的共用技术要求
51	DL/T 603—2006	气体绝缘金属封闭开关设备运行及维护规程
52	DL/T 664—2016	带电设备红外诊断应用规范
53	DL/T 860.6 —2012	电力企业自动化通信网络和系统　第 6 部分：与智能电子设备有关的变电站内通信配置描述语言

续表

序号	标准编号	标 准 名 称
54	DL/T 860.10—2006	变电站通信网络和系统　第 10 部分：一致性测试
55	DL/T 915—2005	六氟化硫气体湿度测定法（电解法）
56	DL/T 916—2005	六氟化硫气体酸度测定法
57	DL/T 917—2005	六氟化硫气体密度测定法
58	DL/T 918—2005	六氟化硫气体中可水解氟化物含量测定法
59	DL/T 919—2005	六氟化硫气体中矿物油含量测定法（红外光谱分析法）
60	DL/T 920—2005	六氟化硫气体中空气、四氟化碳的气相色谱测定法
61	DL/T 921—2005	六氟化硫气体毒性生物试验方法
62	DL/T 1440—2015	智能高压设备通信技术规范
63	Q/GDW 410—2011	智能高压设备技术导则
64	Q/GDW 447—2010	气体绝缘金属封闭开关设备状态检修导则
65	Q/GDW 448—2010	气体绝缘金属封闭开关设备状态评价导则
66	Q/GDW 690—2011	电子式互感器现场校验规范
67	Q/GDW 735.1—2012	智能高压开关设备技术条件　第 1 部分：通用技术条件
68	Q/GDW 734—2012	智能高压设备控制柜技术条件
69	Q/GDW 751—2012	变电站智能设备运行维护导则
70	Q/GDW 1168—2013	输变电设备状态检修试验规程
71	Q/GDW 1430—2015	智能变电站智能控制柜技术规范
72	Q/GDW 11304.8—2015	电力设备带电检测仪器技术规范　第 5 部分：高频法局部放电带电检测仪器技术规范
73	Q/GDW 11506—2015	隔离断路器状态检修试验规程
74	Q/GDW 11507—2015	隔离断路器状态评价导则
75	Q/GDW 11508—2015	隔离断路器状态检修导则
76	Q/GDW 11510—2015	电子式互感器运维导则

附录D 缩 略 语

HGIS	hybrid gas insulated switchgear	复合式气体绝缘组合电器
GIS	gas insulated switchgear	气体绝缘金属封闭开关
GIB	gas insulated bus	气体绝缘母线
GIL	gas insulated line	气体绝缘输电线路
AIS	air insulated switchgear	空气绝缘开关
ISE	Intelligent Switchgear Equipment	智能开关设备
ECT	electronic current transformer	电子式电流互感器
EVT	electronic voltage transformer	电子式电压互感器
DCB	disconnecting circuit–breaker	隔离断路器
IED	intelligent electronic device	智能电子装置
IC	intelligent component	智能组件
MU	merging unit	合并单元
OMD	online monitoring device	在线监测装置
EPNS	expected power not supplied	期望故障受阻电力
EENS	expected energy not supplied	期望故障受阻电能
FES	highspeedearthingswiteh	快速接地开关
VFTO	very fast transient overvoltage	快速暂态过电压
VFTC	very fast transient current	快速暂态过电流
VFT	very fast transient	快速暂态过程
FTO	fast transient overvoltage	外部过电压
TEM	transient electromagnetic field	暂态电磁场
EMI	electromagnetic interference	电磁干扰
EMC	electromagnetic compatibility	电磁兼容
TEV	transient earth voltage	暂态地电位
TGPR	Transient ground potential rise	暂态地电位升高
PD	partial discharge	局部放电
UHF	ultra high frequency	超高频
LPCT	low power current transformer	低功率线圈式有源电子式电流互感器
OCS	optical current sensor	光学电流传感器
OCSH	optical current sensing head	光学电流传感头
OCT	optical current transducer	光学电流互感器
SV	sampled value	采样值
GOOSE	generic object oriented substation event	面向通用对象的变电站事件
MMS	manufacturing message specification	制造报文规范

参 考 文 献

[1] 林莘. 现代高压电器技术［M］. 北京：机械工业出版社，2011.

[2] 周爽，杨月红，孙进，等. 交流高压断路器［M］. 北京：中国电力出版社，2015.

[3] 张白帆. 低压成套开关设备的原理及其控制技术［M］. 北京：机械工业出版社，2014.

[4] 国家电网公司运维检修部. 电网设备带电检测技术［M］. 北京：中国电力出版社，2014.

[5] 宋璇坤，刘开俊，沈江. 新一代智能变电站研究与设计［M］. 北京：中国电力出版社，2015.

[6] 国家电网公司科技部，国网北京经济技术研究院. 新一代智能变电站典型设计（110kV 变电站分册）［M］. 北京：中国电力出版社，2015.

[7] 国家电网公司科技部，国网北京经济技术研究院. 新一代智能变电站典型设计（220kV 变电站分册）［M］. 北京：中国电力出版社，2015.

[8] 刘振亚. 智能电网技术［M］. 北京：中国电力出版社，2010.

[9] 周孝信，陈树勇，鲁宗相. 电网和电网技术发展的回顾与展望—试论三代电网［J］. 中国电机工程学报，2013，33（22）：1－11.

[10] 高翔. 智能变电站技术［M］. 北京：中国电力出版社，2012.

[11] 黄益庄. 智能变电站自动化系统原理与应用技术［M］. 北京：中国电力出版社，2012.

[12] 赵祖康，徐石明. 变电站自动化技术综述［J］. 电力自动化设备，2000，20（1）：38－42.

[13] 高翔，张沛超. 数字化变电站的主要特征和关键技术［J］. 电网技术，2006，30（23）：67－71.

[14] 宋璇坤，闫培丽. 智能变电站试点工程关键技术综述［J］. 电力建设，2013，34（7）：10－16.

[15] 国家电网公司. 新建智能变电站试点工程建设关键技术总结报告［R］. 北京：国家电网公司，2012.

[16] 国家电网公司. 新一代智能变电站关键技术初探［R］. 北京：国家电网公司，2012.

[17] 国家电网公司. 新一代智能变电站关键设备研制框架研究报告［R］. 国家电网公司，2012.

[18] 宋璇坤，李敬如，肖智宏，等. 新一代智能变电站整体设计方案［J］. 电力建设，2012，32（7）：1－6.

[19] 国家电网公司. 国家电网公司输变电工程通用设计（110（66）～750kV 智能变电站部分 2011 年版）［M］. 北京：中国电力出版社，2011.

[20] 贵州电网公司组编. 变电设备在线监测技术工程应用［M］. 北京：中国电力出版社，2014.

[21] 张猛. 智能高压开关设备设计及工程应用［M］. 北京：机械工业出版社，2014.

[22] 李建基. 特高压、超高压、高压、中压开关设备实用技术［M］. 北京：机械工业出版社，2011.

[23] 宋政湘，张国钢. 电器智能化原理及应用［M］. 北京：电子工业出版社，2013.

[24] （波黑）卡普塔诺维克著，王建华、闫静译. 高压断路器——理论、设计与试验方法［M］. 北京：机械工业出版社，2015.

[25] 徐剑浩主编，中国工程建设标准化协会电气专委会导体和电气设备选择分委员会组编. 气体绝缘金属封闭开关设备［M］. 北京：中国电力出版社，2014.

［26］ 崔景春. 气体绝缘金属封闭开关设备［M］. 北京：中国电力出版社，2016.
［27］ 水利电力部西北电力设计院编. 电力工程电气设计手册第一册电气一次部分［M］. 北京：中国电力出版社，1996.
［28］ 国家能源局. DL/T 5218—2012. 220kV～750kV 变电站设计技术规程［S］. 北京：中国计划出版社，2012.
［29］ 国家发展和改革委员会. DL/T 5222—2005. 导体和电器选择设计技术规定［S］. 北京：中国电力出版社，2010.
［30］ 国家发展和改革委员会. DL/T 5352—2006. 高压配电装置设计技术规程［S］. 北京：中国电力出版社，2010.
［31］ 曾林翠，白世军，李毅，等. GIS 隔离开关操作对电子式电流互感器的干扰分析及防护［C］. // 中国电机工程学会电磁干扰专业委员会高海拔地区输变电工程电磁环境专题研讨会论文集. 2015：75－85.
［32］ 白世军，曾林翠，李毅，等. 电子式互感器工程应用抗干扰的研究及防护［J］. 高压电器，2016，52（10）：187－193.
［33］ 肖智宏，罗苏南，宋璇坤，等. 电子式互感器原理与实用技术［M］. 北京：中国电力出版社，2018.
［34］ 林莘. 现在高压电器技术［M］. 北京：机械工业出版社，2011.
［35］ 陈飞. GIS 设备的发展和应用研究［D］. 杭州：浙江大学，2007.
［36］ 徐国政，张节容，钱家骊，等. 断路器原理和应用［M］. 北京：清华大学出版社，2000：254.
［37］ 张节容. 高压电器原理与应用［M］. 北京：清华大学出版社，1989.
［38］ 黎斌. SF_6 高压电器设计［M］. 北京：机械工业出版社，2003.
［39］ 张猛，申春红. 智能化 GIS 的研究［J］. 高压电器，2011，47（3）：6－11.
［40］ 刘洪正. 高压组合电器［M］. 北京：机械工业出版社，2014.
［41］ ABB. Intelligent GIS－a fundamental change in the way primary and secondary equipment is combined，1996.
［42］ 魏梅芳，吴细秀. 1100kV GIS 中 VFTC 的暂态特性研究［J］. 中国电力，2016，49（7）：1－8.
［43］ SHIRATORI N，ATIQUZAMAN M. Recent advance in communication and internet technology［J］. Telecommunication Systems，2006，25（3－4）：169－172.
［44］ 刘青. 隔离开关不同操作方式产生的快速暂态过电压［J］. 高压电器，2011（4）：17－22.
［45］ Jan Meppelin. Very fast transients in HV GIS substations［J］. ABB Review，1989（5）：31－38.
［46］ Gills bemard etc. Study of electromagnetic transients due to DS switching in GIS［J］. RGE，1983（11）：667－694.
［47］ 高凯，倪浩，杨凌辉. GIS 局部放电检测的技术发展和分析［J］. 华东电力，2012（8）：1384－87.
［48］ Avital D，Branden bursky V，Farber A. Hunting for hot spot sing as－insulated switch gear［J］. T&D World Magazine，2005（5）：42－48.

［49］ 李泰军，王章启，张挺，等. SF_6气体水分管理标准的探讨及密度与湿度监测的研究［J］. 中国电机工程学报，2003（10）：169－174.

［50］ TAVANI H T. Recent works in information and communication technology（ICT）ethics［J］. Ethics and Information Technology，2007，4（2）：169－175.

［51］ 颜湘莲，高克利，郑宇，等. SF_6 混合气体及替代气体研究进展［J］. 电网技术，2018（06）：1837－1844.

［52］ 林莘，李鑫涛，李璐维. 环保型 SF_6 替代介质研究进展［J］. 高压电器，2016，52（12）：1－7.

索　引